21世纪全国高职高专计算机案例型规划教材

# C语言程序设计案例教程

主　编　徐翠霞
副主编　杨　平　崔玲玲
参　编　邵回祖　周　彬

## 内 容 简 介

本书运用解析法由浅入深、全面介绍ANSI C，不仅涵盖C语言的基本知识，而且更加注重C程序应用案例的讲解。本书体系新颖，层次清晰，内容全面，逻辑性强，案例丰富，特别注重可读性和实用性，每章开头均有重点、难点提示，结尾有本章小结。各章节都配备了适量的案例，以案例入手，分析并讲述需要掌握的知识点，然后再实现该案例，并通过思考题延伸知识点或引入新的问题，环环相扣，层层推进，充分体现案例的精髓，达到通俗易懂、由浅入深的效果，培养读者迁移知识的能力。

本书既可以作为高等学校计算机及相关专业的教材，也适合作为自学教材以及C程序开发人员的参考书，还可以作为全国计算机等级考试的培训教材。

**图书在版编目(CIP)数据**

C语言程序设计案例教程/徐翠霞主编. —北京：北京大学出版社，2008.11

(21世纪全国高职高专计算机案例型规划教材)

ISBN 978-7-301-14423-7

Ⅰ. C… Ⅱ. 徐… Ⅲ. C语言—程序设计—高等学校：技术学校—教材 Ⅳ. TP312

中国版本图书馆CIP数据核字(2008)第169161号

**书　　名**：C语言程序设计案例教程
**著作责任者**：徐翠霞　主编
**策 划 编 辑**：李彦红　王显超
**责 任 编 辑**：魏红梅
**标 准 书 号**：ISBN 978-7-301-14423-7/TP・0974
**出　版　者**：北京大学出版社
**地　　址**：北京市海淀区成府路205号　100871
**网　　址**：http://www.pup.cn　http://www.pup6.com
**电　　话**：邮购部62752015　发行部62750672　编辑部62750667　出版部62754962
**电 子 邮 箱**：pup_6@163.com
**印　刷　者**：河北滦县鑫华书刊印刷厂
**发　行　者**：北京大学出版社
**经　销　者**：新华书店
787mm×1092mm　16开本　19.25印张　438千字
2008年11月第1版　2012年7月第2次印刷
**定　　价**：30.00元

# 21世纪全国高职高专计算机案例型规划教材
# 专家编写指导委员会

# 信息技术的案例型教材建设

## (代丛书序)

**刘瑞挺/文**

北京大学出版社第六事业部在 2005 年组织编写了两套计算机教材，一套是《21 世纪全国高职高专计算机系列实用规划教材》，截至 2008 年 6 月已经出版了 80 多种；另一套是《21 世纪全国应用型本科计算机系列实用规划教材》，至今已出版了 50 多种。这些教材出版后，在全国高校引起热烈反响，可谓初战告捷。这使北京大学出版社的计算机教材市场规模迅速扩大，编辑队伍茁壮成长，经济效益明显增强，与各类高校师生的关系更加密切。

2007 年 10 月北京大学出版社第六事业部在北京召开了“21 世纪全国高职高专计算机案例型教材建设和教学研讨会”，2008 年 1 月又在北京召开了“21 世纪全国应用型本科计算机案例型教材建设和教学研讨会”。这两次会议为编写案例型教材做了深入的探讨和具体的部署，制定了详细的编写目的、丛书特色、内容要求和风格规范。在内容上强调面向应用、能力驱动、精选案例、严把质量；在风格上力求文字精练、脉络清晰、图表明快、版式新颖。这两次会议吹响了提高教材质量第二战役的进军号。

案例型教材真能提高教学的质量吗？

是的。著名法国哲学家、数学家勒内·笛卡儿(Rene Descartes，1596—1650)说得好：“由一个例子的考察，我们可以抽出一条规律。(From the consideration of an example we can form a rule.)”事实上，他发明的直角坐标系，正是通过生活实例而得到的灵感。据说是在 1619 年夏天，笛卡儿因病住进医院。中午他躺在病床上，苦苦思索一个数学问题时，忽然看到天花板上有一只苍蝇飞来飞去。当时天花板是用木条做成正方形的格子。笛卡儿发现，要说出这只苍蝇在天花板上的位置，只需说出苍蝇在天花板上的第几行和第几列。当苍蝇落在第四行、第五列的那个正方形时，可以用(4，5)来表示这个位置……由此他联想到可用类似的办法来描述一个点在平面上的位置。他高兴地跳下床，喊着“我找到了，找到了”，然而不小心把国际象棋撒了一地。当他的目光落到棋盘上时，又兴奋地一拍大腿：“对，对，就是这个图”。笛卡儿锲而不舍的毅力，苦思冥想的钻研，使他开创了解析几何的新纪元。千百年来，代数与几何，井水不犯河水。17 世纪后，数学突飞猛进的发展，在很大程度上归功于笛卡儿坐标系和解析几何学的创立。

这个故事，听起来与阿基米德在浴池洗澡而发现浮力原理，牛顿在苹果树下遇到苹果落到头上而发现万有引力定律，确有异曲同工之妙。这就证明，一个好的例子往往能激发灵感，由特殊到一般，联想出普遍的规律，即所谓的“一叶知秋”、“见微知著”的意思。

回顾计算机发明的历史，每一台机器、每一颗芯片、每一种操作系统、每一类编程语言、每一个算法、每一套软件、每一款外部设备，无不像闪光的珍珠串在一起。每个案例都闪烁着智慧的火花，是创新思想不竭的源泉。在计算机科学技术领域，这样的案例就像大海岸边的贝壳，俯拾皆是。

事实上，案例研究(Case Study)是现代科学广泛使用的一种方法。Case 包含的意义很广：包括 Example 例子，Instance 事例、示例，Actual State 实际状况，Circumstance 情况、事件、境遇，甚至 Project 项目、工程等。

我们知道在计算机的科学术语中，很多是直接来自日常生活的。例如 Computer 一词早在 1646 年就出现于古代英文字典中，但当时它的意义不是“计算机”而是“计算工人”，即专门从事简单计算的工人。同理，Printer 当时也是“印刷工人”而不是“打印机”。正是由于这些“计算工人”和“印刷工人”常出现计算错误和印刷错误，才激发查尔斯·巴贝奇(Charles Babbage，1791—1871)设计了差分机和分析机，这是最早的专用计算机和通用计算机。这位英国剑桥大学数学教授、机械设计专家、经济学家和哲学家是国际公认的“计算机之父”。

20 世纪 40 年代，人们还用 Calculator 表示计算机器。到电子计算机出现后，才用 Computer 表示计算机。此外，硬件(Hardware)和软件(Software)来自销售人员。总线(Bus)就是公共汽车或大巴，故障和排除故障源自格瑞斯·霍普(Grace Hopper，1906—1992)发现的“飞蛾子”(Bug)和“抓蛾子”或“抓虫子”(Debug)。其他如鼠标、菜单……不胜枚举。至于哲学家进餐问题，理发师睡觉问题更是操作系统文化中脍炙人口的经典。

以计算机为核心的信息技术，从一开始就与应用紧密结合。例如，ENIAC 用于弹道曲线的计算，ARPANET 用于资源共享以及核战争时的可靠通信。即使是非常抽象的图灵机模型，也受到二战时图灵博士破译纳粹密码工作的影响。

在信息技术中，既有许多成功的案例，也有不少失败的案例；既有先成功而后失败的案例，也有先失败而后成功的案例。好好研究它们的成功经验和失败教训，对于编写案例型教材有重要的意义。

我国正在实现中华民族的伟大复兴，教育是民族振兴的基石。改革开放 30 年来，我国高等教育在数量上、规模上已有相当的发展。当前的重要任务是提高培养人才的质量，必须从学科知识的灌输转变为素质与能力的培养。应当指出，大学课堂在高新技术的武装下，利用 PPT 进行的“高速灌输”、“翻页宣科”有愈演愈烈的趋势，我们不能容忍用“技术”绑架教学，而是让教学工作乘信息技术的东风自由地飞翔。

本系列教材的编写，以学生就业所需的专业知识和操作技能为着眼点，在适度的基础知识与理论体系覆盖下，突出应用型、技能型教学的实用性和可操作性，强化案例教学。本套教材将会有机融入大量最新的示例、实例以及操作性较强的案例，力求提高教材的趣味性和实用性，打破传统教材自身知识框架的封闭性，强化实际操作的训练，使本系列教材做到“教师易教，学生乐学，技能实用”。有了广阔的应用背景，再造计算机案例型教材就有了基础。

我相信北京大学出版社在全国各地高校教师的积极支持下，精心设计，严格把关，一定能够建设出一批符合计算机应用型人才培养模式的、以案例型为创新点和兴奋点的精品教材，并且通过一体化设计、实现多种媒体有机结合的立体化教材，为各门计算机课程配齐电子教案、学习指导、习题解答、课程设计等辅导资料。让我们用锲而不舍的毅力，勤奋好学的钻研，向着共同的目标努力吧！

**刘瑞挺教授**　本系列教材编写指导委员会主任、全国高等院校计算机基础教育研究会副会长、中国计算机学会普及工作委员会顾问、教育部考试中心全国计算机应用技术证书考试委员会副主任、全国计算机等级考试顾问。曾任教育部理科计算机科学教学指导委员会委员、中国计算机学会教育培训委员会副主任。PC Magazine《个人电脑》总编辑、CHIP《新电脑》总顾问、清华大学《计算机教育》总策划。

# 前　言

C 语言是国内外长期广泛使用的一种计算机语言，是计算机应用人员，特别是硬件产品开发和底层程序开发人员应该掌握的程序设计工具之一。C 语言以其功能丰富、表达能力强、使用灵活方便、应用面广、目标程序效率高、可移植性好等特点而深得广大程序开发人员的青睐。

目前市面上大多数的 C 语言教材或参考书都是传统编排模式，先是入门总体介绍，然后是基础知识，再是程序结构体系等，这种方法以知识点为主线，容易陷于语法细节，而忽略了程序本身的重要性。采用这种方法的结果是：学完 C 语言，即便掌握了所有的知识点，也不能完整地解决一个实际问题。

基于案例教学过程的实践和思考，更为了培养读者的编程能力，编者提出了这样一个问题：能不能打破传统的教材和讲授模式，先以案例入手，提出解决问题的方法和思路，分析问题需要的知识点，然后根据需要讲解知识点，再解决提出的问题，最后举一反三，并以应用实例提升和巩固知识点，实现综合应用的目的。目前市面上适合这样讲授的教材或参考书很少，作者经过不断探讨和多年的案例教学经验，最终形成了本教材。

案例教学是计算机语言教学最有效的方法之一，好的案例对学生理解知识、掌握如何应用知识十分重要。本书以指导案例教学为目的，围绕教学内容组织案例，对学生的知识和能力训练具有很强的针对性，本书主要特色如下。

(1) 以知识线索设计案例，分解知识点，有明确的目的和要求，针对性强。

(2) 选择有代表性的案例，突出重点知识的掌握和应用。

(3) 将技术指导、代码与分析、应用提高、相关知识有机地结合起来。

(4) 注意新方法、新技术的应用。

(5) 处理好具体实例与思想方法的关系，局部知识应用与综合应用的关系。

(6) 强调实用性，培养应用能力。

本书中每一个案例的结构模式都为“案例说明→案例目的→技术要点→代码及分析→应用扩展→相关知识及注意事项”。每一章均包含多个案例，并配有相应的习题。通过强化案例和实训教学，可加深学生对理论知识的理解。

**课程教学目标**

通过介绍 C 语言及其编程技术，使学生了解高级程序设计语言的结构，掌握 C 语言的基本内容，结合一般数值计算介绍计算机程序设计的基本知识，使学生了解进行科学计算的一般思路，掌握 C 语言程序设计的基本的程序设计过程、基本方法与编程技巧，具备初步的高级语言程序设计能力。培养学生掌握基础知识和应用基础知识的一般方法，以及应用计算机解决和处理实际问题的思维方法与基本能力，为进一步学习和应用计算机打下良好的基础。

**学时分配**

建议课程安排 84 课时，其中，理论教学为 56 课时，实验教学为 28 课时。

**任课教师教学过程中应注意的事项**

建议采用启发式案例教学法，应注重培养学生的创新思维能力。

**本课程与其他课程的关系**

前导课程有：《Pascal 语言程序设计》、《高等数学》。

后继课程有：《Java 语言程序设计》、《数据结构》。

本书由潍坊学院的徐翠霞担任主编，邢台职业技术学院的杨平和潍坊学院的崔玲玲担任副主编。其中，第 2 章和第 5 章由徐翠霞编写；第 1 章和第 3 章由杨平编写；第 4 章和第 6 章由崔玲玲编写；第 7 章由山西大学工程学院的邵回祖编写；第 8 章由淄博职业学院的周彬编写。全书由徐翠霞负责统稿。

由于作者水平有限，书中难免有疏漏之处，恳请广大读者批评指正，以使本书得以改进和完善。

编　者

2008 年 10 月

# 目　　录

# 第1章 简单C语言程序设计

**教学目标与要求：**本章主要介绍标识符和关键字、基本数据类型、变量和常量、基本的运算符与表达式、C 语言基本语句、输入和输出函数、预处理命令等C程序的基本组成元素。通过本章的学习，要求做到：

- 掌握C语言的基本数据类型。
- 理解并掌握C语言的常量和变量的概念、定义及应用。
- 掌握算术、赋值和逗号运算符的优先级和结合性，能够准确计算这3种表达式的值。
- 掌握格式输入和输出函数的使用方法，能够独立编写简单的程序。
- 学会使用预处理命令。

**教学重点与难点：**变量的概念和输入/输出方法。

## 1.1 “简单的算术运算”案例

### 1.1.1 案例实现过程

**【案例说明】**

有两个整型变量 a 和 b，它们的值分别为 8 和 3，计算它们的和、差、积、商。程序运行结果如图 1.1 所示。

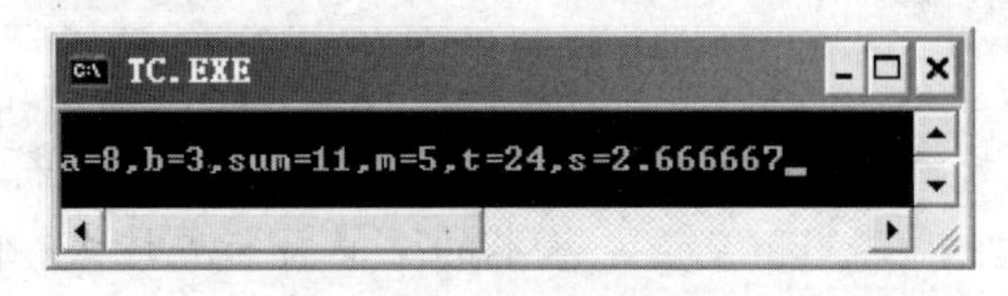


图 1.1　简单的算术运算

**【案例目的】**

(1) 掌握和理解 C 程序的基本结构。
(2) 熟悉 Turbo C 集成环境。
(3) 掌握编辑、编译、连接和运行一个 C 程序的基本过程。
(4) 掌握和理解 C 程序的基本语句。
(5) 学会如何组织表达式、如何给变量赋值、如何输出变量。

**【技术要点】**

(1) 由于被除数和除数均为整型数据，计算商时，必须对被除数或除数进行强制类型转换。

(2) 首先输入该程序，然后进行编译连接。如果在编译过程中有语法错误，则仔细检查并修改程序，直到没有错误为止。最后运行该程序。

**【代码及分析】**

```
#include <stdio.h>
main(){
   int a,b,sum,m,t;
   double s;
   a=8;
   b=3;
   sum=a+b;
   m=a-b;
   t=a*b;
   s=(double)a/(double)b;         /*对被除数或除数进行强制类型转换*/
```

```
    printf("\na=%d,b=%d,sum=%d,m=%d,t=%d,s=%lf",a,b,sum,m,t,s);
}
```

### 1.1.2　应用扩展

计算并输出 a 除以 b 的余数和 $a^b$ 的值。

```
#include <stdio.h>
#include "math.h"
main(){
    int a,b,m;
    double s;
    a=8;
    b=3;
    m=a%b;              /*计算 a 除以 b 的余数*/
    s=pow(a,b);         /*调用库函数 pow()计算 a^b 的值*/
    printf("\na=%d,b=%d,m=%d,s=%lf",a,b,m,s);
}
```

### 1.1.3　相关知识及注意事项

1. 标识符

所谓标识符，是指用来标识程序中用到的变量、函数、类型、数组、文件以及符号常量等的有效字符序列。简而言之，标识符就是一个名字。C 语言中的标识符可以分为 3 类：关键字、预定义标识符和用户定义标识符。

1) 关键字

关键字又称保留字，是 C 语言规定的具有特定意义的标识符。每个关键字都有固定的含义，不能另作他用。C 语言中共有 32 个关键字，分为以下 4 类。

(1) 标识数据类型的关键字(14 个)。

int、long、short、char、float、double、signed、unsigned、struct、union、enum、void、volatile 和 const。

(2) 标识存储类型的关键字(5 个)。

auto、static、register、extern 和 typedef。

(3) 标识流程控制的关键字(12 个)。

goto、return、break、continue、if、else、while、do、for、switch、case 和 default。

(4) 标识运算符的关键字(1 个)。

sizeof。

2) 预定义标识符

预定义标识符是一类具有特殊含义的标识符，用于标识库函数名和编译预处理命令。系统允许用户把这些标识符另作他用，但这将使这些标识符失去系统规定的原意。为了避免误解，建议不要将这些预定义标识符另作他用。C 语言中常见的预定义标识符有以下几种。

(1) 编译预处理命令。

define、endef、include、ifdef、ifndef、endif、line、if、else 等。

(2) 标准库函数。

数学函数：sqrt、fabs、sin、cos、pow 等。

输入输出函数：scanf、printf、getchar、putchar、gets、puts 等。

3) 用户定义标识符

用户定义标识符是程序员根据自己的需要定义的用于标识变量、函数、数组等的一类标识符。用户定义的标识符应符合 C 语言中标识符的命名规则。

在 C 语言中，标识符的命名规则如下。

(1) 只能由字母(A~Z，a~z)、数字(0~9)和下划线( _ )3 种字符组成。

(2) 第一个字符必须为字母或下划线。

例如，以下是合法的标识符：

r、sum、area、average、Sum、_lotus_1_2_3、FORTRAN、good_bye 等。

以下是不合法的标识符：

a-b、Dr.John、$123、a*.???、5ab、2>5 等。

用户在定义标识符时，应注意以下几个问题：

(1) C 语言中有 32 个关键字，每个关键字在 C 程序中都代表着某一固定含义。用户在定义标识符时不应采用与它们同名的标识符。

(2) 系统已经定义了一些预定义标识符，包括预处理命令和 C 语言提供的库函数的名字。为了增强程序的可读性，建议用户不要将其定义为标识符使用。

(3) C 语言是“大小写敏感”的语言，即将大写字母和小写字母作为不同的字符处理，如系统认为 sum、Sum、suM、SUM 是不同的标识符。C 语言中的关键字和预定义标识符全部以小写字母表示。

(4) 不同的 C 语言版本对标识符的长度有不同的规定，许多系统通常取前 8 个字符，例如，编译程序将 student_name 和 student_numer 视为同一个标识符，因此，在定义标识符时，最好不要超过 8 个字符。

(5) 见名知义。标识符虽然可由程序员随意定义，但标识符是用于标识某个变量或函数等的符号，因此，命名应尽量有相应的意义，以便阅读理解。

2. 基本数据类型

C 语言规定，在 C 程序中使用的每一个数据都属于唯一的一种数据类型，没有无类型的数据，一个数据也不可能同时属于多种数据类型。C 语言的数据类型如图 1.2 所示。

C 语言的基本数据类型有 3 种：整型、实型、字符型。在 C 语言中，有 4 种类型修饰符：signed(有符号)、unsigned(无符号)、long(长型符)、short(短型符)，这些类型修饰符可以与 char 或 int 配合使用。表 1-1 列出了 C 语言基本数据类型的数据表示和取值范围。

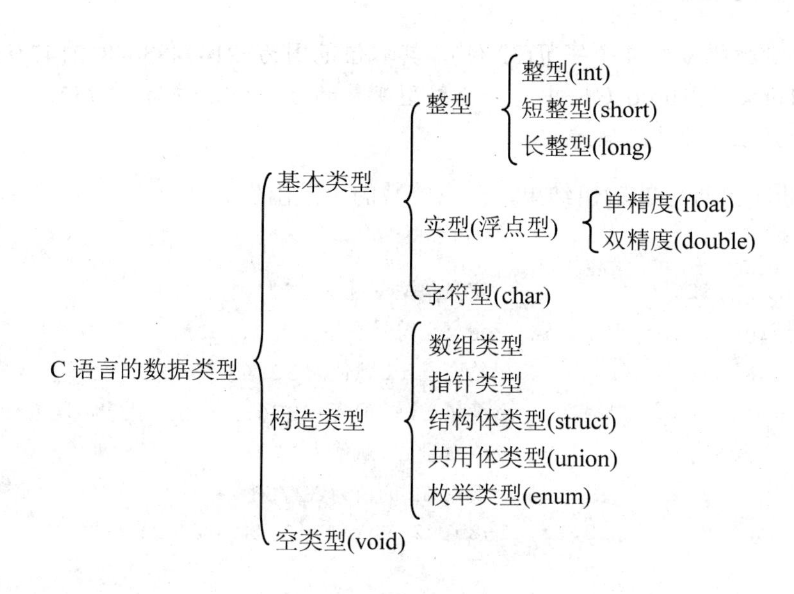


图 1.2　C 语言的数据类型

表 1-1　基本数据类型

| 类　型 | 说　明 | 内存单元数(字节数) | 取值范围 | |
|---|---|---|---|---|
| char | 字符型 | 1(8 位) | −128~127 | 即$-2^7$~$(2^7-1)$ |
| unsigned char | 无符号字符型 | 1(8 位) | 0~255 | 即 0~$(2^8-1)$ |
| signed char | 有符号字符型 | 1(8 位) | −128~127 | 即$-2^7$~$(2^7-1)$ |
| int | 整型 | 2(16 位) | −32768~32767 | 即$-2^{15}$~$(2^{15}-1)$ |
| unsigned int | 无符号整型 | 2(16 位) | 0~65535 | 即 0~$(2^{16}-1)$ |
| signed int | 有符号整型 | 2(16 位) | −32768~32767 | 即$-2^{15}$~$(2^{15}-1)$ |
| short int | 短整型 | 2(16 位) | −32768~32767 | 即$-2^{15}$~$(2^{15}-1)$ |
| unsigned short int | 无符号短整型 | 2(16 位) | 0~65535 | 即 0~$(2^{16}-1)$ |
| signed short int | 有符号短整型 | 2(16 位) | −32768~32767 | 即$-2^{15}$~$(2^{15}-1)$ |
| long int | 长整型 | 4(32 位) | −2147483648~2147483647 | 即$-2^{31}$~$(2^{31}-1)$ |
| unsigned long int | 无符号长整型 | 4(32 位) | 0~4294967295 | 即 0~$(2^{32}-1)$ |
| signed long int | 有符号长整型 | 4(32 位) | −2147483648~2147483647 | 即$-2^{31}$~$(2^{31}-1)$ |
| float | 单精度实型 | 4(32 位) | −3.4E+38~3.4E+38 | |
| double | 双精度实型 | 8(64 位) | −1.7E+308~1.7E+308 | |

**注意：**

(1) 用不同的编译系统时，具体情况可能与表 1-1 有些差别，例如，Visual C++ 6.0

为整型数据分配 4 个字节(32 位)，其取值范围为-2147483648~2147483647。

(2) 在 Turbo C/Turbo C++中，一个整型变量的最大值允许为 32 767，如果再加 1，则会产生“溢出”现象。

例如，分析下列程序的输出结果，注意整数的“溢出”。

```
main(){
  int i1,i2;              /*定义整型变量 i1,i2*/
  unsigned int u1,u2;     /*定义无符号整型变量 u1,u2*/
  i1=32767;               /*给变量 i1 赋值为 32767*/
  i2=i1+1;                /*变量 i2 的值为-32768，产生“溢出”现象*/
  u1=32767;               /*给变量 u1 赋值为 32767*/
  u2=u1+1;                /*变量 u2 的值为 32768*/
  printf("i1=%d,i2=%d,u1=%u,u2=%u\n",i1,i2,u1,u2);
}
```

程序运行结果如图 1.3 所示。

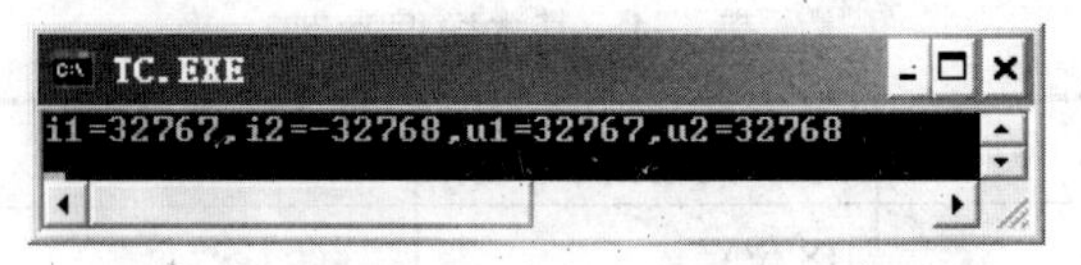


图 1.3 整数的“溢出”

3. 变量和常量

在 C 语言中，数据有两种表示形式：常量和变量。常量又分为字面常量(直接常量)和符号常量。字面常量比较简单，由常量本身的值即可确定该常量的类型；而符号常量和变量需要“先定义，后使用”。

1) 变量

所谓变量，是指在程序运行过程中其值可以改变的量。变量被分为不同的类型，不同类型的变量在内存中占用不同的存储单元，以便用来存放相应变量的值。

(1) 变量的定义。

变量定义的一般格式为：

```
类型符 变量名表;
```

说明：

① 类型符用来说明变量的数据类型，数据类型符可以是 C 语言提供的任意一种基本数据类型或构造数据类型标识符。

② 变量名表中可以只有一个变量，也可以有多个变量，如果有多个变量，变量之间用逗号隔开。

③ 变量的定义要集中放在函数的开始，不能与其他语句混放，否则不能通过编译。

例如：

```
int k;                  /*定义整型变量 k */
float f1,f2;            /*定义单精度实型变量 f1 和 f2 */
char c1,c2,c3;          /*定义字符型变量 c1, c2, c3*/
```

分析：

① int，float，char 为数据类型标识符，是 C 语言关键字，用来说明变量的类型。

② k，f1，f2，c1，c2，c3 为变量名。

(2) 变量的赋值。

变量定义后，在其使用之前需要有一个确定的值。

在 C 语言中，可以通过赋值运算符“=”给变量赋值。变量赋值的一般格式是：

```
变量=表达式
```

变量的赋值，一般有如下几种情况。

① 在定义变量的同时为其赋值，也称为变量的初始化，定义的变量可以全部初始化，也可以部分初始化。例如：

```
int x=12,y=9;       /*定义整型变量 x 和 y，并且分别赋值为 12 和 9*/
int a=3,b,c=5;      /*定义整型变量 a，b 和 c，并且给 a 和 c 赋值为 3 和 5*/
```

② 先定义变量，后赋值。例如：

```
int a;              /*定义整型变量 a*/
a=10;               /*a 的值为 10*/
```

给变量赋值时，应注意以下几个问题：

① 变量在某一时刻只有一个确定的值，变量获得新值后，其原值将不再存在。

例如：

```
int x=10;
x=20;
```

该程序段执行后，变量 x 的值为 20，而不是 10。

② 定义多个同类型变量时，如果给所有变量赋同一个值，只能逐个处理。

例如，下面的定义语句是错误的：

```
int x=y=z=10;
```

正确的定义格式应为：

```
int x=10,y=10,z=10;
```

③ 如果变量的类型与数据的类型不一致，数据将被转换成与变量相同的类型。

例如，下面的定义是合法的：

```
int x=10.5;
long  y=99;
```

该程序段执行后，变量 x 的值是整型数据 10，变量 y 的值是长整型数据 99L。

2) 常量

常量又称常数，是指在程序运行过程中其值不可改变的量。C 语言中的常量又分为符号常量和字面常量。

(1) 符号常量。

符号常量是指在程序中用一个标识符代表一个常量。使用符号常量可以提高程序的可读性和可移植性。符号常量的定义格式如下：

```
#define 标识符 常量
```

例如：

```
#define PI 3.14             /*定义符号常量PI，值为3.14*/
#define M 100               /*定义符号常量M，值为100*/
```

使用符号常量时，应注意以下几个问题：

① 代表符号常量的标识符一般用大写字母表示，以便与其他标识符区别开来。

② 在程序运行过程中不能通过赋值语句给符号常量赋值。

(2) 字面常量。

字面常量是日常所说的常数。字面常量分为不同的类型，有整型常量、实型常量、字符型常量、字符串常量。

① 整型常量。

整型常量又称整数，在 C 语言中，整数可以用 3 种数制来表示。

(a) 十进制整数。

例如 250、-12，其中，每个数位上的数字必须是 0~9。

(b) 十六进制整数。

例如 0x80、0x1a、0X80、0X1A，其中，每个数位上的数字必须是 0~9，a~f 或 A~F。程序中凡出现以 0x(或 0X)开头的数字序列，一律作为十六进制数处理。

(c) 八进制整数。

例如 010、027，其中，每个数位上的数字必须是 0~7。程序中凡出现以数字 0 开头的数字序列，一律作为八进制数处理。

在 C 语言中，要表示长整型数，需要在整型常量后面加一个字母 L 或 l。

例如-48L(十进制长整数)、048L(八进制长整数)、0x12L(十六进制长整数)等都是长整数。

② 实型常量。

实型常量又称实数，它可以用两种形式表示，即小数形式和指数形式。

(a) 小数形式。

小数形式是由数字和小数点组成的(注意：必须要有小数点)，例如，0.123，.123，123.，0.0 都是十进制小数形式表示的合法实数。

(b) 指数形式。

指数形式又称科学记数法，例如，十进制小数 180000.0，用指数形式可表示为 1.8e5；而十进制小数 0.00123，用指数形式可表示为 1.23E−3。应注意，字母 E 或 e 前后必须要有数字，且 E 或 e 后面的指数必须为整数。例如，实数 123E4，135.6e−7，.123E8，0e0 都是合法的，而 E5，3.2e0.5，5E，.e3 都是不合法的。

③ 字符型常量。

C 语言中的字符型常量是用单引号括起来的一个字符。其中，单引号是字符常量的定界符。例如，'a'，'A'，'@'，';'，'6'等都是合法的字符常量，其中，'a'和'A'是不同的字符常量。字符常量的值是该字符的 ASCII 码值。

在 C 语言中，还允许使用一些特殊形式的字符型常量，它是以一个反斜杠“\”开头的字符序列，称为“转义字符”，意思是使反斜杠“\”后面的字符不再有原来的含义。例如，前面例题中出现的字符'\n'，不是表示字符反斜杠“\”和“n”，而是表示“换行”。C 语言的常见转义字符见表 1-2。

表 1-2　C 语言的常见转义字符及其功能

| 字　符 | 功　能 | ASCII 码 |
|---|---|---|
| \0 | 表示字符串结束 | 0 |
| \n | 换行，将当前位置换到下一行行首 | 10 |
| \t | 横向跳格，即从当前位置跳到下一个输出区 | 9 |
| \v | 竖向跳格 | 11 |
| \b | 退格，将当前位置移到前一列 | 8 |
| \r | 回车，将当前位置移到本行行首 | 13 |
| \f | 换页，将当前位置移到下页开头 | 12 |
| \a | 响铃 | 7 |
| \' | 单引号字符 | 39 |
| \" | 双引号字符 | 34 |
| \\ | 反斜杠字符 | 92 |
| \ddd | 1~3 位八进制数表示的 ASCII 码所代表的字符 | 0~255 |
| \xhh | 1~2 位十六进制数表示的 ASCII 码所代表的字符 | 0~255 |

上表中的最后两行是用 ASCII 码(八进制或十六进制)表示一个字符，例如，'\101'或'\x41'表示 ASCII 为十进制数 65 的字符'A'，'\60'或'\x30'表示 ASCII 为十进制数 48 的字符'0'，'\12'或'\xa'表示 ASCII 码为十进制数 10 的“换行”符。

**注意**：以'\'开头的转义字符仅代表单个字符，而不代表多个字符。

④ 字符串常量。

字符串常量又称字符串。由双引号括起来的一串字符称为字符串。例如，"A"，"How are you!"，"China"，"$1236.90"等都是合法的字符串。字符串中字符的个数称为该字符串的长度。C 程序在存放字符串时，系统总是自动地在字符串的结尾加一个字符'\0'，标识字符串结束。转义字符'\0'又称为字符串结束标识，系统据此可以判断字符串是否结束。

例如，字符串"China"在内存中存为：

| C | h | i | n | a | \0 |
|---|---|---|---|---|---|

字符和字符串是不同的，注意两者的区别。例如，'A'和"A"是不同的，'A'是字符，"A"是字符串，显然，不能将一个字符串赋给一个字符变量。

例如：

```
char c;
c="A";            /*错误，c 是字符变量*/
```

4. 运算符和表达式

C 语言中的运算符，按其功能分为：算术运算符、赋值运算符、关系运算符、逻辑运算符、位运算符、条件运算符、逗号运算符、求字节运算符、取地址运算符、指针运算符等。

C 语言中的运算符，按其运算对象的数目分为以下三种。

(1) 单目运算符。只需要一个运算对象，例如，作为取正、取负的“+”和“-”运算符是单目运算符，自增、自减运算符、求字节运算符、取地址运算符、指针运算符也是单目运算符。

(2) 双目运算符。需要两个运算对象，C 语言的运算符绝大部分都是双目运算符，例如，加、减、乘、除、取余运算符等均为双目运算符。

(3) 三目运算符。需要 3 个运算对象，条件运算符是 C 语言中唯一的三目运算符。

C 语言表达式是由运算符将运算对象(如常量、变量和函数调用等)连接起来的具有合法语义的式子。其中，常量、变量和函数调用是 3 种最简单的表达式，它们不需要任何的运算符即可构成独立的表达式。例如，20，3.5，sin(10.5)都是合法的表达式。

一个表达式有一个值及其类型，它们等于计算表达式所得结果的值和类型。表达式的求值按照运算符的优先级和结合性规定的顺序进行。

在进行表达式求值的过程中，C 语言规定了各运算符的优先级和结合性。C 语言中运算符的优先级和结合性见附录Ⅰ。C 语言中，运算符的优先级共分为 15 级，1 级最高，15 级最低。

所谓结合性，是指当一个运算对象两侧的运算符的优先级相同时，进行运算的结合方向。C 语言中运算符的结合性分为两类：一类是自左向右，另一类是自右向左。其中，只有单目、三目和赋值运算符的结合性为自右向左的，其余运算符的结合性均为自左向右的。

**注意：** 在书写表达式时，应注意 C 语言的表达式与数学表达式的区别。例如，数学表达式

3ab应表示为3*a*b，x>y>z应表示为x>y&&y>z，1≤x≤10应表示为x>=1&&x<=10，sinx应表示为sin(x)。

1) 算术运算符和算术表达式

(1) 算术运算符。

C语言提供的算术运算符及其功能见表1-3。设变量a和b为整型变量。

表1-3 算术运算符

| 运 算 符 | 名 称 | 运 算 类 型 | 示 例 | 功 能 |
|---|---|---|---|---|
| + | 正号运算符 | 单目运算符 | +5 | 取正数5 |
| - | 负号运算符 | 单目运算符 | -10 | 取负数10 |
| + | 加法运算符 | 双目运算符 | a+b | 求a与b之和 |
| - | 减法运算符 | 双目运算符 | a-b | 求a与b之差 |
| * | 乘法运算符 | 双目运算符 | a*b | 求a与b之积 |
| / | 除法运算符 | 双目运算符 | a/b | 求a与b之商 |
| % | 求余运算符 | 双目运算符 | a%b | 求a除以b的余数 |
| ++ | 自增运算符 | 单目运算符 | ++a | 将a的值加1 |
| -- | 自减运算符 | 单目运算符 | --a | 将a的值减1 |

说明：

① 求余运算符“%”又称为取模运算符，要求“%”的两侧必须为整型数，它的作用是取两个整型数相除的余数，余数的符号与被除数的符号相同。例如，21%8的结果是5，-17%5的结果是-2，17%-5的结果是2。

② 除法运算符“/”，当两个操作数都是整数时，运算的结果是整数，即表示“整除”。如果参加运算的两个数中有一个是实数，则结果是实数。例如，5/2的结果是2，5.0/2的结果是2.5。

(2) 算术表达式。

由算术运算符、圆括号将运算对象(操作数)连接起来的有意义的式子称为算术表达式。例如：

① -2+18/3*5%8　　　/*表达式的值为4*/

② 5*((6+sqrt(9.0))/2)　　　/*表达式的值为22.5，其中，sqrt(9.0)是计算9.0的平方根*/

2) 赋值运算符和赋值表达式

(1) 赋值运算符。

“=”是C语言的赋值运算符，C语言允许在赋值运算符“=”之前加上算术运算符或位运算符，构成复合赋值运算符。C语言中复合的算术赋值运算符见表1-4。

表 1-4　复合算术赋值运算符

| 名　称 | 运 算 符 | 示　例 | 等 价 于 |
|---|---|---|---|
| 加赋值运算符 | += | a+=b | a=a+b |
| 减赋值运算符 | −= | a−=b | a=a−b |
| 乘赋值运算符 | *= | a*=b | a=a*b |
| 除赋值运算符 | /= | a/=b | a=a/b |
| 取余赋值运算符 | %= | a%=b | a=a%b |

**注意：**赋值运算符和复合赋值运算符的结合方向均为从右到左，优先级只高于逗号运算符，而比其他运算符的优先级都低。例如，表达式“x*=y+2”等价于“x=x*(y+2)”。

(2) 赋值表达式。

赋值表达式是由赋值运算符“=”将一个变量和表达式连接起来的式子。赋值表达式的一般格式为：

```
变量=表达式
```

**注意：**

(1) 赋值运算符左边必须是变量。赋值表达式的值就是赋值后变量的值。

(2) 进行赋值运算时，当赋值运算符两边的数据类型不同时，系统将自动进行类型转换，转换的原则是将赋值运算符右边表达式的类型转换为左边变量的类型。

3) 逗号运算符和逗号表达式

在 C 语言中，逗号“,”除了用作分隔符外，还可以作为运算符将若干个表达式连接在一起形成逗号表达式。

逗号表达式的一般格式为

```
表达式 1,表达式 2,…,表达式 n
```

逗号表达式的运算规则是：先求解表达式 1，再求解表达式 2，依次求解到表达式 n。最后一个表达式的值就是整个逗号表达式的值。例如：

```
x=(a=3,b=5,c=b*4)
```

该表达式是一个赋值表达式，它是将“=”右边括号内逗号表达式的值赋给左边的变量 x，括号内逗号表达式的值为 20，x 被赋值为 20。

逗号运算符的优先级最低，结合性为自左向右。例如，若将上述表达式中的括号去掉，写成下面的形式：

```
x=a=3,b=5,c=b*4
```

该表达式为一个逗号表达式，它由 3 个赋值表达式组成，该逗号表达式的值为 20，而变量 x 被赋值为 3。

5. 不同类型数据的混合运算

不同类型的数据进行混合运算时，会自动转换成同一类型再计算。数据的类型转换方式有两种：自动类型转换和强制类型转换。

1) 自动类型转换

当一个运算符两边的运算对象类型不同时，其中一个运算对象的类型将转换成与另一个运算对象相同的类型，转换规则如图 1.4 所示。

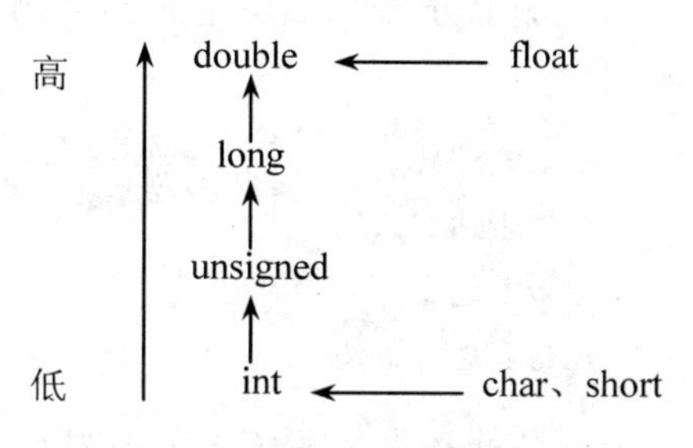


图 1.4　自动类型转换规则

**注意：**

(1) 上面的转换规则不适用于位运算，因为位运算的运算对象只能是整型数据，若实际处理的是实型数据，编译系统不会实施自动类型转换，而是报告出错。

(2) 上面的转换规则也不适用于赋值或复合赋值运算，对于这两种运算，以运算符左边变量的类型为准进行转换。

例如：

```
int x=5;
float y=3.85;
x+=y;
printf("x=%d\n",x);
```

输出结果为 8，说明变量 y 的小数部分在转换成 int 型时被舍去了。

2) 强制类型转换

自动类型转换是编译系统自动进行的，不需要用户干预。C 语言还允许用户根据自己的需要将运算对象的数据类型转换成所需要的数据类型，这就是强制类型转换。

强制类型转换的运算格式如下：

```
(类型标识符)运算对象
```

说明：

强制类型转换只是得到所需类型的中间量，而原数据的类型不变。

例如：

```
(int)3.14            /*将 3.14 转换成整型，其值为 3*/
(int)(3.14+4.78)     /*将表达式 3.14+4.78 的结果转换成整型，其值为 7*/
```

```
(int)3.14+4.78      /*将 3.14 转换成整型，然后再加上 4.78，其值为 7.78*/
```

6. C 语句

C 语句可以分为以下 3 类：基本语句、控制语句和复合语句。

1) 基本语句

基本语句是以分号“;”结束的语句。C 语言中常用的基本语句有表达式语句和空语句。

(1) 表达式语句。

表达式语句是指在表达式末尾加上分号“;”所组成的语句。任何一个表达式都可以加上分号而成为表达式语句。例如：

```
x=a+b               赋值表达式
x=a+b;              赋值表达式语句
a=1,b=2,a+b         逗号表达式
a=1,b=2,a+b;        逗号表达式语句
```

**注意：** 虽然任何一个表达式加上分号就构成了表达式语句，但是在程序中应该出现有意义的表达式语句。

(2) 空语句。

仅由一个分号“;”组成的语句称为空语句。空语句不执行任何操作。在循环语句中可以使用空语句提供一个不执行任何操作的循环体。

例如：

```
while(getchar()!='\n');          /*空语句作为 while 语句的循环体*/
```

while 语句的功能是：只要从键盘输入的字符不是回车符，则重复输入。while 语句的循环体由空语句构成。

2) 控制语句

C 语言提供了以下几种控制语句，每种控制语句都实现一种特定功能。

(1) 选择语句：if 语句、switch 语句。

(2) 循环语句：for 语句、while 语句、do-while 语句。

(3) 流程转向语句：break 语句、continue 语句、return 语句。

3) 复合语句

复合语句是用左、右花括号括起来的语句序列。复合语句的语句格式如下：

```
{ 语句 1;语句 2;… ;语句 n;}
```

例如：

```
{ c=a+b; t=c/100;  printf("%d",t); }
```

**注意：** 复合语句是以右花括号为结束标志的，因此，在复合语句右花括号的后面不必加分号。

一个复合语句在语法上等同于一条语句。复合语句作为一条语句也可以出现在其他复

合语句的内部，这称为复合语句的嵌套。

例如：

```
{
  sum=0; mul=1;
  for(i=1; i<100;i++)
  {
    sum=sum+1;
    mul=mul*1;
  }
  printf("%d,%d",sum,mul);
}
```

## 1.2 “计算圆柱体的体积”案例

### 1.2.1 案例实现过程

【案例说明】

假设圆柱体的底面半径为 r(值为 2.5)，高为 h(值为 3.5)，计算该圆柱体的体积(体积=底面积×高，底面积=$\pi r^2$)。程序运行结果如图 1.5 所示。

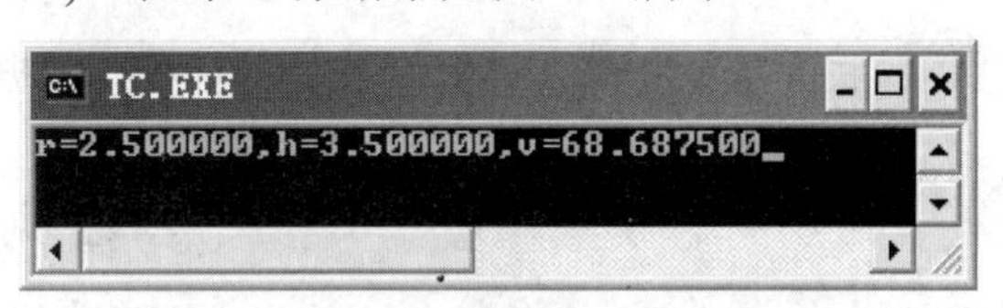


图 1.5　计算圆柱体的体积

【案例目的】

(1) 掌握和理解 C 程序的基本结构。
(2) 熟悉 Turbo C 集成环境，掌握编辑、编译、连接和运行一个 C 程序的基本过程。
(3) 理解符号常量的含义，掌握使用#define 命令定义宏的基本方法。
(4) 掌握使用 scanf()和 printf()函数输入变量值、输出变量值的方法。
(5) 掌握在调用标准库函数时将头文件包含的方法。

【技术要点】

根据题意，变量的数据类型应定义为实型。π的值设为 3.14。
(1) 定义题目中所需的变量 r、h 和 v(存放体积值)，同时初始化 r 和 h。
(2) 计算体积，并将结果存放在 v 中。
(3) 输出 r、h 和 v 的值。

【代码及分析】

```
#include <stdio.h>
#define PI 3.14                        /*定义符号常量*/
main(){
   double r=2.5,h=3.5;                 /*定义并初始化 r 和 h*/
   double v;
   v=PI *r*r*h;
   printf("\nr=%lf,h=%lf,v=%lf",r,h,v);    /*输出*/
}
```

程序说明：

(1) 在程序中使用宏定义命令定义一个符号常量，PI 代表 3.14。编译该程序时，在该命令后出现的 PI 均可用 3.14 代替。例如，PI *r*r*h 相当于 3.14 *r*r*h。

(2) 当需要提高 PI 的精度时，只需修改宏定义命令中的字符串即可。例如，如果要求 PI 为 3.1415926，此时只需将宏定义命令修改为如下格式：

```
#define PI 3.1415926
```

此时程序中在该宏定义命令之后出现的所有 PI 都将替换为 3.1415926。

### 1.2.2 应用扩展

(1) 从键盘输入圆柱体的底面半径和高，计算圆柱体的体积。数据的输入使用 scanf 函数。

```
#include <stdio.h>
#define PI 3.14                                 /*定义符号常量 PI*/
main(){
   double r,h;                                  /*定义 r 和 h*/
   double v;
   printf("\ninput r,h:");
   scanf("\n%lf,%lf",&r,&h);                    /*输入 r 和 h 的值*/
   v=PI *r*r*h;
   printf("\nr=%lf,h=%lf,v=%lf",r,h,v);/*输出*/
}
```

(2) 用带参数的宏定义实现。

```
#include <stdio.h>
#define PI 3.14                        /*定义符号常量 PI*/
#define S(a,b) PI*(a)*(a)*(b)  /*定义带参数的宏 S(a,b)*/
main(){
   double r,h;
```

```
    double v;
    printf("\ninput r,h:");
    scanf("\n%lf,%lf",&r,&h);
    v=S(r,h);                    /*将 S(r,h)替换为 PI*(r)*(r)*(h)*/
    printf("\nr=%lf,h=%lf,v=%lf",r,h,v);
}
```

### 1.2.3　相关知识及注意事项

1. 编译预处理命令

在程序中，凡是以符号“#”开头的命令，都是编译预处理命令，如文件包含命令“#include <stdio.h>”等。这些命令在源程序文件中都放在函数之外，而且一般都放在源程序文件的开始处，在源程序被正式编译前处理，称之为“编译预处理”命令。

编译预处理是 C 语言在将源程序编译生成目标代码前对源程序进行的预处理。这是 C 语言的一大特色，也是 C 语言与其他高级语言的重要区别之一。

C 语言提供了多种预处理命令，常用预处理命令有 3 种：宏定义、文件包含和条件编译命令。这里只介绍宏定义和文件包含命令。

1) 宏定义

宏定义命令#define 是 C 语言编译预处理命令中最常用的命令之一。宏定义命令是将一个标识符(又称宏名)定义为一个字符串(又称宏体)，在编译预处理时，对程序中所有在宏定义中定义的标识符都用宏定义中的相应字符串去替换，这称为“宏替换”或“宏展开”。

宏定义又分为两种：一种是简单宏定义，即不带参数的宏定义(无参宏定义)；另一种是复杂宏定义，即带参数的宏定义(有参宏定义)。

(1) 不带参数的宏定义。

不带参数的宏定义又称为简单宏定义，通常用来定义符号常量。其一般格式为：

```
#define 标识符 字符串
```

其中，“#”表示这是一条预处理命令。define 为关键字，表示该命令为宏定义。“标识符”为所定义的宏名，“字符串”可以是常数、表达式、格式串等。

为了和变量有所区别，习惯上在不带参数的宏定义中为标识符命名时只使用大写字母。例如：

```
#define PI 3.14
```

该宏定义命令的作用是指定用标识符 PI 代表“3.14”这个字符串。在编译预处理时，程序中在该命令之后出现的所有 PI 都用“3.14”来代替。此时用户可以用一个简单的标识符代替一个较长的字符串，以增加程序的可读性，易于阅读理解。

使用宏定义命令时，应注意以下几个问题：

① 对宏名的大小写问题没有强制规定，但为了与程序中其他标识符区别，宏名一般用大写字母。

② 一个宏名只能被定义一次，否则将出现重复定义的错误。

③ 宏定义可以嵌套。在宏体中，可以出现已定义的宏名。例如：

```
#define PI 3.14
#define PIR (PI*r)/*PI 为已定义的宏名*/
```

④ 若宏体文本太长，换行时需要在行尾加续行符“\”。在进行编译预处理时，宏定义中的续行符将被去掉，然后将前后各行合并到一起。例如：

```
#include <stdio.h>
#define STRING "This is test1!\
This is test2!! \
This is test3!!!"
main(){ printf("%s\n",STRING); }
```

在编译预处理时，printf 语句中的 STRING 将被替换为“This is test1!This is test2!!This is test3!!!”，运行时程序将输出：This is test1!This is test2!!This is test3!!!。

⑤ 宏名不是变量，不能对其赋值。宏名是一个常量，在经过宏展开后，宏名将被替换成它所代表的字符串。

⑥ 程序中出现的由双引号括起来的字符串即使和宏名相同，也不进行宏替换。例如，如果 PI 是已定义的宏名，则不能用与它相关的替换文本去替换“printf("PI");”中的 PI。

⑦ 可以使用#undef 命令终止宏定义的作用域。例如：

```
#define PI 3.14
main()
{
:                       PI 的有效范围
}
#undef PI
fun1()
:
```

(2) 带参数的宏定义。

带参数的宏定义又称复杂宏定义或有参宏定义，其一般格式如下：

```
#define 宏名(参数表) 字符串
```

其中，参数表由一个或多个参数组成，多个参数之间用逗号隔开，参数不必进行类型说明。

在宏定义中的参数一般称为形式参数，在宏展开中的参数一般称为实际参数。带参数的宏定义在宏展开时，不仅是简单地用字符串替换，而且对字符串中的形参也要用实参作相应的替换。

使用带参数的宏定义时，应注意以下几个问题：

① 在进行带参数的宏定义时，宏名与其后的左圆括号之间不能有空格。

例如：

```
#define S(a,b) PI*(a)*(a)*(b)        /*定义带参数的宏 S(a,b)*/
```

若将上述宏定义改写为

```
#define S (a,b) PI*(a)*(a)*(b)       /*定义带参数的宏 S(a,b)*/
```

此时的宏定义将被认为是不带参数的宏定义，S 是宏名，它代表字符串“(a,b) PI*(a)*(a)*(b)”，显然不是原来的含义。

② 宏定义时，应将整个字符串及其中的各个参数用圆括号括起来，以确保宏展开后字符串中各个参数的计算顺序的正确性，避免出现错误。

例如，宏定义为：

```
#define M(x,y) x*y
```

在程序中遇到如下语句：

```
s=M(x+1,y+1);
```

对其进行宏展开，结果如下：

```
s=x+1*y+1;
```

此时表达式变为“x+y+1”，这与(x+1)*(y+1)是不同的，故出错。

若将宏定义修改为如下形式：

```
#define M(x,y) ((x)*(y))
```

再对上述语句进行宏展开，结果如下：

```
s=((x+1)*(y+1));
```

这是正确的结果。

③ 带参数的宏定义也可嵌套定义。

④ 在宏定义中的形参是标识符，而宏展开中的实参可以是表达式。

2) 文件包含

所谓文件包含，是指在一个文件中可以包含另外一个文件的全部内容，使之成为该文件自身的一部分，这相当于是两个文件的合并。文件包含由文件包含命令来实现。

文件包含命令的一般格式如下：

```
#include "文件名"
```

或者

```
#include <文件名>
```

其中，include 为预定义标识符，“文件名”是指被包含的文件名，一般是扩展名为.h

的文件(又称头文件)，也可以是其他程序文件(或文本文件)。

例如：

```
#include <stdio.h>
```

“文件名”必须用双引号或尖括号括起来。在编译预处理时，预处理程序将把指定文件中的内容嵌入到该命令出现的位置上。通过使用不同的定界符，可以使得预处理程序在查找被包含文件时采用不同的策略。如果文件名用双引号括起来，预处理程序首先在当前目录中查找被包含文件，如果找不到，则到由操作系统的 path 命令所设置的各个目录中查找，若仍没找到，最后到系统规定的目录(include 子目录，用户在设置环境时设置)中查找。如果文件名用尖括号括起来，预处理程序只在系统规定的目录(include 子目录)中查找被包含文件。

正在编译的源程序文件和用文件包含命令指定的文件在逻辑上被看做同一个文件，经编译后生成一个目标文件。

在程序设计中，文件包含是很有用的。开发一个大型程序时，可将程序合理地划分为多个模块，由多个程序员分别编写，每个程序员都可能要编写多个源程序。而在一个程序中可能存在很多常量，如 PI(3.1415926)，TRUE(1)，FALSE(0)等，另外还有一些共用的类型定义、全局变量声明或函数声明等，可能在多个源程序中都要用到。此时，为避免重复定义，可将上述内容单独组成一个文件，在其他文件的开头用文件包含命令包含该文件。这样，在对源程序进行预处理时就会将所包含的文件的全部内容嵌入到源程序中。

由此可以看出，使用文件包含命令，一方面可以减少重复劳动，节省开发时间，避免由于重复劳动带来的错误；另一方面也提高了程序的可移植性和可维护性。若需修改程序中的某些共用内容时只需修改一个文件，即被包含文件中的内容。

另外，应正确使用文件包含命令，否则会增加程序的代码长度，造成存储空间上的浪费。

使用文件包含命令时，应注意以下几个问题。

(1) 文件包含命令一般放在源程序的头部。

(2) 一个文件包含命令只能指定一个被包含文件，一个程序中可以使用多条文件包含命令。若有多个文件要包含，则需用多条文件包含命令。

(3) 文件包含允许嵌套，即在一个被包含的文件中又可以包含其他文件。

(4) 被包含的文件修改后，所有包含该文件的源程序都应全部重新编译连接。

2. 格式输入输出函数

C 语言的输入和输出操作是由标准函数实现的。C 语言的头文件 stdio.h 中包含了标准输入/输出函数中的一些公用信息。在利用标准函数进行输入和输出时，应在程序开始处添加命令“#include <stdio.h>”，以便将头文件 stdio.h 包含到用户源文件中。

格式输入/输出函数 scanf()和 printf()可以实现一个或多个任意类型数据的输入/输出。

1) 格式输出函数 printf()

printf()函数用于按照指定的格式输出数据。printf()函数的调用格式如下：

```
printf("格式控制",输出项列表);
```

说明：

(1) 输出项可以是常量、变量或表达式。两个输出项之间用逗号分隔。输出项的项数由格式控制中的格式说明的个数决定。

(2) 格式控制。

① 为各输出项提供格式转换说明，将要输出的数据转换为指定的格式输出。格式转换说明由“%”和格式说明符组成，并且总是由“%”开始，例如%d、%f 等。不同类型的数据使用不同的格式说明符。注意，通常情况下，格式说明符只允许使用小写字母。printf()函数常用的格式说明符见表 1-5。

表 1-5 printf()函数的格式说明符

| 格 式 字 符 | 说 明 |
| --- | --- |
| d | 以带符号的十进制形式输出整数 |
| o | 以八进制无符号形式输出整数 |
| x 或 X | 以十六进制无符号形式输出整数 |
| u | 以无符号的十进制形式输出整数 |
| c | 以字符形式输出，只输出一个字符 |
| s | 输出字符串中的字符，直到遇到“\0”，或输出有精度指定的字符数 |
| f | 以小数形式输出单、双精度数，隐含输出 6 位小数 |
| e | 以标准指数形式输出单、双精度数，数字部分的小数位数为 6 位 |
| g | 选用 f 或 e 格式中输出宽度较短的一种格式，不输出无意义的 0 |

② 提供需要原样输出的文字或字符。需要原样输出的字符可以是 C 语言的合法字符，它通常作为程序的提示信息。

说明：

在 printf()函数中，“%”和格式说明符之间还可以插入以下的附加说明符。

(1) 长度修正符 l 或 h。

字母 l：用于整型时，指的是长整型，如%ld、%lx、%lo；用于实型时，指的是双精度型，如%lf。

字母 h：用于指定短整型，如%hd、%hx、%ho、%hu。

(2) 域宽及精度描述符 m 和 n。

m：指域宽。即对应的输出项输出时所占的宽度。如果指定的输出宽度 m 小于数据实际位数，系统按数据的实际位数输出；如果指定的输出宽度 m 大于数据实际位数，左边补以空格。

n：指精度。精度对于不同的格式说明符有不同的含义。例如，对于实型数，用于说明输出的实型数的小数位数；对于字符串，用于指定最多输出的字符个数。

(3) 输出数据左对齐。

可以在指定输出域宽的同时指定数据左对齐，在域宽之前加一个“-”，用于指定输出数据左对齐，否则，默认为右对齐。

(4) 在输出数据前加前导 0。

可以在指定输出域宽的同时指定数据前面的多余空格处填以数字 0。在域宽之前加一个数字 0，用于指定数字前的空位用 0 填补，否则，以空格填补。

(5) 如果想输出字符“%”，则应在格式控制字符串中用“%%”表示。

例如：

```
printf("%f%%",1.0/3);
```

输出：

```
0.333333%
```

例如，分析下列程序的输出结果，注意其中的格式控制。

```
main()
{
   int b;
   long c;
   float f=123.456;
   b=12;
   c=1234567;
   printf("%d,%4d,%-4d,%04d\n",b,b,b,b);
   printf("%ld,%7ld,%-7ld,%07ld\n",c,c,c,c);
   printf("%s,%10s,%-10s,%10.4s,%-10.4s\n",
         "string","string","string","string","string");
   printf("%10.2f,%-10.2f,%.2f\n",f,f,f);
}
```

程序运行结果如图 1.6 所示。

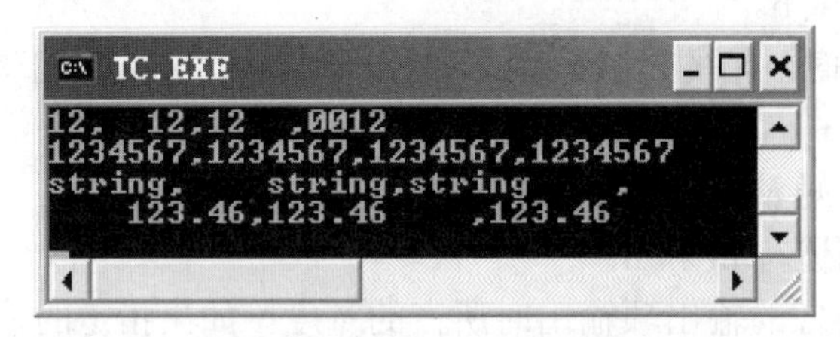


图 1.6　printf()函数格式说明

2) 格式输入函数 scanf()

scanf()函数用于从键盘按照指定的格式读取数据，并给指定的变量赋值。

scanf()函数的调用格式如下：

```
scanf("格式控制",地址表列);
```

其中，“地址表列”由若干个合法的地址表达式组成，地址与地址之间用逗号分隔。

例如：

```
int a ,b;
scanf("%d%d",&a,&b);
```

scanf()函数的格式符与 printf()函数类似，scanf()函数中可以使用的格式符见表 1-6。

表 1-6　scanf()函数的格式说明符

| 格式字符 | 说　明 |
| --- | --- |
| d | 用来输入十进制整数 |
| o | 用来输入八进制整数 |
| x | 用来输入十六进制整数 |
| c | 用来输入单个字符 |
| s | 用来输入字符串，将字符串送到一个字符数组中，在输入时以非空白字符开始，以第一个空白字符结束。字符串以串结束标志'\0'作为最后一个字符 |
| f | 用来输入实数，可以用小数形式或指数形式输入 |
| e | 与 f 作用相同，e 与 f 可以相互替换 |

说明：

在 scanf()函数中，“%”和格式说明符之间还可以插入以下的附加说明符。

(1) 格式说明符前面加上字母 l，表示输入 long 型数据，如%ld，%lo，%lx，以及 double 型数据，如%lf，%le。

(2) 格式说明符前加上字母 h，表示输入 short 型数据，如%hd，%ho，%hx。

(3) 格式说明符前加上数字 m(m 为正整数)，用来指定输入数据所占宽度(列数)，系统自动截取所需数据。例如：

```
scanf("%3d%2d",&a,&b);
```

若输入 123456，编译系统自动将 123 赋给变量 a，45 赋给变量 b。

(4) “%”后面加“*”，表示本输入项在读入后不赋给相应变量。“%*数字”表示跳过相应的数字。例如：

```
scanf("%2d%*3d%2d",&a,&b);
```

若输入 123456789，编译系统将 12 赋值给变量 a，跳过后面的 3 列，即跳过 345，将 67 赋值给变量 b。

使用 scanf()函数时，应注意以下几个问题。

(1) “地址表列”中应该是地址，而不是普通的变量名。

(2) “格式控制”中的“普通字符”应原样输入。例如：

```
scanf("a=%d,b=%d,c=%d",&a,&b,&c);
```

输入时的格式应为：

```
a=12,b=24,c=36
```

(3) 用“%c”输入字符时，“空格字符”或“转义字符”也都作为有效字符输入。例如：

```
scanf("%c%c%c",&ch1,&ch2,&ch3);
```

若输入 A_B_C，表示将字符'A'赋给 ch1，空格字符赋给 ch2，字符'B'赋给 ch3。因为“%c”只要求读入一个字符，后面不需要用空格作为两个字符的间隔，因此，将空格作为下一个字符赋给 ch2。

(4) 遇到数据输入结束标识时输入结束。

① 遇到默认分隔符(空格、换行符或横向跳格符)时输入结束。

② 按指定的宽度结束。如“%4d”，只取 4 列。

③ 遇非法输入时结束。例如：

```
scanf("%d%c%f",&i,&ch,&f);
printf("%d,%c,%f",i,ch,f);
```

若输入 123R45o.67，则输出为 123,R,45.000000。

分析：第一个数据的输入格式指定为“%d”，在输入 123 后遇到字母'R'，系统认为该数据的输入到此结束，因此把 123 赋值给变量 i；由于“%c”只要求输入一个字符，因此，字符'R'赋值给变量 ch；用户本想将 450.67 赋值给变量 f，但误将数字 0 写成字母'o'，当读到字母'o'时出现非法数字，系统认为数据到此结束，将 45 转换为实型数据 45.0 后赋值给变量 f。

3. C 程序的基本结构

(1) 一个 C 语言源程序有且只有一个 main()函数。

(2) 源程序中可以有编译预处理命令，预处理命令通常放在源程序的最前面。

4. C 程序的书写规则

(1) C 程序在书写格式上是比较自由的，一行中可以书写多条语句，一条语句也可以写在多行上，但是建议一个声明或一条语句占一行，而每行的语句根据需要适当向右缩进几列。

(2) 在编写程序时，可以在程序中加入注释，以说明变量的含义、语句的作用和程序的功能，从而帮助人们阅读和理解程序，可见，一个好的程序应该有必要的注释。在添加注释时，注释内容必须放在“/*”和“*/”之间。“/*”和“*/”必须成对出现，“/”和“*”之间不允许有空格。注释可以用英文，也可以用中文，可以出现在程序中任意合适的地方。注释对程序的运行不起作用。注释的长度可以是一行或多行，但注释之间不可以再嵌套“/*”和“*/”。

(3) C 程序中的所有符号均为英文符号，即半角符号。

5. C 程序的开发步骤

程序的编辑、编译、连接和运行是 C 程序开发的 4 个步骤。

1) 编辑

编辑是 C 程序开发的第一步，工作内容是输入、修改程序。通常使用的编译程序都是集成化的，开发一个 C 程序的所有工作，包括编辑、编译、连接和测试运行，都可以通过它完成。通过编辑得到的程序称为源程序，源程序以纯文本格式保存在源程序文件(简称为程序文件)中，约定的扩展名为 c。

2) 编译

编译是 C 程序开发的第二步，工作内容是分析程序文件中的源程序，生成目标程序，并保存在目标程序文件中。目标程序文件与相应的源程序文件的主文件名相同，但扩展名为.obj。

3) 连接

连接是 C 程序开发的第三步，工作内容是将若干目标程序加以归并、整理，为所有的函数、变量分配具体地址，生成可执行程序，并保存在可执行程序文件中。可执行程序文件与相应的目标程序文件及源程序文件的主文件名相同，但扩展名为.exe。

4) 运行

运行是 C 程序开发的第四步。在 DOS 操作系统下，只要输入可执行程序文件的文件名，并按 Enter 键，即可运行该文件。在集成化的开发环境下，也可以从菜单中选择命令来运行可执行程序文件。

如果在运行中发现错误，则回到第一步，通过编辑加以纠正。由此可见，C 程序的开发是一个由编辑开始，经过编译、连接和运行又回到编辑的反复循环的过程。该过程如图 1.7 所示。

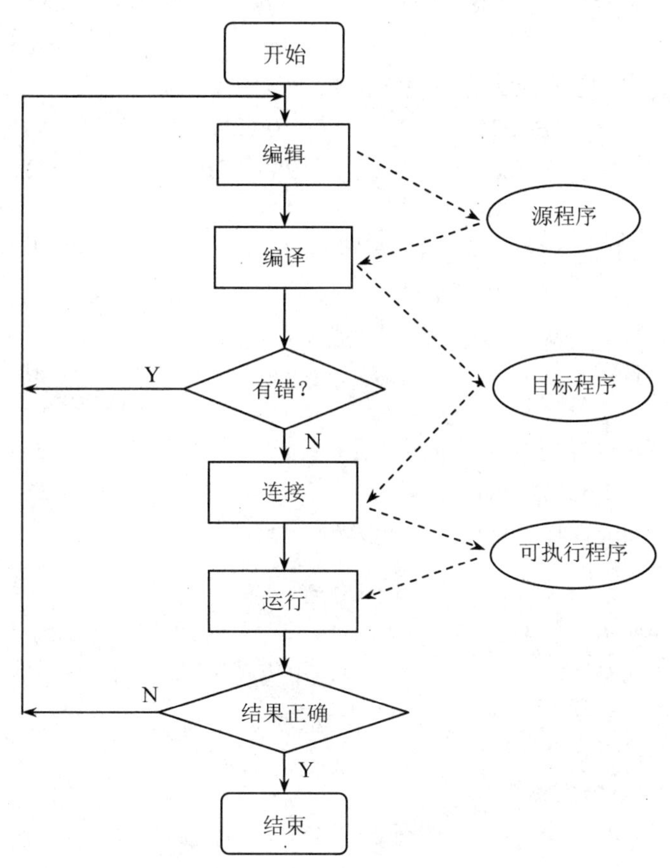


图 1.7　C 程序开发过程

## 本 章 小 结

本章主要介绍了 C 程序的基本组成元素。通过“简单的算术运算”案例介绍了标识符和关键字、常量和变量、基本数据类型、运算符和表达式、不同类型数据的混合运算和 C 语句等；通过“计算圆柱体的体积”案例介绍了宏定义和文件包含两种预处理命令、格式输入输出函数、C 程序的基本结构和书写规则等。本章要求读者重点掌握变量的概念和输入输出方法，能够独立编写简单的程序。

## 习 题 1

一、选择题

1. 下面 4 个选项中均是合法的用户标识符的是(　　)。

| A. define | B. ab_3 | C. For | D. 2a |
|---|---|---|---|
| Void | _123 | -abc | DO |
| A | hello | Case | sizeof |

2. 下面 4 个选项中均是合法的整型常量的是(　　)。

| A. 340 | B. 02 | C. -0X2A | D. 0X15 |
|---|---|---|---|
| 025 | 0x | 985，768 | 0x2 |
| -11 | 03f | 4d2 | -760x |

3. 已知大写字母B的ASCII码是66，小写字母a的ASCII码是97，则字符'\111'是(　　)。

A. 字符 A　　B. 字符 a　　C. 非法的常量　　D. 字符 I

4. 设有定义：

```
int a=12;
```

则表达式 a +=a -=a *a 运算后，a 的值是(　　)。

A. 552　　B. 264　　C. 144　　D. -264

5. 输入 12345，abc，程序的输出结果是(　　)。

```
main(){
    int a;
    char ch;
    printf("input data");
    scanf("%3d%*1d%3c",&a,&ch);
    printf("%d,%c",a,ch);
}
```

A. 123，abc　　B. 123，5　　C. 123，a　　D. 12345，abc

6. 若有以下定义：

```
char a;
int b;
float c;
double d;
```

则表达式 a*b+d-c 值的类型为(　)。

A. float　　B. int　　C. char　　D. double

二、填空题

1. 若有定义：

```
char c='\010';
```

则字符变量 c 中包含的字符个数为____________。

2. 有以下定义和语句：

```
char c1='b',c2='e';
printf("%d,%c",c2-c1,c2-'a'+'A');
```

则输出结果是____________。

3. 以下程序段的输出结果是____________。

```
char a=31;
printf("%d,%o,%x,%u\n",a,a,a,a);
```

4. 以下程序段的输出结果是____________。

```
main(){
   double d=3.2;
   int x,y ;
   x=1.2;
   y=(x+3.8)/5.0;
   printf("%d\n",d*y);
}
```

三、判断题

1. 若有命令行“#define N 2+3”，则在程序中用 N 代替的是 5。　(　　)

2. #include 后面的文件可以是系统提供的，也可以是用户自己建立的。　(　　)

3. 一个变量的类型被强制转换后，它将保持被强制转换的类型，直到下一次再被强制转换时为止。　(　　)

4. 变量名可以由字母、数字和连接符(-)组成。　(　　)

5. C 语言标识符中的大写字母和小写字母是有区别的。　(　　)

四、程序设计题

1. 输入一个华氏温度，要求输出一个摄氏温度。输出要有文字说明，结果取两位小数。

2. 编写程序，读入一个数字字符('0'~'9')，并把其转换为相应的整数后显示出来。如输入数字字符'5'，把其转换为十进制整数 5 后显示出来。

3. 已知一圆锥体的底面半径为 2.5，高为 5。编写程序求圆锥体的体积。

# 第 2 章 控制结构

**教学目标与要求：** 本章主要介绍顺序、分支和循环 3 种基本结构的程序设计。通过本章的学习，要求做到：

- 掌握 C 语言 3 种基本结构的程序设计方法。
- 熟练掌握 if 语句和 switch 语句，能够灵活应用这两种语句进行选择结构的程序设计。
- 熟练掌握 for、while 语句和 do-while 语句，能够灵活应用这 3 种语句进行循环结构的程序设计。
- 学会使用 break 语句和 continue 语句。
- 学会使用嵌套的循环语句编写 C 程序。
- 掌握典型算法。

**教学重点与难点：** 3 种基本结构的编程方法、典型算法。

# 2.1 “大小写字母转换”案例

## 2.1.1 案例实现过程

**【案例说明】**

从键盘输入一个小写字母，要求在屏幕上输出对应的大写字母。程序运行结果如图 2.1 所示。

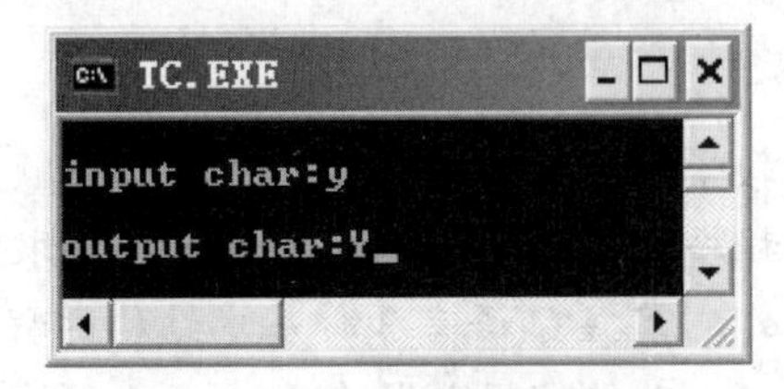


图 2.1 大小写字母转换

**【案例目的】**

(1) 掌握顺序结构的程序设计方法。
(2) 学会使用 getchar()函数从键盘输入字符。
(3) 学会使用 putchar()函数在屏幕上输出字符。

**【技术要点】**

(1) 通过语句“ch=getchar();”从键盘输入一个字符赋给 ch。
(2) 通过语句“ch=ch-32;”可将 ch 中的小写字母转换为大写字母。
(3) 通过语句“putchar(ch);”在屏幕上输出 ch 中的字符。

**【代码及分析】**

```
#include <stdio.h>
main(){
   char ch;
   printf("\ninput char:");
   ch=getchar();          /*注意输入一个小写字母*/
   ch=ch-32;              /*将小写字母转换为大写字母*/
   printf("\noutput char:");
   putchar(ch);           /*输出转换后的大写字母*/
}
```

### 2.1.2 应用扩展

(1) 从键盘输入一个大写字母，要求在屏幕上输出对应的小写字母。转换公式为：

```
ch=ch+32;
```

(2) 通过调用标准库函数实现大小写字母的转换。例如：

```
ch=tolower(ch);          /*将大写字母转换为小写字母*/
ch=toupper(ch);          /*将小写字母转换为大写字母*/
```

使用库函数 tolower()或 toupper()时，需要在源文件中包含头文件 ctype.h。

### 2.1.3 相关知识及注意事项

1. 顺序结构

C 程序通常都是由若干条语句组成的。若一个程序按照语句在程序中出现的顺序逐条执行，称这种程序结构为顺序结构。顺序结构中的每一条语句都被执行一次，而且只能被执行一次。顺序结构是程序设计中最简单的一种结构。

2. 字符输入/输出函数

C 语言提供的字符输入函数 getchar()和字符输出函数 putchar()可以实现一个字符的输入/输出。字符输入/输出函数 getchar()和 putchar()只能输入/输出一个字符型数据，其他基本类型的数据是不能通过它们进行输入和输出的。

1) 字符输出函数 putchar()

putchar()函数用于将指定的字符输出到显示器当前的光标位置处。

putchar()函数的调用格式如下：

```
putchar(ch);
```

其中，参数 ch 可以是字符变量或字符常量，也可以是整型变量或整型常量。如果是整型数据，该整型数据将被看做是某个字符的 ASCII 码，输出的是以该整型数据作为 ASCII 码的字符。例如：

```
#include <stdio.h>
main(){
   char a='g';
   int x=108;
   putchar(a);
   putchar('i');
   putchar(114);
   putchar(x);
}
```

程序运行结果如图 2.2 所示。

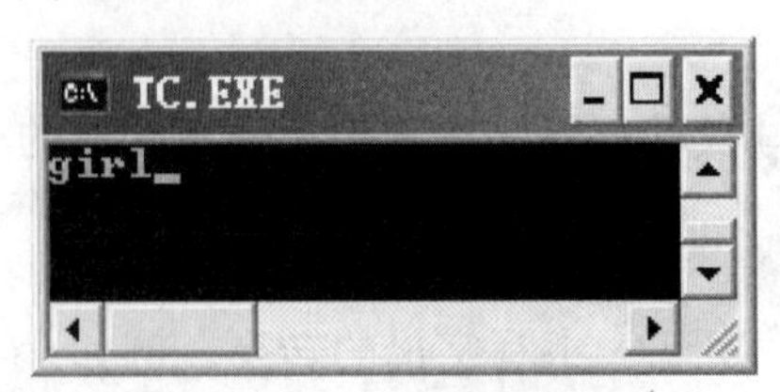


图 2.2　putchar()函数程序运行结果

程序分析：

该程序包括 4 个 putchar()函数。因为变量 a 中的字符为字母 g，putchar(a)输出字母 g；putchar('i')输出字母 i；putchar(114)输出字母 r，因为 114 是字母 r 的 ASCII 码；putchar(x)输出字母 l，因为 x 值为 108，而 108 是字母 l 的 ASCII 码。

使用 putchar()函数时，应注意以下几个问题。

(1) putchar()函数也可以输出转义字符。例如：

```
putchar('\n') ;          /*输出一个换行符*/
putchar('\103') ;        /*输出大写字母 C*/
```

(2) putchar()函数只能输出一个字符，不能输出字符串。

下面的函数调用语句是不合法的：

```
putchar("abc") ;
```

2) 字符输入函数 getchar()

getchar()函数用于从键盘输入一个字符。

getchar()函数的调用格式如下：

```
getchar()
```

**注意**：getchar()后的一对圆括号内可以没有参数，但圆括号不能省略。

例如：

```
#include <stdio.h>
main(){
   char c;
   printf("\ninput char:");
   c=getchar();
   printf("\noutput char:");
   putchar(c);
}
```

使用 getchar()函数时，应注意以下几个问题。

(1) 在输入字符时，空格、回车符都将作为有效字符读入，而且只有在出现终止符(即回车符)时，输入的字符才会被 getchar()函数接收。

(2) getchar()函数只能接收一个字符，不能接收一个字符串。

(3) getchar()函数可以将得到的字符赋给一个字符变量或整型变量，也可以不赋给任何变量。

## 2.2 “一元二次方程实根的求解”案例

### 2.2.1 案例实现过程

**【案例说明】**

从键盘输入 3 个数，先判断是否构成一元二次方程，如果是，再判断是否有实根，如果有实根，则求其两个实根。程序运行结果如图 2.3 所示。

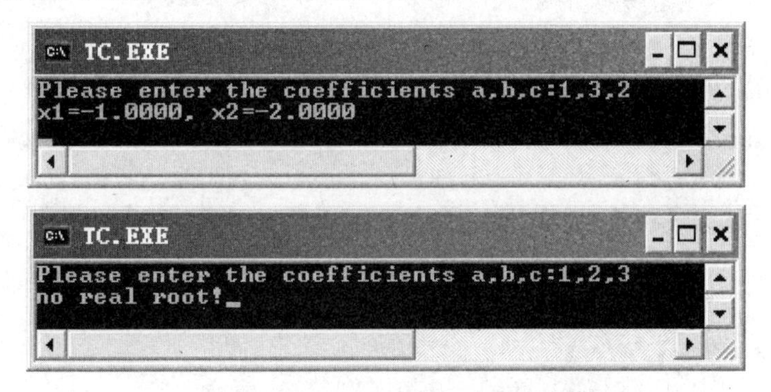


图 2.3 一元二次方程实根的求解

**【案例目的】**

(1) 掌握选择结构的程序设计方法。

(2) 学会使用 if-else 语句及其嵌套语句编写 C 程序。

(3) 熟练掌握使用 switch 语句处理多分支的方法。

(4) 掌握求解一元二次方程根的算法。

**【技术要点】**

(1) 对于一元二次方程 $ax^2+bx+c=0$ 的解，存在以下几种情况。

① a=0，不是一元二次方程，否则就是一元二次方程，且 $disc=b^2-4ac$。

② $b^2-4ac=0$，有两个相等的实根，即 x1=x2=-b/(2*a)。

③ $b^2-4ac>0$，有两个不等的实根，即 x1=(-b+sqrt(disc))/(2*a)和 x2=(-b-sqrt(disc))/(2*a)。

④ $b^2-4ac<0$，有两个共轭复根，即 real=-b/(2*a)和 image=sqrt(-disc)/(2*a)。

(2) 用嵌套的 if 语句实现。

【代码及分析】

```
#include <stdio.h>
#include <math.h>
main(){
   float  a,b,c,disc,p,q,x1,x2;
   printf("Please enter the coefficients a,b,c:");/*打印提示信息*/
   scanf("%f,%f,%f",&a,&b,&c);      /*输入 a,b,c 的值*/
   if(a==0) printf("Error.");       /*分支语句，判断是否是一元二次方程*/
   else
   {
      disc=b*b-4*a*c;
      if(disc>=0)                   /*分支嵌套语句，判断方程是否有实根*/
      {
         p=-b/(2*a);
         q=sqrt(disc) / (2*a);
         x1=p+q;
         x2=p-q;
         printf("x1=%7.4f,x2=%7.4f\n",x1,x2);
      }
      else
         printf("no real root!");
   }
}
```

### 2.2.2 应用扩展

程序还可以添加、判断有两个相同的实根、两个不同的实根、两个共轭虚根等情况并输出。

```
#include <stdio.h>
#include <math.h>
main(){
   float a,b,c,disc,p,q,x1,x2,real,image;
   printf("Please enter the coefficients a,b,c:");/*打印提示信息*/
   scanf("%f,%f,%f",&a,&b,&c);      /*输入 a,b,c 的值*/
   if(a==0) printf("Error.");       /*分支语句，判断是否是一元二次方程*/
   else
   {
      disc=b*b-4*a*c;
```

```
        if(disc>0)                          /*分支嵌套语句，判断方程根的情况*/
        {
           p=-b/(2*a);
           q=sqrt(disc)/(2*a);
           x1=p+q;
           x2=p-q;
           printf("x1=%7.4f,x2=%7.4f\n",x1,x2);
        }
        else if(disc==0)
        {
           p=-b/(2*a);
           x1=p;
           x2=p;
           printf("x1=%7.4f,x2=%7.4f\n",x1,x2);
        }
        else
         {
           real=-b/(2*a);
           image=sqrt(-disc)/(2*a);
           printf("The equation has complex roots: ");
printf("x1=%.4f+%.4fi,x2=%.4f-%.4fi\n",real,image,real,image);
         }
      }
   }
```

### 2.2.3　相关知识及注意事项

1. 选择结构

若一个程序流程不是按照语句在程序中出现的先后顺序逐条执行，而是根据判断项的值有条件地选择其中的部分语句执行，则称这种程序结构为选择结构。

选择结构是 C 语言程序设计中的一种重要结构形式，这种程序结构通过条件判断的方法有选择地执行程序语句，大大提高了程序的灵活性，并强化了程序的功能。

C 语言提供了两种语句来实现选择结构的程序设计：if 语句和 switch 语句。if 语句主要提供两个分支的选择，switch 语句主要提供多分支选择。

2. 关系运算符和关系表达式

在选择结构或分支结构程序设计中，经常使用的运算符是关系运算符和逻辑运算符。

1) 关系运算符

关系运算符用于判断两个运算对象是否相等或比较两个运算对象的大小。C 语言提供的关系运算符见表 2-1。

表 2-1 关系运算符

| 运 算 符 | 名 称 | 运 算 类 型 | 示 例 | 功 能 |
|---|---|---|---|---|
| < | 小于运算符 | 双目运算符 | a<b | 判断 a 是否小于 b |
| <= | 小于等于运算符 | 双目运算符 | a<=b | 判断 a 是否小于等于 b |
| > | 大于运算符 | 双目运算符 | a>b | 判断 a 是否大于 b |
| >= | 大于等于运算符 | 双目运算符 | a>=b | 判断 a 是否大于等于 b |
| == | 等于运算符 | 双目运算符 | a==b | 判断 a 和 b 是否相等 |
| != | 不等于运算符 | 双目运算符 | a!=b | 判断 a 和 b 是否不相等 |

使用关系运算符时，应注意以下几个问题：

(1) 关系运算符为双目运算符，结合性是自左向右，关系运算符的优先级低于算术运算符而高于赋值运算符，并且在上述 6 个关系运算符中，前 4 个运算符的优先级高于后两个运算符的优先级。

(2) 应将等于关系运算符“==”和赋值运算符的“=”相区别。“==”是关系运算符，用于比较运算，而“=”是赋值运算符，用于赋值运算。

2) 关系表达式

关系表达式就是用关系运算符将两个运算对象连接起来的式子，其中运算对象可以是常量、变量或表达式。

关系表达式的运算结果有两种：“真”或“假”。在 C 语言中用 1 表示“真”，用 0 表示“假”。

例如，若有如下定义：

```
char c='d';
int m=2,n=5;
```

求下列各表达式的值：

(1) c+1=='e'。

(2) c+'A'−'a'!='D'。

(3) m−2*n<=n+9。

(4) m==2<n。

说明：

(1) 字符数据的比较按其 ASCII 码值进行。“+”的优先级大于“==”，先进行 c+1 运算，结果为 101，再进行 101=='e'的运算，结果为 1，即表达式 c+1=='e'的值为 1。

(2) 先计算表达式 c+'A'−'a'，结果为 68，再进行 68!='D'的运算，结果为 0，即表达式 c+'A'−'a'!='D'的值为 0。

(3) 先计算表达式 m−2*n，结果为−8，然后再计算表达式 n+9，结果为 14，最后进行

-8<=14 的运算，结果为 1，即表达式 m-2*n<=n+9 的值为 1。

(4) 因为“<”的优先级大于“==”，先进行 2<n 的运算，结果为 1，然后进行 m==1 的运算，结果为 0，即表达式 m==2<n 的值为 0。

3. 逻辑运算符和逻辑表达式

1) 逻辑运算符

逻辑运算符用来对运算对象进行逻辑操作。C 语言提供的逻辑运算符见表 2-2。

表 2-2　逻辑运算符

| 运算符 | 名称 | 运算类型 | 示例 | 功能 |
|---|---|---|---|---|
| ! | 逻辑非 | 单目运算符 | !a | 若 a 为真，则!a 为假，否则!a 为真 |
| && | 逻辑与 | 双目运算符 | a&&b | 若 a，b 均为真，则 a&&b 为真，否则 a&&b 为假 |
| \|\| | 逻辑或 | 双目运算符 | a\|\|b | 若 a，b 均为假，则 a\|\|b 为假，否则 a\|\|b 为真 |

使用逻辑运算符时，应注意以下几个问题：

(1) 3 个逻辑运算符的优先次序为：!(逻辑非)→&&(逻辑与)→ ||(逻辑或)，即逻辑非“!”最高，逻辑与“&&”次之，逻辑或“||”最低。

(2) 逻辑非“!”的优先级高于算术运算符，逻辑与“&&”和逻辑或“||”的优先级低于算术运算符和关系运算符，高于赋值运算符。

(3) 逻辑运算符中逻辑非“!”的结合方向是自右至左，逻辑与“&&”和逻辑或“||”的结合方向是自左向右。

2) 逻辑表达式

逻辑表达式是用逻辑运算符将运算对象连接起来的式子。逻辑表达式的值也有两种：“真”或“假”。在 C 语言中用 1 表示“真”，用 0 表示“假”。表 2-3 给出了逻辑运算的真值表。

表 2-3　逻辑运算的真值表

| A | b | !a | !b | a&&b | a\|\|b |
|---|---|---|---|---|---|
| 真 | 真 | 假 | 假 | 真 | 真 |
| 真 | 假 | 假 | 真 | 假 | 真 |
| 假 | 真 | 真 | 假 | 假 | 真 |
| 假 | 假 | 真 | 真 | 假 | 假 |

**注意：**对运算对象而言，非零表示“真”，零表示“假”。

在逻辑表达式的求值过程中，并不是所有的运算对象都参加运算，而是按其运算对象自左向右的计算顺序，当某个运算对象的值计算出来后，可以确定整个逻辑表达式的值时，其余的运算对象将不再参加计算。例如：

(1) a&&b&&c，如果 a 为假，就不必判别 b 和 c 的值；如果 a 为真，b 为假，则不必判别 c 的值；只有 a 和 b 都为真时才需要继续判别 c 的值。

(2) a||b||c，如果 a 为真，就不必判别 b 和 c 的值；如果 a 为假，b 为真，则不必判别 c 的值；只有 a 和 b 都为假时才判别 c 的值。

(3) a&&b||c 或 a||b&&c，因为逻辑与的优先级大于逻辑或，因此，可以将整个表达式看做逻辑或表达式，按(2)来处理。

综上所述，对于运算符“&&”来说，只有左边的运算对象不为 0 时，才继续进行右边的运算。对于运算符“||”来说，只有左边的运算对象为 0 时，才继续进行右边的运算。

例如，若有定义如下：

```
char c='d'; int m=2,n=5;float x=0.0,y=5.7;
```

求下列各表达式的值：

(1) 'a'<=c&&c<='z'。

(2) !m||!x。

(3) m==n&&x>y。

说明：

(1) 关系运算符的优先级高于逻辑运算符，先计算'a'<=c，结果为 1，再计算 c<='z'，结果为 1，最后计算 1&&1，结果为 1，表达式'a'<=c&&c<='z'的结果为 1。

(2) 逻辑非“!”的优先级大于逻辑或“||”，先计算!m，结果为 0，再计算!x，结果为 1，最后计算 0||1，结果为 1。

(3) 关系运算符的优先级高于逻辑运算符，先计算 m==n，结果为 0，再计算 x>y，结果为 0，最后计算 0&&0，结果为 0。

4. if 语句

1) if 语句的基本形式

if 语句的形式如下：

```
if(表达式)        语句 1
[else       语句 2]
```

if 语句的执行过程是：首先计算表达式的值，若表达式的值为“真”(表达式具有非 0 值)，则执行语句 1；若表达式的值为“假”(表达式的值为 0)，则执行语句 2。if 语句的执行过程如图 2.4 所示。

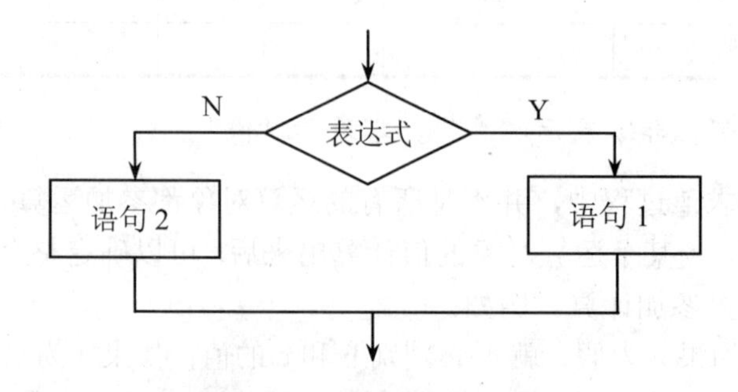


图 2.4 if 语句的执行过程

2) if 语句的使用说明

(1) 在 if 语句中，if 后面的表达式可以是任意合法的 C 语言表达式，但一般为逻辑表达式或关系表达式。不管是何种表达式，在执行 if 语句时都先对表达式进行求解，如果表达式的值为 0，则按“假”处理，否则，按“真”处理。例如：

```
if('a') printf("%d",'a');
```

该语句输出字母 a 的 ACSII 码 97。

(2) 在 if 语句中，其语句 1 和语句 2 可以是简单语句，也可以是复合语句，还可以是空语句。例如：

```
if(a>b)
  {
    t=a;
    a=b;
    b=t;
  }
else
    a=a+b;
```

(3) 在 if 语句中，可以省略 else 及其子句，这时 if 语句的格式如下：

```
if(表达式)  语句 1
```

简化 if 语句的执行过程：当表达式的值为真时，执行语句 1，否则退出该 if 语句。简化 if 语句的流程图如图 2.5 所示。

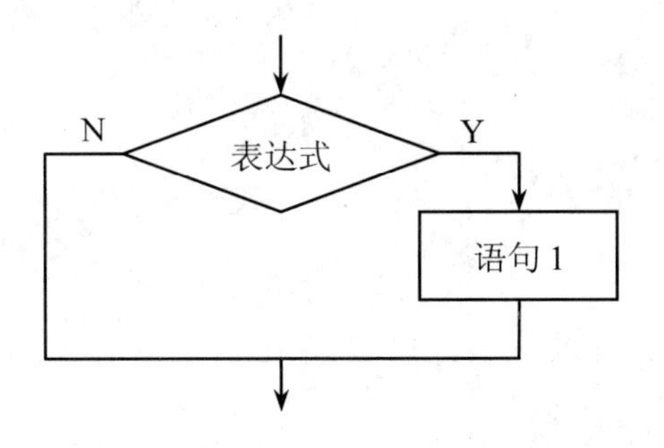


图 2.5　简化 if 语句的流程图

3) if 语句的嵌套

在 if 语句中，语句 1 或语句 2 本身也可以是 if 语句，这样的 if 语句称为嵌套的 if 语句。嵌套的 if 语句的一般格式如下：

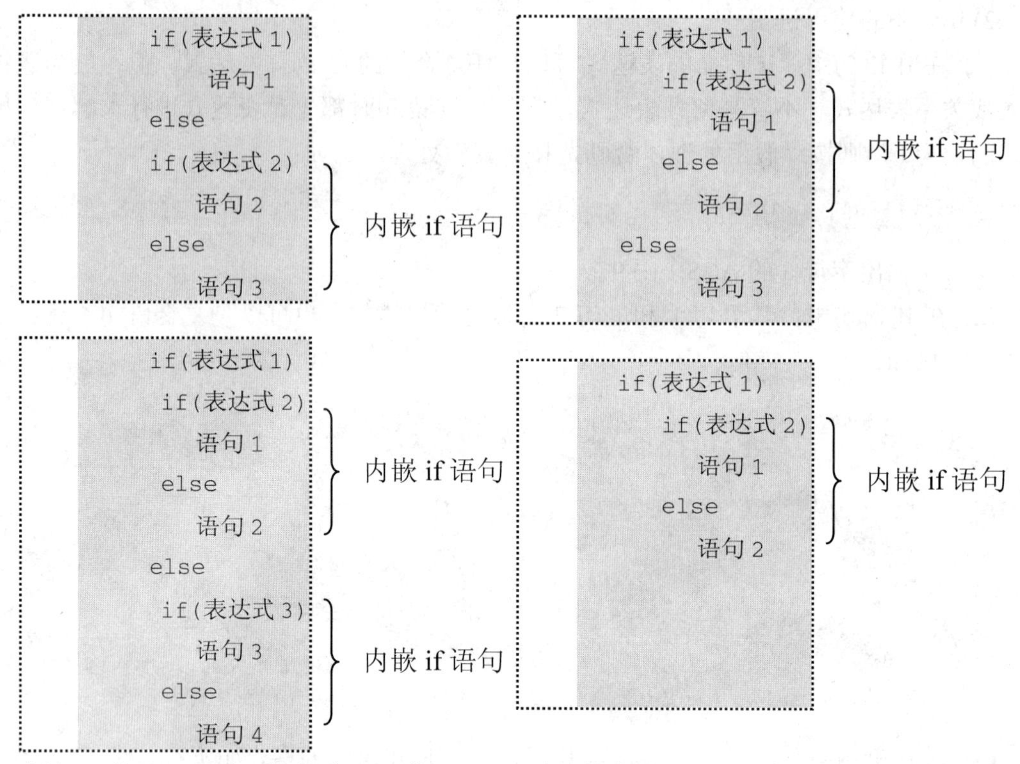


例如，若 x<0，则 y 的值为-1，若 x==0，则 y 的值为 0，若 x>0，则 y 的值为 1。用嵌套的 if 语句实现如下：

```
if(x<0)
    y=-1;
else
    if(x==0)
       y=0;
    else
       y=1;
```

由于 if 语句中的 else 可以省略，所以当 if 语句嵌套使用时，会出现 if 与 else 的配对问题。例如：

```
if(a<=1)
   if(b>1)
      printf("yes");
else
   printf("no");
```

在该语句中，有两个 if 和一个 else，这时就出现了 if 和 else 的配对问题。显然如果 if 与 else 的配对不同，则语句的执行结果也不一样。C 编译系统处理该问题的原则是：else

总是与同一语法层次中离它最近的、尚未配对的 if 配对。如果要改变这种配对关系，可在相应的 if 语句上加左、右花括号来确定新的配对关系。

上面语句中的 else 虽与第一个 if 相对而写，但它却与第二个 if 匹配运行，即含义如下：

```
if(a<=1)
   if(b>1)
      printf("yes");
   else
      printf("no");
```

要使 else 与第一个 if 匹配运行，可以做如下处理：

```
if(a<=1)
   {
      if(b>1)
         printf("yes");
   }
else
   printf("no");
```

说明：

(1) 嵌套的 if 语句在语法上是一条语句。

(2) 在 if 子句或 else 子句中，可以包括多条内嵌 if 语句。

(3) 常见的嵌套 if 语句，一般只在 if 子句中或只在 else 子句中包括其他 if 语句。

(4) 外层 if 语句可以是不带 else 的 if 语句，if 子句或 else 子句包含的内嵌 if 语句也可以是不带 else 的 if 语句。使用嵌套的 if 语句时，一定要注意 if 与 else 的配对关系，else 总是与离它最近的、尚未匹配的 if 配对。

4) 应用举例

由键盘输入 3 个整数 x、y 和 z，输出其中的最大数。

(1) 先比较 x 和 y，选出较大数放在变量 max 中，然后再比较 max 与 z，若 z 的值大于 max 的值，则修改 max 的值，否则，不进行任何操作。需要一个 if-else 语句和一个不带 else 的 if 语句来实现。

实现方案如下：

```
if(x>=y)   max=x;
   else    max=y;
if(z>max)  max=z;
```

(2) 先默认 x 为最大数，并将其放在变量 max 中，然后比较 max 与 y，若 y 的值大于 max 的值，则修改 max 的值，否则，不进行任何操作。最后比较 max 与 z，若 z 的值大于 max 的值，则修改 max 的值，否则，不进行任何操作。需要 3 个语句来实现，其中有两个不带 else 的 if 语句。

实现方案如下：

```
max=x;
if(max<y)   max=y;
if(max<z)   max=z;
```

5. 条件运算符和条件表达式

1) 条件运算符

条件运算符是由字符“?”和“:”组成的，要求有 3 个运算对象，是 C 语言中唯一的三目运算符。

条件运算符的优先级高于赋值运算符和逗号运算符，而低于其他运算符，其结合性为自右至左。

2) 条件表达式

条件表达式是由条件运算符将运算对象连接起来的式子。它的一般格式为：

```
表达式1?表达式2:表达式3
```

条件表达式的求值过程是：先求解表达式 1，若表达式的值非 0(真)，则求解表达式 2，并将其作为整个表达式的值；如果表达式的值为 0(假)，则求解表达式 3，并将其作为整个表达式的值。

例如，分析下列程序的输出结果，注意其中的条件表达式。

```
main(){
   int a,b,c,d,e;
   a=5;
   b=4;
   c=6;
   d=a>b?a:b;
   e=b>a?b:a>c?a:c;
   printf("d=%d,e=%d\n",d,e);
}
```

程序分析：

表达式 a>b?a:b 是一个条件表达式，根据题目已知条件，a>b 成立，显然，表达式的结果为 a 的值，即 d=5；表达式 b>a?b:a>c?a:c 中含有两个条件运算符，由条件运算符“自右至左”的结合性可知，表达式 b>a?b:a>c?a:c 等价于表达式 b>a?b:(a>c?a:c)，由于 b>a 不成立，所以表达式的值为条件表达式 a>c?a:c 的值，而 a>c 不成立，所以该表达式的值为 c 的值，因此，整个表达式的值为 c 的值，即 e=6。

例如，输入一个字符，判断它是否是小写字母，若是，则转换成大写字母，否则不转换。要求用条件表达式实现。

```
main(){
```

```
    char ch;
    printf("\ninput char : ");
    scanf("%c",&ch);                    /*输入字符 ch*/
    ch=(ch>='a'&&ch<='z')?ch-32:ch;
                                        /*若 c 在 a~z 范围内，转换成大写字母*/
    printf("\noutput char : %c\n",ch);/*输出结果*/
}
```

6. switch 语句

if 语句一般适用于两路选择，即在两个分支中选择一个执行，当选择的分支较多时，虽然可以用嵌套的 if 语句来实现，但是不够直观且书写麻烦。

C 语言提供了 switch 语句来解决多分支选择问题，一个程序涉及的分支越多，越适合使用 switch 结构。

1) switch 语句的基本形式

switch 语句的一般形式如下：

```
switch(表达式)
  {
    case  常量表达式 1:  语句组 1
    case  常量表达式 2:  语句组 2
      ...        ...
    case  常量表达式 n:  语句组 n
    [default:  语句组 n+1]
  }
```

switch 语句的执行过程是：首先对 switch 后面圆括号内表达式的值进行计算，然后从上至下找出与表达式的值相匹配的 case，以此作为入口，执行 switch 结构中后面的各语句组，直到遇到 switch 语句的右花括号或 break 语句。若表达式的值与任何 case 均不匹配，则转向 default 后面的语句组执行。如果没有 default 部分，将不执行 switch 语句中的任何语句组，而直接转到 switch 语句后的语句执行。

2) switch 语句的使用说明

(1) default 和语句组 n+l 可以同时省略。

(2) switch 后面圆括号内的表达式一般是整数表达式或字符表达式。case 后面应是一个整数或字符，也可以是不含变量与函数的常数表达式，但同一个 switch 语句中所有 case 后面的常量表达式的值必须互不相同。

(3) switch 语句中的 case 子句和 default 子句出现的次序是任意的，也就是说 default 子句可以位于 case 子句的前面，且 case 子句的次序也不要求按常量表达式的顺序排列。

(4) switch 语句中的“case　常量表达式:”部分只起语句标号作用，而不进行条件判断，在执行完某个 case 后面的语句组后，将自动转到后面的其他语句组执行，直到遇到 switch 语句的右括号或 break 语句为止。例如：

```
switch(n)
  {
    case 1: x=1;
    case 2: x=2;
  }
```

当 n=1 时，将连续执行语句“x=1；”和语句“x=2；”，此时 x 的值为 2。例如：

```
switch(n)
  {
    case 1: x=1;break;
    case 2: x=2;break;
  }
```

当 n=1 时，只执行语句组“x=1；break；”，并由其中的 break 语句跳出整个 switch 语句，此时 x 的值为 1。

(5) 多个 case 语句可以共用一组执行语句。例如：

```
switch(n)
  {
    case 1:
    case 2: x=10;break;
  }
```

当 n=1 或 n=2 时都执行同一个语句组“x=10；break；”。

3) 应用举例

由键盘输入学生考试成绩的等级，输出百分制分数段。等级制成绩分为 A、B、C、D、E 5 个等级，其中 A 代表 90 分以上，B 代表 80~89 分，C 代表 70~79 分，D 代表 60~69 分，E 代表 60 分以下。

```
#include <stdio.h>
main(){
   char grade;
   printf("\ninput grade : ");
   scanf("%c",&grade);
   switch(grade)
      {
        case 'A':                /*接收的字符为'A'*/
             printf("\n 90-100");break;
        case 'B':                /*接收的字符为'B'*/
             printf("\n 80-89");break;
        case 'C':                /*接收的字符为'C'*/
```

```
            printf("\n 70-79");break;
        case 'D':                   /*接收的字符为'D'*/
            printf("\n 60-69");break;
        case 'E':                   /*接收的字符为'E'*/
            printf("\n 0-59");break;
        default:                    /*接收的字符非'A'、'B'、'C'、'D'、'E'*/
           printf("error");
    }
}
```

程序运行结果如图 2.6 所示。

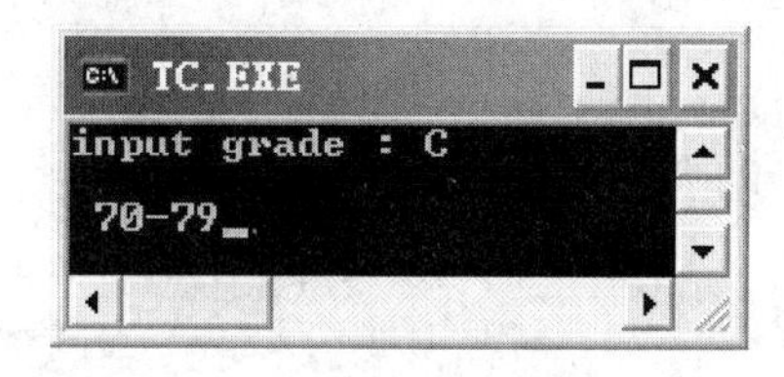


图 2.6　switch 语句应用程序运行结果

## 2.3　“素数判断”案例

### 2.3.1　案例实现过程

**【案例说明】**

判断从键盘输入的自然数(大于 1)是不是素数。素数(质数)是指除了 1 和它本身外，没有其他因子的大于 1 的整数。如，2、3、13、17、23 等是素数，而 4、12、20 等不是素数。程序运行结果如图 2.7 所示。

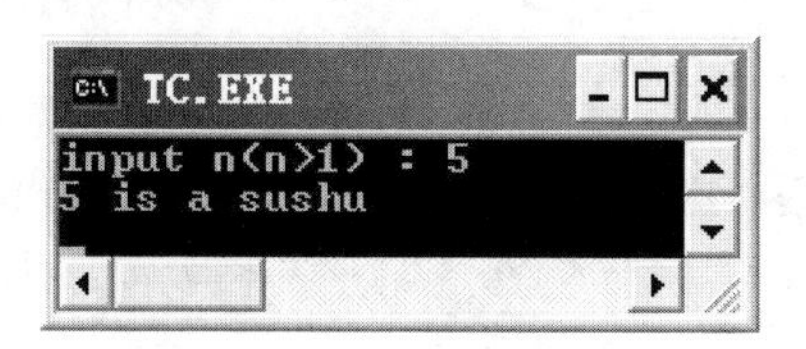

图 2.7　素数判断程序运行结果

**【案例目的】**

(1) 掌握循环结构的程序设计方法。
(2) 学会使用 for 语句、while 语句和 do-while 语句。
(3) 学会使用 break 语句和 continue 语句。
(4) 了解用变量做标识的方法。
(5) 掌握素数判断的方法。

(6) 学会使用嵌套的循环语句编写 C 程序。

【技术要点】

要判断 n 是不是素数，应该根据素数的定义，用 2，3，…，n-1 分别去除 n，如果其中有能整除 n 的数，则 n 不是素数；如果这些数都不能整除 n，则 n 是素数。

【代码及分析】

```
#include <stdio.h>
main(){
   int n,i;
   int flag;
   printf("\n input n(n>1) : ");
   scanf("%d",&n);
   flag=1;                /*默认整数 n 为素数，flag 的初值为 1*/
   for(i=2;i<n;i++)       /*用 2，3，…，n-1 去试*/
      if(n%i==0)  {flag=0;break;}/*如果 n 能被 i 整除，flag 的值变为 0*/
   if(flag==0)            /*若 flag 的值为 0，说明有一个数能整除 n，不是素数*/
      printf("%d is not a sushu\n",n);
   else                   /*若 flag 的值不为 0，说明没有一个数能整除 n，是素数*/
      printf("%d is a sushu\n",n);
}
```

程序分析：

在 for 语句中，判断整数 n 是否被变量 i 整除，i 为 2~n−1 中的任何一个数。for 语句结束后，如果 flag 的值为 1，表示 n 不能被 2~n−1 中的任何一个数整除，n 是素数；如果 flag 的值为 0，表示 n 至少能被 2~n−1 中的一个数整除，n 不是素数。

### 2.3.2 应用扩展

(1) 实际上要判断 n 是不是素数，只需用 2，3，…，($\sqrt{n}$)去除 n 即可。因此，将上面程序中的 n−1 改为 $\sqrt{n}$，程序代码改写如下：

```
#include <stdio.h>
#include <math.h>
main(){
   int n,i,end;
   int flag;
   printf("\n input n(n>1) : ");
   scanf("%d",&n);
   flag=1;                                    /*默认整数 n 为素数*/
   end=sqrt(n);
```

```
    for(i=2;i<=end;i++)                 /*用 2, 3, …, √n 去试*/
       if(n%i==0)  {flag=0;break;}   /*如果 n 能被 i 整除，flag 的值变为 0*/
    if(flag==0)             /*若 flag 的值为 0，说明有一个数能整除 n，不是素数*/
       printf("%d is not a sushu\n",n);
    else                    /*若 flag 的值不为 0，说明没有一个数能整除 n，是素数*/
       printf("%d is a sushu\n",n);
 }
```

程序说明：程序中 end 的值可以是 n−1、n/2、$\sqrt{n}$，但取 $\sqrt{n}$ 时判断次数最少，即程序最优化。

(2) 输出 2~100 以内的所有素数。要求一行输出 5 个素数。

在案例中已介绍判断 n 是不是素数的算法。由于本题需要当 n=2,3,…,100 时逐个判断是不是素数，因此，需要再套一个循环。程序代码改写如下：

```
#include <stdio.h>
#include <math.h>
main(){
   int n,i,end;
   int count=0;                          /*统计输出项的个数*/
   int flag;
   for(n=2;n<100;n++)
   {
   flag=1;                               /*默认当前的整数 n 为素数*/
   end=sqrt(n);
   for(i=2;i<=end;i++)                   /*用 2, 3, …, √n 去试*/
      if(n%i==0)  {flag=0;break;}        /*如果 n 能被 i 整除，flag 的值变为 0*/
   if(flag==1)       /*若 flag 的值不为 0，说明没有一个数能整除 n，是素数*/
      {
         printf("%4d",n);
         count++;                        /*输出素数后统计输出项的个数*/
         if(count%5==0)   printf("\n");
      }
   }
   printf("\n");
}
```

程序运行结果如图 2.8 所示。

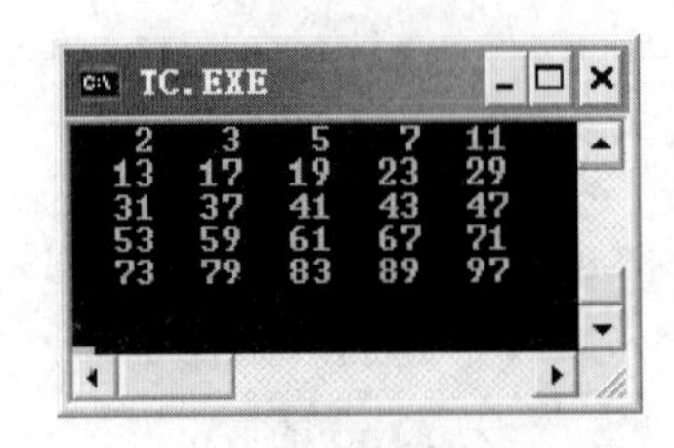

图 2.8　输出 2~100 以内的所有素数

### 2.3.3　相关知识及注意事项

1. 循环结构

根据需要反复执行程序中的某些语句，这样的程序结构称为循环结构。

2. 自增、自减运算符

在循环结构程序设计中，经常使用自增、自减运算符。自增运算符“++”或自减运算符“--”都是单目运算符，其作用是使运算对象的值增 1 或减 1。它们既可以作为前缀运算符(位于运算对象的前面)，如++x 和--x，也可以作为后缀运算符(位于运算对象的后面)，如 x++和 x--。

使用自增或自减运算符时，应注意以下几个问题。

(1) 自增、自减运算符只适用于整型或字符型变量，而不能用于常量或表达式。例如，表达式(x+y)--和++5 都是不合法的。

(2) 自增或自减运算符通常用于循环语句中，使循环变量的值加 1 或减 1，也可以用于指针变量，使指针变量指向下一个数据。

(3) 在只需对变量本身进行加 1 或减 1 而不需考虑表达式的值的情况下，前缀运算和后缀运算的效果完全相同，否则，结果是有区别的。

例如，分析下列程序的输出结果，注意其中前缀运算和后缀运算的区别。

```
main(){
   int i,x,y;
   i=5;
   x=i++;                /*后缀运算，先把 i 的值赋给 x，然后将 i 的值加 1*/
   printf("i=%d,x=%d\n",i,x);
   i=5;
   y=++i;                /*前缀运算，先使 i 的值加 1，然后将 i 的值赋给 y*/
   printf("i=%d,y=%d\n",i,y);
 }
```

程序分析：

(1) 程序中的语句“x=i++;”相当于顺序执行两个语句“x=i;i=i+1;”，即 x 的值为 5，i 的值为 6。

(2) 程序中的语句“y=++i;”相当于顺序执行两个语句“i=i+1;y=i;”，即 y 的值为 6，

i 的值为 6。

### 3. while 语句

1) while 语句的基本形式

while 语句的一般格式如下：

```
while(表达式)
    语句                                /*循环体*/
```

其中，while 是关键字，while 后面的表达式可以是任意合法的 C 语言表达式。

while 语句的执行过程：先计算表达式的值，若表达式的值为“真”(即为非 0)，执行循环体中的语句，然后再次计算表达式的值，重复上述过程，直到表达式的值为“假”(即为 0)时结束循环。

while 语句的执行过程如图 2.9 所示。

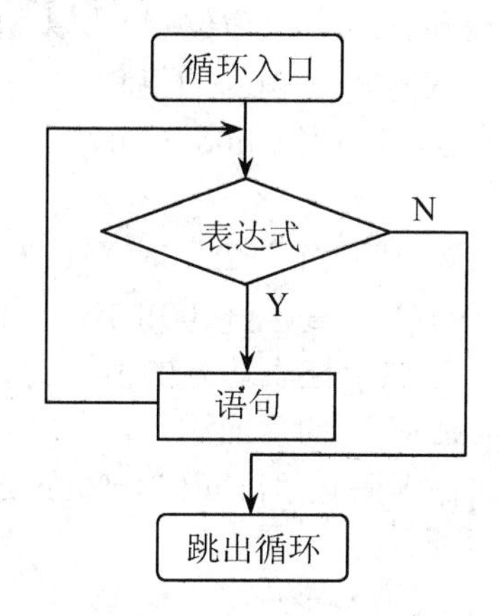


图 2.9　while 语句执行过程

while 语句的特点是先计算表达式的值，然后执行循环体中的语句。当表达式的值一开始就为 0 时，则循环体将一次也不执行。

2) while 语句的使用说明

(1) 循环体可以是基本语句，也可以是复合语句，还可以是空语句。在语法上循环体是一条语句，如果循环体包括的语句多于一条，则用复合语句，即用大括号将循环体中的语句括起来。

(2) 有时程序进入无限循环，即循环体不停地被执行，称为死循环。为了避免产生“死循环”，循环控制变量要动态变化或在循环体中有使循环趋向于结束的语句。

(3) 在 while 后的圆的括号外面不要随意加分号，否则，空语句将变成循环体，原来的循环体变成 while 语句的下一条语句，与原意不符。可见，虽然程序没有语法错误，但得不到正确的答案，有时还会发生“死循环”现象，这一点初学者一定要注意。

3) 应用举例

求 1+2+3+…+100 的值，并将其结果放在变量 sum 中。要求用 while 语句实现。

```
main(){
  int sum=0,i=1;
  while(i<=100)
  {
    sum=sum+i;
    i++;
  }
  printf("sum=%d\n",sum);
}
```

程序说明：

(1) 进入循环之前，必须确定循环控制变量的值，而且在循环体中要有改变循环控制变量值的操作，否则，循环将变为死循环。

(2) 改变循环控制变量值的语句应放在合适位置，如果语句“i++;”放在“sum=sum+i;”的前面，则程序的功能将变为求 2+3+4+…+101 的值。

若要计算 2+4+6+…+100 的值如何书写 while 语句？

(1) 将 i 的初值改为 2。

(2) 将循环体中的语句“i++;”改为“i=i+2;”或“i+=2;”。

若要计算 1+(1+2)+(1+2+3)+…+(1+2+3+…+100)的值，如何书写 while 语句？

(1) 添加 float 类型的变量 s，存放上述表达式的值。初值为 0。

(2) 在循环体中语句“sum=sum+i;”的后面添加语句“s=s+sum;”。

(3) 在 while 语句的后面添加输出语句“printf("s=%f\n",s);”。

4. do-while 语句

1) do-while 语句的基本形式

do-while 语句的一般格式如下：

```
do
{
  语句
}while(表达式);
```

其中，do 和 while 是关键字。

do-while 语句的执行过程：首先执行作为循环体的语句，然后计算表达式的值，当表达式的值为“真”(即非 0)时，再次执行循环体中的语句，重复上述过程，直到表达式的值为“假”(即 0)时结束循环。do-while 语句的执行过程如图 2.10 所示。

do-while 语句的特点是先执行循环体中的语句，然后再计算表达式的值。即使一开始条件就不成立，循环体也会执行一次。

2) do-while 语句的使用说明

(1) while(表达式)后的分号不能省略。

(2) do-while 和 while 很相似，区别是：while 是先判断表达式的值，后执行循环体；

do-while 是先执行循环体，再判断表达式。

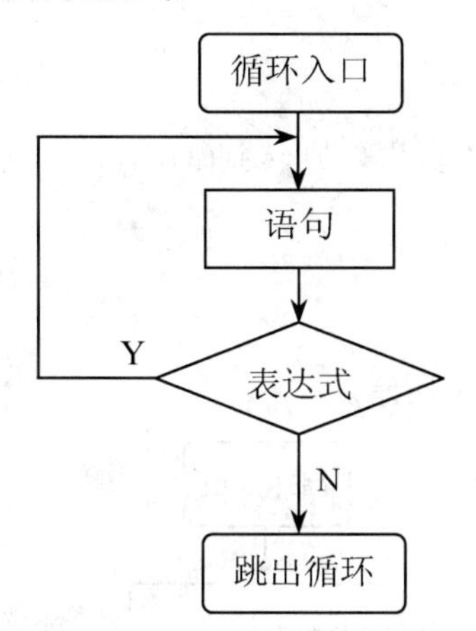


图 2.10　do-while 语句的执行过程

3) 应用举例

求 1+2+3+…+100 的值，并将其结果放在变量 sum 中。要求用 do-while 语句实现。

```
main(){
  int sum=0,i=1;
   do
   {
      sum=sum+i;
      i++;
   }while(i<=100);
   printf("sum=%d\n",sum);
}
```

如何通过 do-while 语句计算 $1+\frac{1}{2}+\frac{1}{3}+\cdots+\frac{1}{100}$ 的值？实现如下：

(1) 将 sum 的类型改为 float。

(2) 将循环体中的语句“sum=sum+i;”改为“sum=sum+(float)1/i;”。

(3) 将“printf("sum=%d\n",sum);”改为“printf("sum=%f\n",sum);”。

5. for 语句

1) for 语句的基本形式

for 语句的一般格式如下：

```
for(表达式 1;表达式 2;表达式 3)
          语句                                  /*循环体*/
```

其中，for 是关键字。表达式 1 通常是赋值表达式，用于进入循环之前给循环控制变量赋初值。表达式 2 是关系表达式或逻辑表达式，用于判断能否继续执行循环体。表达式 3

是自加、自减或赋值表达式，用于改变循环控制变量的值。

for 语句的执行过程：

(1) 求解表达式 1。

(2) 求解表达式 2，如果为“真”，则转到(3)，否则，转到(5)。

(3) 执行作为循环体的语句。

(4) 求解表达式 3，转到(2)。

(5) 结束循环。

for 语句的执行过程如图 2.11 所示。

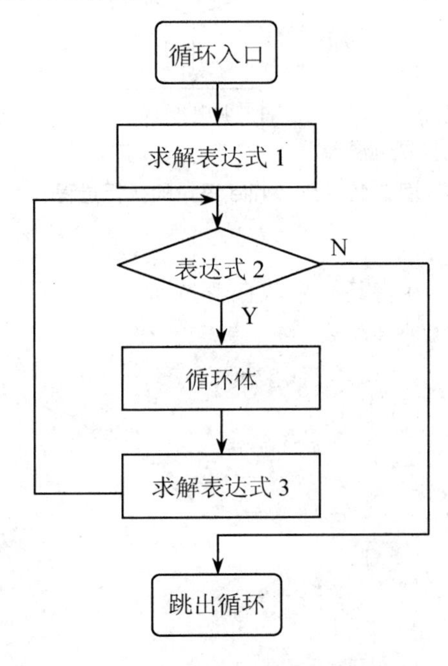


图 2.11 for 语句的执行过程

for 语句的特点是首先计算表达式 2 的值，然后执行循环体中的语句，当表达式 2 的值一开始就为 0 时，则循环体将一次也不执行。

2) for 语句的使用说明

(1) for 语句的循环体可以是基本语句，也可以是复合语句，还可以是空语句。在语法上循环体是一条语句，如果循环体包括的语句多于一条，则用复合语句，即用大括号将循环体中的语句括起来。

(2) for 语句的表达式 1、表达式 2、表达式 3 均可以省略，但作为分隔符的分号一定要保留。当省略表达式 2 时，相当于“无限循环”(循环条件总为真)，这时就需要在 for 语句的循环体中设置相应的语句以结束循环。

例如：

```
sum=0;
for(i=1;;i++)
{
```

```
        if(i>50)break;
        sum+=i;
    }
```

(3) for 语句中的表达式 2 可以是任意合法的 C 语言表达式，只要其值为非零就执行循环体。例如：

```
    for(i=100;i;i-=20)  printf("%4d",i);
```

输出：

```
    100  80  60  40  20
```

(4) for 语句中的表达式 1 和表达式 3 可以是简单表达式，也可以是逗号表达式。例如：

```
    for(i=1,sum=0;i<=50;i++) sum+=i;
```

(5) 在 for 后的圆括号外面不要随意加分号，否则，空语句将变成循环体，原来的循环体变成 for 语句的下一条语句，与原意不符。可见，虽然程序没有语法错误，但得不到正确的答案，有时还发生“死循环”现象，这一点初学者一定要注意。

3) 应用举例

输出 1!、2!、3!、…、n!的值，其中 n!=1×2×3×…×n，n 的值从键盘输入。本题算法和求 1+2+…+100 的算法类似，但在本程序中 sum 的初值为 1，不是 0。

```
    main(){
        int i,n;
        float sum=1.0;                        /*若为整型，求 8!时开始出现溢出现象*/
        printf("input n:");
        scanf("%d",&n);
        for(i=1;i<=n;i++)
        {
          sum=sum*i;                          /*sum 的初值不能为 0.0*/
          printf("%d!=%.0f\n",i,sum);   /*%.0f：只输出整数部分*/
        }
    }
```

程序分析：

编写程序时，一定要选好变量的数据类型，做到既不浪费内存空间，又防止数据溢出。

如果要计算 $2^1$，$2^2$，$2^3$，…，$2^n$ 的值，应如何修改本程序？实现如下：将 for 语句循环体中的“sum=sum*i;”改为“sum=sum*2;”即可。

6. 三种循环语句的比较

在 C 语言中，常用 for 语句、while 语句和 do-while 语句实现循环，而且可以用这三种循环语句实现同一问题的功能，但有时根据具体情况选择相应的循环，处理问题会更方便。

(1) do-while 语句先执行一次循环体，后判断表达式；for 语句和 while 语句先判断表达式，后执行循环体，循环体有可能一次也不被执行。

(2) 这三种循环可以互相转换。根据不同情况选择具体循环。

7. break 语句和 continue 语句

结构化程序设计要求程序只有一个入口和一个出口，到目前为止所介绍的程序(包括顺序结构、分支结构、循环结构)都满足其要求，但有时为了提高执行效率，常要提前终止循环，在 C 语言中常用 break 语句和 continue 语句实现这一要求。

1) break 语句

break 语句的一般格式为：

```
break;
```

break 语句只能在 switch 语句体和循环体内使用，其功能是提前退出本层的 switch 语句体或循环体。

在 switch 结构中，break 语句能够跳出 switch 语句，而转入 switch 语句的下一语句执行。在循环体结构中，break 语句能够终止循环体的执行，而转到循环语句的下一语句执行。

break 语句使用说明：

(1) 在循环语句的嵌套中，break 语句只是退出其所在的循环语句，并不是退出整个循环语句。

(2) break 语句只能用于 switch 语句体和循环体。

例如，判断一个整数 n 是否是素数。要判断 n 是不是素数，应该根据素数的定义，用 2，3，…，n-1 分别去除 n，如果其中有能整除 n 的数，则 n 不是素数；如果这些数都不能整除 n，则 n 是素数。只要找到一个能整除 n 的数就能断定 n 不是素数，显然，这时应提前退出循环。

```
main(){
   int n,i;
   printf("\n input n(n>1) : ");
   scanf("%d",&n);
   for(i=2;i<n;i++)          /*用 2，3，…，n-1 去试*/
      if(n%i==0)  break;     /*如果 n 能被 i 整除，执行 break 语句退出循环*/
   if(i<n)                   /*若真，说明正常退出，是素数*/
      printf("%d is not a sushu\n",n);
   else          /*若假，说明提前退出，不是素数*/
      printf("%d is a sushu\n",n);
}
```

程序分析：在 for 语句中，判断整数 n 是否能被变量 i 整除，i 为 2~n-1 中的任何一个数。for 语句结束的条件有两个，i==n 或 n 能够被变量 i 整除。退出 for 语句时，如果 i==n，表示 n 不能被 2~n-1 中的任何一个数整除，n 是素数；如果 i<n，表示 n 至少能被 2~n-1 中

的一个数整除，n 不是素数。

2) continue 语句

continue 语句的一般格式如下：

```
continue;
```

continue 语句只能在循环体内使用，其功能是结束本次循环，即跳过循环体中 continue 语句后尚未执行的语句，接着进行表达式的判断，准备开始下一次循环。

执行 continue 语句时，流程并不退出循环，说明循环没有增加出口。

例如，求 1~10 中所有奇数之和。

```
main(){
   int sum,i;
   sum=0;
   for(i=1;i<=10;i++)
   {
      if(i%2==0)   continue;/*当 i 能被 2 整除时，执行 continue 语句*/
      sum+=i;
   }
   printf("i=%d,sum=%d\n",i,sum);
}
```

程序运行结果如图 2.12 所示。

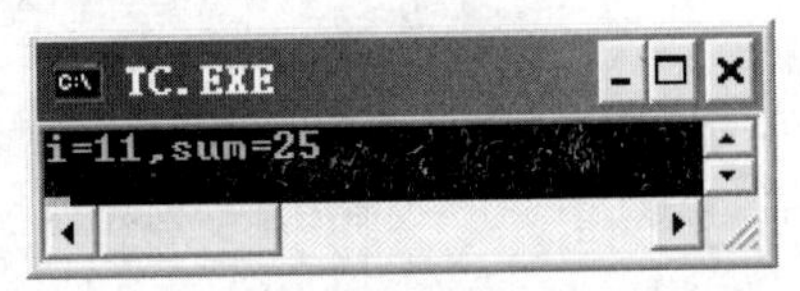


图 2.12　求 1~10 中所有奇数之和的程序运行结果

程序说明：

(1) 在运行结果中，i>10 说明正常退出循环。

(2) 当 i 能被 2 整除时，执行 continue 语句，接着流程跳过该语句后面的所有循环体语句，直接进入下一次循环；当 i 不能被 2 整除时，不执行 continue 语句，流程转到该语句后面的循环体语句。本程序无论如何都执行 10 次循环，只不过当 i 是 2 的倍数时 i 不参与求和运算。

**注意：** break 语句和 continue 语句很相似，但有区别。

(1) break 语句结束本层循环的执行，continue 语句结束本次循环的执行。

(2) break 语句可以在 switch 语句体和循环体内使用，continue 语句只能在循环体内使用。应注意的是，在 while 和 do-while 语句中，continue 语句执行后接着求解表达式，而在 for 语句中，continue 语句执行后先求解表达式 3，然后求解表达式 2。

8. 循环语句的嵌套

循环语句的嵌套是指在一个循环语句的循环体内又包含另一个完整的循环语句。3 种循环语句可以互相嵌套。

例如，编写程序，使程序的运行结果如图 2.13 所示。

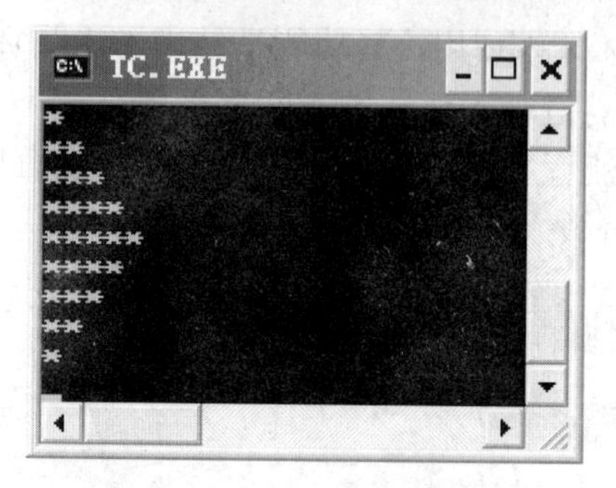


图 2.13　三角形的程序运行结果

程序分析：

用双重循环来控制打印的行数和列数，外重循环来控制行数，内重循环来控制列数。该程序分成两部分，前半部分使用双重循环语句来打印图形的前 5 行，后半部分使用双重循环语句来打印图形的后 4 行。

```
main(){
   int i,j;
   for(i=1;i<=5;i++)          /*打印图形的前 5 行，控制行数*/
   {
      for(j=1;j<=i;j++)       /*控制图形的列数*/
         printf("*");
      printf("\n");           /*输出换行符*/
   }
   for(i=1;i<=4;i++)          /*打印图形的后 4 行*/
   {
      for(j=4;j>=i;j--)
         printf("*");
      printf("\n");
   }
}
```

改写程序，按如图 2.14 所示的运行结果输出。

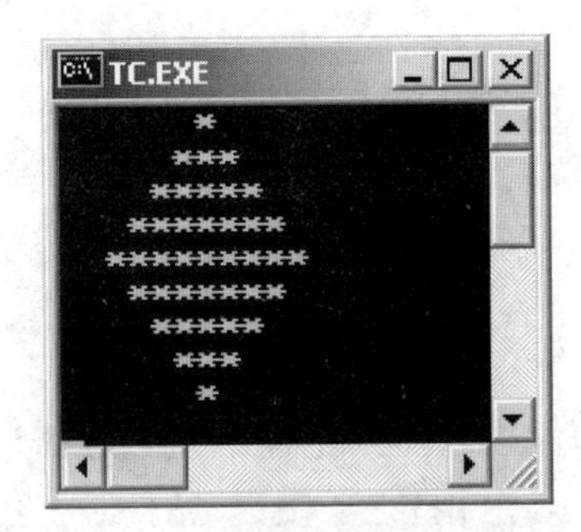

图 2.14　改写为菱形的程序运行结果

## 2.4　“百钱百鸡”案例

### 2.4.1　案例实现过程

**【案例说明】**

百钱百鸡问题。已知公鸡每只 5 元，母鸡每只 3 元，小鸡 1 元 3 只。要求用 100 元钱正好买 100 只鸡，问公鸡、母鸡、小鸡各多少只？程序运行结果如图 2.15 所示。

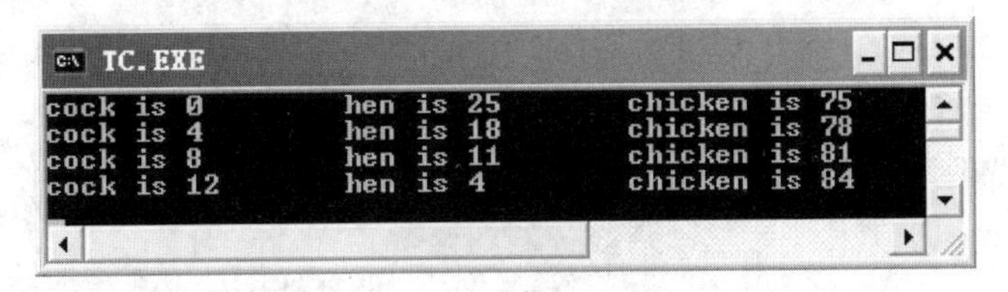


图 2.15　百钱百鸡程序运行结果

**【案例目的】**

(1) 学会使用穷举法解决问题。
(2) 学会使用嵌套的循环语句编写 C 程序。

**【技术要点】**

假设 cock、hen、chicken 分别表示公鸡、母鸡、小鸡的数量，则 5*cock+3*hen+chicken/3.0=100。其中 cock 的取值范围为 0~20，hen 的取值范围为 0~33，chicken 的取值范围为 0~100。使用穷举算法的思想列举所有买鸡的方法，若买鸡数量和用钱数量均为 100 时，该买鸡方案才是合理的。

**【代码及分析】**

(1) 用三重循环实现。

```
#include <stdio.h>
main(){
```

```
    int cock,hen,chicken;
    for(cock=0;cock<=20;cock++)                    /*100 元最多买 20 只公鸡*/
      for(hen=0;hen<=33;hen++)                     /*100 元最多买 33 只母鸡*/
        for(chicken=0;chicken<=100;chicken++)  /*小鸡最多 100 只*/
          {
            /*购买方案合理，输出公鸡、母鸡和小鸡的只数*/
     if((100==cock+hen+chicken)&&(5*cock+3*hen+chicken/3.0==100))
    printf("cock is %d\t hen is %d\t chicken is %d\n",cock,hen,chicken);
          }
}
```

(2) 用两重循环实现。

```
#include <stdio.h>
main(){
   int cock,hen,chicken;
   for(cock=0;cock<=20;cock++)            /*100 元最多买 20 只公鸡*/
     for(hen=0;hen<=33;hen++)             /*100 元最多买 33 只母鸡*/
      {
       chicken=100-cock-hen;              /*买鸡数量为 100*/
       if(5*cock+3*hen+chicken/3.0==100)/*买鸡钱数为 100，购买方案合理*/
    printf("cock is %d\t hen is %d\t chicken is %d\n",cock,hen,chicken);
      }
}
```

程序说明：

注意计算用钱数量的表达式“5*cock+3*hen+chicken/3.0==100”中“chicken/3.0”的含义，若改为“chicken/3”是不合适的。

### 2.4.2 应用扩展

(1) 36 块砖，36 人搬，男搬 4，女搬 3，两个小孩抬一砖，要求一次搬完，试设计一个程序，求解男、女、小孩各需多少人？

① 用三重循环实现。

```
#include <stdio.h>
main(){
  int m,w,c;
  for(m=0;m<=9;m++)
    for(w=0;w<=12;w++)
      for(c=0;c<=36;c++)
       {
```

```
            if(4*m+3*w+0.5*c==36&& m+w+c==36)
              printf("men is %d\twomen is %d\tchildren is %d\n",m,w,c);
        }
}
```

② 用两重循环实现。

```
#include <stdio.h>
main()
{
   int m,w,c;
   for(m=0;m<=9;m++)
      for(w=0;w<=12;w++)
         {
           c=36-m-w;
           if(4*m+3*w+0.5*c==36)
             printf("men is %d\twomen is %d\tchildren is %d\n",m,w,c);
         }
}
```

程序说明：

由于整除运算的运算规则是，如果两个运算数均为整数，则计算结果为整数。因此，表达式“4*m+3*w+0.5*c==36”中的 0.5 不能替换为 1/2。

(2) 爱因斯坦的阶梯问题。设有一阶梯，每步跨 2 阶，最后余 1 阶；每步跨 3 阶，最后余 2 阶；每步跨 5 阶，最后余 4 阶；每步跨 6 阶，最后余 5 阶；每步跨 7 阶，正好到阶梯顶。问阶梯总数为多少？

设阶梯数为 lad，则 lad 一定为 7 的整数倍，并且不能被 2 整除。设 lad 的初值为 7，增量为 14，采用标识法求解。

```
#include <stdio.h>
main()
{
   int lad;
   for(lad=7;;lad+=14)
      if(lad%2==1&&lad%3==2&&lad%5==4&&lad%6==5)
         break;
   printf("ladders is %d\n",lad);
}
```

### 2.4.3　相关知识及注意事项

穷举算法的基本思想是对问题的所有可能的状态一一进行测试，如果测试结果满足条件，就找到了一个解。有时满足条件的解只有一个，有时还可以有若干个解。

穷举算法有两种。

1) 计数法

计数法要求在程序执行前必须清楚循环的执行次数，然后逐次测试，直到循环结束。

2) 标识法

标识法是达到某一目标后，使循环结束。当不能使用计数法时，可以使用标识法。具体方法是：在测试前先设置一个标识变量，并将标识变量赋值为“没有测试完”(取值为 0)，然后每测试一次，检查一下标识变量的值有无变化。标识变量只有“没有测试完”和“测试完”两个值，当某次测试找到需要的解或测试完最后一个对象后，就让标识变量变成“测试完”(取值为 1)，然后跳出循环。也可以使用其他条件确定是否还要穷举下去。

## 2.5　“Fibonacci 数列求值”案例

### 2.5.1　案例实现过程

【案例说明】

输出斐波纳契(Fibonacci)级数 1、1、2、3、5、8、13、…的前 40 项。Fibonacci 级数有如下特点：前两项的值各为 1，从第 3 项起，每一项都是前两项的和。

$$F_n=\begin{cases}1 & (n=1,2)\\ F_{n-1}+F_{n-2} & (n\geqslant 3)\end{cases}$$

要求一行输出 5 项，程序运行结果如图 2.16 所示。

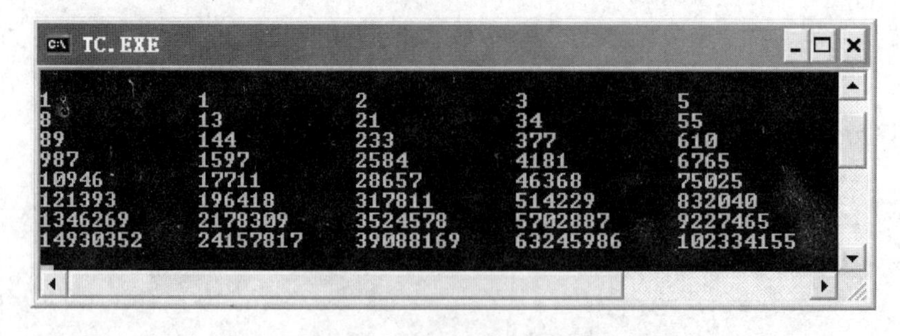


图 2.16　Fibonacci 数列求值

【案例目的】

(1) 学会使用迭代法解决问题。

(2) 掌握 Fibonacci 数列求值的基本方法。

【技术要点】

根据题意，首先确定迭代初值，再给出合适的迭代公式，最后注意输出数据的格式。

【代码及分析】

```
main(){
   int i;
   long int f1=1,f2=1,f3;
   printf("\n");
   printf("%-12ld%-12ld",f1,f2);
   for(i=3;i<=40;i++)
      {
         f3=f2+f1;
         f1=f2;
         f2=f3;
         printf("%-12ld",f3);
         if(i%5==0)
         printf("\n");
      }
}
```

程序说明：

(1) 将 f1、f2、f3 定义为长整型，由于从第 23 个数开始，数值已经超出整型数据的表示范围。在输出数据时，使用“%-12ld”格式，其中数值 12 控制域宽，同时在域宽范围内左对齐。

(2) 语句“if(i%5==0) printf("\n");”控制一行输出 5 项。

## 2.5.2　应用扩展

(1) 如何输出级数 1、1、1、3、5、9、17、…的前 40 项？

① 将语句“long int f1=1,f2=1,f3;”改为语句“long int f1=1,f2=1,f3=1,f4;”。

② 将语句“printf("%-12ld%-12ld",f1,f2);”改为语句“printf("%-12ld%-12ld%-12ld",f1,f2,f3);”。

③ 将 for 语句的循环体替换为：

```
for(i=3;i<=40;i++){
      f4=f3+f2+f1;
      f1=f2;
      f2=f3;
      f3=f4;
      printf("%-12ld",f4);
```

```
        if(i%5==0)   printf("\n");
    }
```

(2) 用迭代法求如下表达式的值。

$$x = \sqrt{a}$$

迭代公式为

$$x_{n+1} = \frac{1}{2}\left(x_n + \frac{a}{x_n}\right)$$

其中，$n \geqslant 0$，迭代初值 $x_0=a/2$，要求前后两次求出的 x 的差的绝对值小于 $10^{-6}$。

### 2.5.3　相关知识及注意事项

迭代算法的基本思想就是利用迭代初值来推算出当前项的值，即不断用新值取代变量的旧值，或由旧值递推出变量的新值。

使用迭代算法的前提是必须有迭代初值。使用迭代算法的关键是得到合适的迭代公式。

例如，斐波纳契(Fibonacci)级数的迭代初值为：

```
f1=1;
f2=1;
```

迭代公式为：

```
f3=f2+f1;  /*求当前项*/
f1=f2;
f2=f3;
```

## 本 章 小 结

本章主要介绍了顺序结构、选择结构和循环结构的程序设计。通过“大小写字母转换”案例介绍了顺序结构的概念和字符输入/输出函数；通过“一元二次方程实根的求解”案例介绍了选择结构的概念、关系运算符和关系表达式、逻辑运算符和逻辑表达式、条件运算符和条件表达式、if 语句和 switch 语句等；通过“素数判断”案例介绍了循环结构的概念、自增和自减运算符、while 语句、do-while 语句、for 语句、break 语句和 continue 语句等；通过“百钱百鸡”案例介绍了穷举算法及其特点；通过“Fibonacci 数列求值”案例介绍了迭代算法及其特点。

本章要求重点掌握典型算法、3 种基本结构的编程方法，能够运用这些知识解决基本的实际问题，进行初级的程序设计。

# 习 题 2

一、选择题

1. 若从键盘输入 89，则以下程序的输出结果是(　　)。

```
main(){
  int a;
  scanf("%d",&a);
  if(a>60) printf("%d",a);
  if(a>70) printf("%d",a);
  if(a>80) printf("%d",a);
}
```

A. 89　　B. 8989　　C. 898989　　D. 无任何输出

2. 以下程序的输出结果是(　　)。

```
main(){
  int x,y=1;
  if(y!=0)  x=5;
  printf("%d\n",x);
  if(y==0)  x=4;
  else  x=5;
  printf("%d\n",x);
}
```

A. 5<br>4　　B. 5<br>5　　C. 4　　D. 5

3. 以下程序中，while 语句的执行次数是(　　)。

```
main(){
  int i=0;
  while(i<10)
  {
    if(i<1) continue;
    if(i==5) break;
    i++;
  }
}
```

A. 1　　B. 10　　C. 6　　D. 死循环，不能确定次数

4. 以下程序的输出结果是(　　)。

```
main(){
  int i=0,a=0;
  while(i<20)
  {
    for( ;;)
      if((i%10)==0) break;
      else i--;
      i+=11;
      a+=i;
    }
  printf("%d",a);
}
```

A. 21　　B. 32　　C. 33　　D. 11

5. 若 a、b、c1、c2、x、y 均是整型变量，正确的 switch 语句是(　　)。

A.

```
switch(a+b);
  {
     case 1:y=a+b;break;
     case 0:y=a-b;break;
  }
```

B.

```
switch(a*a+b*b)
{
    case 3:
    case 1: y=a+b;break;
    case 3: y=b-a;break;
}
```

C.

```
switch a
{
    case c1: y=a-b;break;
    case c2: x=a*d;break;
    default: x=a+b;
}
```

D.

```
switch(a-b)
{
    default:y=a*b;break;
    case 3:case 4:x=a+b;break;
    case 10:case 11:y=a-b;break;
}
```

6. 以下程序的输出结果是(　　)。

```
main(){
  int x=100,a=10,b=20,k1=5,k2=0;
  if(a<b)
    if(b!=15 )
      if(!k1) x=1;
      else  if(k2) x=10;
```

```
        else  x=-1;
    printf("%d",x);
}
```

A. -1　　B. 0　　C. 1　　D. 不确定

7. 以下程序的输出结果是(　　)。

```
main(){
  int x=1,a=0,b=0;
  switch(x)
  {
    case 0: b++;
    case 1: a++;
    case 2: a++;b++;
  }
  printf("a=%d,b=%d",a,b);
}
```

A. a=2,b=1　　B. a=1,b=1　　C. a=1,b=0　　D. a=2,b=2

8. 以下程序的输出结果是(　　)。

```
main(){
  int x=23;
  do{
    printf("%d",x--);
  }while(!x);
}
```

A. 321　　B. 23　　C. 不输出任何内容　　D. 陷入死循环

9. 以下程序的输出结果是(　　)。

```
main(){
  int a,b;
  for(a=1,b=1;a<=100;a++){
    if(b>=20) break;
    if(b%3==1){
       b+=3;
       continue;
    }
    b-=5;
  }
  printf("%d",a);
```

```
}
```

A. 7　　B. 8　　C. 9　　D. 10

10. 以下程序的输出结果是(　　)。

```
main(){
  int num=0;
  while(num<=2){
    num++;
    printf("%d\n",num);
  }
}
```

A. 1<br>2<br>3<br>4　　B. 1<br>2<br>3　　C. 1<br>2　　D. 1

11. 在以下选项中，没有构成死循环的程序段是(　　)。

A. int i=100 ;while (1){ i=i%100 + 1;if(i >100) break;}

B. for(;;);

C. int k=1000;do {++k;}while (k >=1000);

D. int s=36;while(s)--s;

12. 以下程序的输出结果是(　　)。

```
main(){
  int x=3,y=0,z=0;
  if(x=y+z)  printf("****");
  else  printf ("####");
}
```

A. 有语法错误不能通过编译　　B. 输出****

C. 通过编译，但不能通过连接　　D. 输出####

13. 以下说法正确的是(　　)。

A. C 语言中不能使用 do-while 语句构成的循环

B. do-while 语句构成的循环必须用 break 语句才能退出

C. do-while 语句构成的循环，当 while 后圆括号内的表达式值为非零时结束循环

D. do-while 语句构成的循环，当 while 后圆括号内的表达式值为零时结束循环

14. 下面关于 for 语句的正确描述为(　　)。

A. for 语句只能用于循环次数已经确定的情况

B. for 语句是先执行循环体语句，再判断表达式

C. 在 for 语句中，不能用 break 语句跳出循环体

D. 在 for 语句的循环体中，可以包含多条语句，但必须用花括号括起来

15. 设 i 和 k 都是整型变量，则以下 for 语句执行的次数是(　　)。

```
for(i=0,k=-1;k=1;i++,k++)   printf("****\n");
```

A. 判断循环结束的条件不合法　　B. 死循环
C. 循环体一次也不执行　　D. 循环体只执行一次

16. 假设所有变量均为整型，则表达式(a=2,b=5,b++,a+b)的值是(　　)。

A. 8　　B. 7　　C. 6　　D. 4

17. 设有定义如下：

```
int a=1,b=2,c=3,d=4,m=2,n=2;
```

则表达式(m=a>b)&&(n=c>d)经过运算后，n 的值为(　　)。

A. 1　　B. 2　　C. 3　　D. 4

18. 以下程序段的输出结果是(　　)。

```
int a=5,b=4,c=6,d;
printf("%d",d=a>b?(a>c?a:c):b);
```

A. 5　　B. 4　　C. 6　　D. 不确定

19. 若有以下定义和语句，则输出结果是(　　)。

```
int x=10,y=10;
printf("%d,%d",x--,--y);
```

A. 10,10　　B. 9,9　　C. 9,10　　D. 10,9

二、填空题

1. 以下程序的输出结果是________。

```
main(){
   int x=2;
   while (x--);
   printf("%d",x);
}
```

2. 设 i，j，k 均为整型变量，则执行完下面的 for 语句后，k 的值为________。

```
for(i=0,j=10;i<=j;i++,j--)   k=i+j;
```

3. 以下程序的输出结果是________。

```
main(){
   int a=1,b=0;
   switch(a){
         case 1:
```

```
            switch(b){
                case 0:printf("**0**\n");break;
                case 1:printf("**1**\n");
            }
        case 2:printf("**2**\n");break;
    }
}
```

4. 以下程序执行后，i 的值是________，j 的值是________，k 的值是________。

```
int a,b,c,d,i,j,k;
a=10;b=c=d=5;i=j=k=0;
for(;a>b;++b) i++;
while(a>++c) j++;
do{
    k++;
}while(a>d++);
```

5. 以下程序的输出结果是________。

```
for(i=1;i<=5;i++ ){
   if(i%2)  printf("*");
   else  continue;
   printf("#");
}
printf("$\n") ;
```

6. 以下程序执行后，输出“#”号的个数是________。

```
main(){
   int i,j;
   for(i=1;i<5;i++)
   for(j=2;j<=i;j++)  printf("#");
}
```

7. 以下程序判断输入的整数是否能被 3 或 7 整除，若能整除，则输出 YES，若不能整除，则输出 NO，请填空。

```
main(){
   int k;
   printf("Enter a int number:");
   scanf("%d",&k);
   if ________   printf("YES");
   else printf("NO");
```

```
    }
```

8. 以下程序的功能是：从键盘输入若干个学生的成绩，统计并输出最高成绩和最低成绩，当输入负数时结束输入，请填空。

```
main(){
   double x,max,min;
   scanf("%lf",&x);
   max=x;min=x;
   while(x>=0.0){
        if(x>max)  max=x;
        if(________)  min=x;
        scanf("%lf",&x);
     }
   printf("max=%f,min=%f\n",max,min);
}
```

9. 有如下程序段，若输入整数 12345，则输出为________。

```
int x,y;
scanf("%d",&x);
do{
   y=x%10;
   printf("%d",y);
  x/=10;
}while(x);
```

10. 有如下程序段：

```
int n=0,sum=0;
while(n++,n<50){
   if(n%2==0)
      continue;
   sum+=n;
}
printf("%d,%d\n",sum,n);
```

此程序的输出结果为________，while 语句共执行了________次。

11. 以下程序的输出结果是________。

```
#include <stdio.h>
main(){
   int x,y,z ;
   x=1;y=2;z=3;
```

```
   x=y--<=x||x+y!=z;
   printf("%d,%d",x,y);
}
```

12. 以下程序的输出结果是________。

```
#include <stdio.h>
main(){
   int a,b,c;
   a=b=c=1;
   ++a&&++b||++c;
   printf("%d,%d,%d",a,b,c);
}
```

13. 如果 a=1，b=2，c=3，d=4，则条件表达式 a>b?a: c>d?c: d 的值为________。

14. 以下程序的输出结果是________。

```
#include <stdio.h>
main(){
   int a=5;
   printf("%d",!a);
}
```

15. 以下程序的输出结果是________。

```
#include <stdio.h>
main(){
   int a=5,b=4,c=3,d;
   d=(a>b>c);
   printf("%d",d);
}
```

三、判断题

1. 逻辑运算符两侧的运算量可以是任何类型的数据。 (　　)
2. 关系表达式和逻辑表达式的值只能是 0 或 1。 (　　)
3. for、while、do-while 循环语句分别有特定的用处，不能互相替代。 (　　)
4. 由于表达式 x%3!=0 和 x%3 的值相等，所以 while(x%3!=0)和 while(x%3)等价。 (　　)
5. if 语句和 switch 语句都可以实现多路分支选择。 (　　)
6. switch 语句中，如果没有 break 语句，是无法退出的。 (　　)
7. do-while 循环语句和 for 循环语句都是至少执行一次循环体。 (　　)

四、程序设计题

1. 有一个函数：

$$y=\begin{cases} x & (x<1) \\ x+5 & (1\leqslant x<10) \\ x-5 & (x\geqslant 10) \end{cases}$$

设计一个程序，输入一个 $x$ 值，按照函数要求输出 $y$ 值。

2. 某商场为促销打折销售商品。具体办法是假定购买某种商品的数量为 $x$，打折情况如下：

| | |
|---|---|
| x<5 | 不打折 |
| 5≤x<10 | 1%折扣 |
| 10≤x<20 | 2%折扣 |
| 20≤x<30 | 4%折扣 |
| 30≤x | 6%折扣 |

设计一个程序，计算某顾客购买 $x$ 个商品应付的金额。

3. 编一程序，将 2000—3000 年之间的闰年年号显示出来。

4. 将小于 n 的所有个位数不等于 9 的素数在屏幕上打印出来，n 的具体值从键盘输入。要求：每行输出 10 个数，分行输出。

5. 求出 1~1 000 之间的完全平方数。完全平方数是指能够表示成另一个整数的平方的整数。要求每行输出显示 8 个。

6. 要将一张 100 元的大钞票兑成 5 元、2 元和 1 元一张的小钞票，要求每次换成 50 张小钞票，每种至少一张，问共用多少种换法，每种换法中各种面值的小钞票各为多少？

7. 有一分数序列：2/1，3/2，5/3，8/5，13/8，21/13，…，求出这个数列的前 20 项之和。

8. 编写程序，求 $1^2+2^2+3^2+\cdots+100^2$。

9. 求如下表达式的值。

$$1-\frac{1}{2}+\frac{1}{3}-\frac{1}{4}+\cdots-\frac{1}{100}$$

# 第3章 模块化程序设计

**教学目标与要求：**本章着重介绍模块化程序设计的基本思想，函数的定义、声明、调用、返回和函数参数的传递，以及函数的嵌套调用、函数的递归调用、变量的作用域和存储类型等内容。通过本章的学习，要求做到：

- 掌握函数定义和函数调用的方法，能够使用函数原型实现函数的声明，能够区分函数定义与函数原型。
- 掌握函数参数的传递方法。
- 掌握函数的嵌套调用的方法。
- 掌握函数的递归调用的方法。
- 了解变量的作用域和生存期，掌握静态变量。

**教学重点与难点：**函数的调用、函数参数的传递及静态变量。

## 3.1　“最大公约数和最小公倍数”案例

### 3.1.1　案例实现过程

**【案例说明】**

求两个正整数的最大公约数和最小公倍数，要求用“辗转相除法”求两个数的最大公约数。程序运行结果如图 3.1 所示。

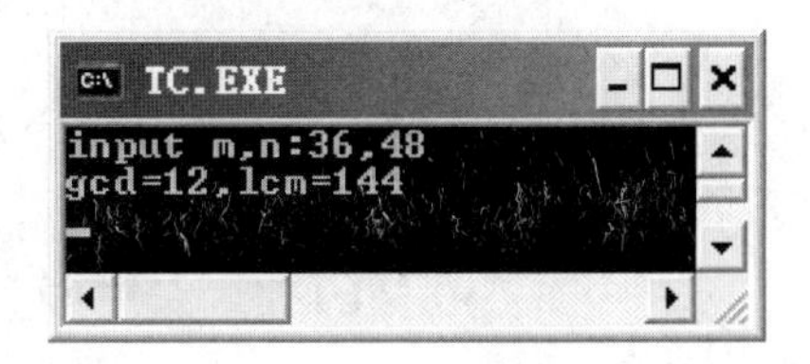

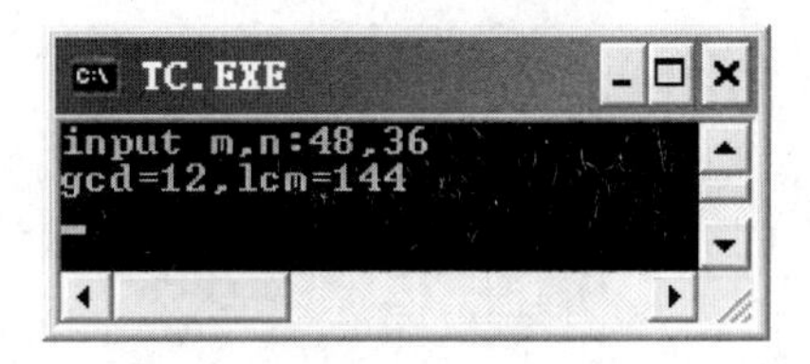


图 3.1　求最大公约数和最小公倍数的程序运行结果

**【案例目的】**

(1) 掌握函数定义和函数调用的方法。
(2) 掌握参数的传递和将函数值返回的方法。
(3) 了解模块化程序设计的基本思想。
(4) 学会使用“辗转相除法”求两个数的最大公约数。

**【技术要点】**

(1) 最大公约数(或称最大因子)是能够同时被两个数整除的最大数。用“辗转相除法”求两个正整数的最大公约数的思想如下：对于两个数 m 和 n，将大数放在 m 中，小数放在 n 中，用 n 去除 m，若余数为 0，则 n 为最大公约数，否则将 n 作为 m，余数作为 n，再用 n 去除 m，直到余数为 0，则 n 为最大公约数。

(2) 最小公倍数为两数相乘，再除以最大公约数的商值。例如，求两个正整数 m 和 n 的最小公倍数，应先求两个正整数的最大公约数 g，最小公倍数的计算公式为(m*n)/g。

(3) 输入数据时，不特别要求两个正整数值的大小关系，即输入 8 和 24 或输入 24 和 8，这两组数据的最大公约数均为 8。

**【代码及分析】**

```
#include <stdio.h>
int gcd(int x,int y);            /*求两数的最大公约数*/
int lcm(int x,int y,int g);     /*求两数的最小公倍数，g 为最大公约数*/
main()
{
   int m,n,gc,lc;
```

```
    printf("\ninput m,n:");
    scanf("%d,%d",&m,&n);
    gc=gcd(m,n);                /*gc 为两数的最大公约数*/
    lc=lcm(m,n,gc);             /*lc 为两数的最小公倍数*/
    printf("gcd=%d,lcm=%d\n",gc,lc);
}
int gcd(int x,int y)            /*用“辗转相除法”求两数的最大公约数*/
{
    int r;
    while(x%y!=0)
      {
        r=x%y;
        x=y;
        y=r;
      }
    return (y);                 /*退出循环语句的 y 即为两数的最大公约数*/
}
int lcm(int x,int y,int g)/*求两数的最小公倍数，g 为最大公约数*/
{
    return (x*y/g);
}
```

### 3.1.2 应用扩展

(1) 用“穷举法”求两个正整数的最大公约数。

用“穷举法”求两个正整数的最大公约数的思想如下：对于两个数 m 和 n，将大数放在 m 中，小数放在 n 中，设 t=n，将 t 作为最大公约数的最大值，就是这两个数的最小值。若 t 不能同时整除 m 和 n，t 的值减 1，直到能够同时整除 m 和 n 时为止，则 t 为最大公约数。

```
#include <stdio.h>
int gcd(int u,int v);               /*求两数的最大公约数*/
int lcm(int u,int v,int g);         /*求两数的最小公倍数，g 为最大公约数*/
main()
{
    int m,n,gc,lc;
    printf("\ninput m,n:");
    scanf("%d,%d",&m,&n);
    gc=gcd(m,n);                /*gc 为两数的最大公约数*/
    lc=lcm(m,n,gc);             /*lc 为两数的最小公倍数*/
    printf("gcd=%d,lcm=%d\n",gc,lc);
```

```
}
int gcd(int u,int v)            /*用“穷举法”求两数的最大公约数*/
{
    int t;
    if(v>u)
      {  t=u; u=v; v=t;}        /*交换两数，使 u 大 v 小*/
    t=v;                        /*最大公约数的最大值就是这两个数的最小值*/
    while(u%t!=0||v%t!=0)       /*能同时整除 u 与 v 的数就是最大公约数*/
       t--;
    return(t);
}
int lcm(int u,int v,int g)      /*求两数的最小公倍数，g 为最大公约数*/
{
   return (u*v/g);
}
```

(2) 利用“辗转相除法”求取 3 个正整数的最大公约数。实现方案为：先求取前两数的最大公约数 g1；再求取 g1 和第三个正整数的最大公约数 g2；g2 就是 3 个正整数的最大公约数。

```
#include <stdio.h>
int gcd(int x,int y);        /*被调用函数在主调函数后面，需要加函数原型说明*/
main()
{
   int k,m,n,g,g1,g2;
   printf("\ninput k,m,n:");
   scanf("%d,%d,%d",&k,&m,&n);
   g1=gcd(k,m);              /*g1 为前两数的最大公约数*/
   g2=gcd(g1,n);             /*g2 为 3 个数的最大公约数*/
   g=g2;
   printf("k=%d,m=%d,n=%d,gcd=%d\n",k,m,n,g);
}
int gcd(int x,int y)         /*求两数的最大公约数*/
{
   int r;
   while(x%y!=0)
     {
       r=x%y;
       x=y;
       y=r;
```

```
        }
    return (y);              /*退出循环语句的y即为两数的最大公约数*/
}
```

### 3.1.3 相关知识及注意事项

1. 模块化程序设计的基本思想

一个应用程序通常由上万条语句组成，如果把这些语句都放在主函数中，则由于程序上下文的相互联系，程序编制只能由一个人或者几个人以接力棒的形式完成，如果程序卡在某一处，所有的任务就无法完成，这样不仅费时费力，而且编写出来的程序也很难让人读懂。

为了解决上述问题，编写程序时，通常将较大的程序分成若干个程序模块(子程序)，每个程序模块实现一定的功能。使用程序模块的另一个好处是：可以减少编写程序时的重复劳动。例如，若在同一程序中需多次使用同一功能时，不需要每次都编写相同的程序，而是根据需要可多次调用同一程序模块。

模块化程序设计是进行大型应用程序设计的一种有效措施。模块化程序设计的基本思想是将一个大型应用程序分割成若干模块，使每个模块都成为功能单一、结构清晰、接口简单、容易理解的子程序。由于模块相互独立，所以在设计其中一个模块时，不会受到其他模块的牵连，因而可将原来较为复杂的问题简化为一系列简单模块的设计。

在进行模块化程序设计时，应重点考虑以下两个问题。

(1) 按什么原则划分模块？

按功能划分模块。划分模块的基本原则是使每个模块都易于理解，而按照人类思维的特点，按功能来划分模块最为自然。按功能划分模块时，要求各模块的功能尽量单一，各模块之间的联系尽量少。这样的模块的可读性和可理解性都比较好；各模块间的接口关系比较简单；当要修改某一功能时只涉及一个模块；其他应用程序可以充分利用已有的一些模块。

(2) 如何组织好各模块之间的联系？

按层次组织模块。在按层次组织模块时，一般上层模块只指出“做什么”，只有最底层的模块才精确地描述“怎么做”。

C 语言是用函数来实现程序模块的。将一个程序分成若干个相对独立的函数，每个函数可实现单一的功能。编写函数时只需对函数的入口(输入的数据)和出口(输出的数据)做出统一的规定。由于各个函数可进行单独的编辑、编译和测试，因此，同一软件就可由一组人员分工来完成，这样可以大大提高程序编写的效率。由于各个模块的层次分明，因此，也便于程序的阅读。

C 语言规定，每一个 C 程序必须包含一个主函数，不论函数位于程序的何处，程序总是从主函数开始执行的。

2. 函数的定义

函数的一般定义格式如下：

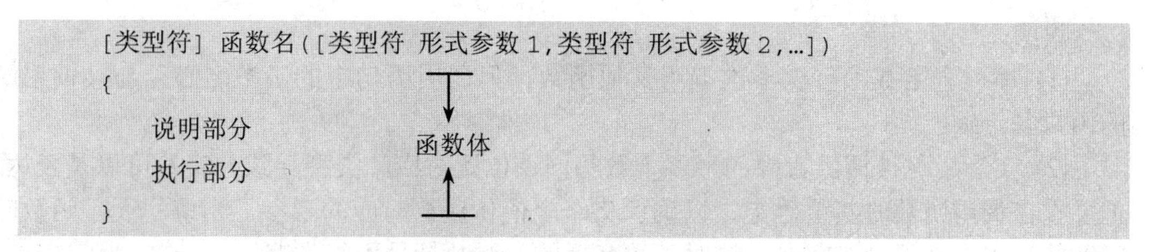


其中，用方括号括起来的部分是可选的。

说明：

(1) 类型符说明函数的返回值的类型。对于有返回值的函数，除了在函数名的前面给出该函数返回值的类型外，在函数体中通过 return 语句将函数值返回。如果是 void 类型，表示函数无返回值。C 语言还规定，int 类型和 char 类型的函数在定义时可以省略类型符，系统默认这些函数返回值的类型为 int 类型。

(2) 函数名不能与该函数中的其他标识符重名，也不能与本程序中的其他函数名相同。在同一程序中，函数名必须唯一。

(3) 形式参数简称形参。函数定义后，形参并没有具体的值。不管形参如何起名，都不会影响函数的功能，形参只是形式上的参数。函数可以没有形参，但函数名后的一对圆括号不能省略。每个形参必须单独定义，且各组之间用逗号隔开。形式参数名只要在同一函数中唯一即可，可以与其他函数中的形参或变量同名。

(4) 函数体是一个复合语句，即用花括号{}括起来的语句序列。函数体内用到的变量，除形式参数以外必须在其说明部分给出定义。自编函数的函数体的编写方法与主函数类似。所有变量(包括形式参数)只在函数体内部起作用，与其他函数中的变量互不相关，它们可以和其他函数中的变量同名。

编写被调函数的基本步骤如下：

(1) 确定函数首部，这是被调函数和主调函数的接口，也是本函数的入口。

根据案例要求，gcd()函数有两个形参，且有返回值，形参和函数返回值的类型都是 int 类型，可见，函数的首部应定义为“int gcd(int x,int y)”。

(2) 编写函数体。这里有两点需要注意：

① 函数体内定义的各变量不能与形参同名。

② 将计算结果作为函数值，通过 return 语句返回主调函数。

### 3. 函数的调用

C 语言程序都是由若干函数的定义组成的，函数与函数之间是通过调用联系起来的。函数的调用在程序设计中是一件很重要的事情，如何正确地调用一个函数是正确定义一个函数之后的关键问题。

函数调用的一般格式如下：

```
函数名([实参 1,实参 2,…])
```

其中，用方括号括起来的部分是可选的。

说明：

(1) 在一个函数中可以多次调用其他函数，但调用语句中的函数名必须与被调用函数的函数名一致。

(2) 实参应与被调函数中的形参个数相同、位置对应、类型一致。实参可以是表达式，但要求在调用函数时其值确定，以确保将一个值传递给对应的形参。当调用无参函数时，函数的调用也必须没有实参，这时函数名后的一对圆括号不能省略。

(3) 当实参和形参的类型不匹配时，C 语言编译程序并不报错，C 语言程序也能运行，但可能得不到正确的运行结果。

(4) 实参若是一个变量，它可以与对应的形参同名，因为实参和形参位于不同的函数中，分别占用不同的存储单元。

在程序中要调用另一个函数，应注意以下问题：

(1) 被调用函数必须存在。被调用函数可以是 C 语言标准库中的函数、自己建立的函数库中的函数或自编函数。

(2) 被调用函数的定义位置正确。如果被调用函数是 C 语言标准库中的函数或自己建立的函数库中的函数，则在主调函数前必须有#include 命令行将含有该函数信息的文件包含进来；如果被调用函数是自编函数，原则上应定义在主调函数之前，也可使用原型说明方法。

(3) 实参与形参的个数相同；对应实参与形参的类型一致；每一个实参都必须有确定值。

4. 函数的返回值

在 C 语言中，函数值是通过 return 语句返回的。return 语句的一般格式如下：

```
return (表达式);
```

或

```
return 表达式;
```

说明：

(1) return 语句有两个作用，一是退出被调用函数；二是返回函数值。return 语句中表达式的值即为函数的返回值。当需要退出函数，又不需要函数的返回值时，可用不带表达式的 return 语句，即用“return ;”形式。

(2) 在被调用函数中，可以没有 return 语句，也可以有多个 return 语句，程序执行到其中一个 return 语句或函数最后的“}”时，立即结束函数调用。

(3) 如果 return 语句中表达式的值的类型与函数返回值的类型不一致，则以函数返回值的类型为准，并自动地将 return 语句中的表达式的值转换为函数返回值的类型。

(4) 在 C 语言中，用 return 语句退出被调用函数，用 break 语句退出 switch 语句或循环语句，调用 exit()函数结束整个程序的执行。

5. 主调函数和被调函数的参数传递

C 语言中参数值的传递是单向的，即只能从实参单向传递给形参，形参值的改变不会反向影响对应实参的值。

例如，以下程序说明了函数参数之间的单向传递，注意观察程序的运行结果。

```
#include <stdio.h>
void swap(int x,int y);/*被调用函数在主调函数后面，需要加函数原型说明*/
main()
{
    int a=5,b=8;
    printf("\n(1)a=%d,b=%d\n",a,b);
    swap(a,b);
    printf("\n(4)a=%d,b=%d\n\n",a,b);
}
void swap(int x,int y)
{
    int t;
    printf("\n(2)x=%d,y=%d\n",x,y);
    t=x;
    x=y;
    y=t;
    printf("\n(3)x=%d,y=%d\n",x,y);
}
```

程序分析：main()函数调用 swap()函数时，将变量 a 和变量 b 的值传递给对应形参 x 和形参 y。在 swap()函数中，交换了形参 x 和形参 y 的值，但由于在 C 语言中，参数中的数据只能由实参单向传递给形参，形参数据的变化并不影响对应实参的值，因此，该程序不能通过 swap()函数将 main()函数中的变量 a 和 b 的值进行交换。

程序运行结果如图 3.2 所示。

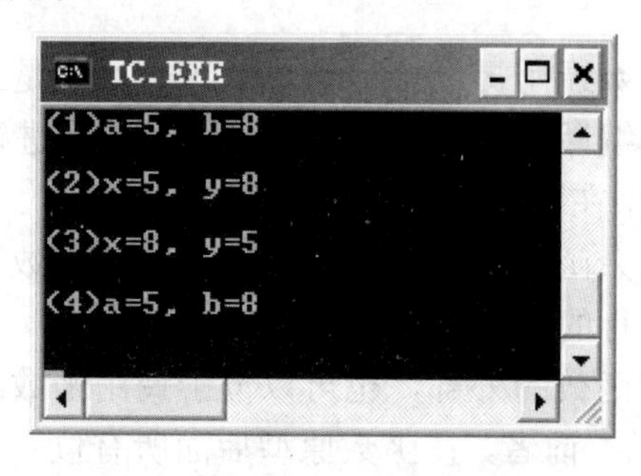


图 3.2　参数值的单向传递

6. 被调函数的原型说明

编写程序时，一般采用自顶向下、逐步细化的方法编写模块，即先编写主函数，后编写主函数中调用的函数，如果被调用函数又调用其他函数，那么再编写那些函数，但由于

C 语言要求函数定义在前，调用在后，所以最先执行的主函数往往放在各函数的后面，这样阅读程序时非常不方便。有时希望各函数按其执行的顺序出现在程序中，使用被调用函数的原型说明可以做到这一点。

编译程序在处理函数调用时，必须从程序中获得完成函数调用所必须的接口信息，用以确认函数调用在语法及语义上的正确性，用以判断是否有必要转换参数或返回值的数据类型，从而生成正确的函数调用代码。

被调用函数的原型为函数调用提供接口信息。被调用函数的原型说明是在被调用函数定义的基础上去掉函数体，再加一个分号。即

```
[类型符] 函数名([类型符 形式参数 1,类型符 形式参数 2,…]);
```

函数调用的接口信息必须提前提供，被调用函数的原型说明必须位于该函数的调用之前。

函数原型能够使 C 语言的编译程序在编译时对函数调用的合法性进行全面的、有效的检查。当调用函数时，若实参的类型与形参的类型不能赋值兼容、实参的个数与形参的个数不同时，C 语言编译程序都将会发现错误并报错。使用函数原型能及时通知程序员出错的位置，从而保证了程序的正确运行。

从格式上可以看出，函数原型所能提供的信息函数定义也能提供。如果函数定义于函数调用之前，则函数定义本身就同时起到了函数原型的作用。在这种情况下，不必给出函数原型。反之，如果函数定义于函数调用之后，或位于别的源文件中，则必须提前给出函数原型。

函数定义和函数原型并不是一回事，现比较如下。

(1) 函数定义和函数原型的作用不同。

函数定义是指对函数功能的确立，包括指定函数名、函数返回值的类型、函数形参及其类型、函数体等，它是完整的、独立的函数单位。函数定义的作用是使被定义的函数“从无到有”；编译程序将根据函数定义生成有关的程序代码，使被定义的函数由不存在到存在。

函数原型的作用是为函数调用提供接口信息。函数原型是把函数名、函数类型以及形参的类型、个数和顺序通知编译程序，以便在调用该函数时进行必要的语法或语义检查。

(2) 函数定义和函数原型在程序中出现的位置不同。

函数定义只能出现在其余函数定义的外部，即在一个函数定义的内部不能定义别的函数，所有函数的定义都是平行的，互相独立的。

函数原型可以位于所有函数的外部，也可以位于调用函数的函数体的说明部分，但必须位于对该函数的调用之前。 前者，在函数原型后面所有位置上的函数都可以对该函数进行调用；后者，只能在调用函数的内部调用该函数。

(3) 函数定义和函数原型在程序中出现的次数不同。

一个函数在同一个程序中只能定义一次，即函数不能重复定义，但是一个函数的函数原型在同一个程序中可以出现一次，也可以出现多次。

# 3.2　“验证任意偶数为两个素数之和”案例

## 3.2.1　案例实现过程

**【案例说明】**

编写程序，验证任意偶数为两个素数之和并输出这两个素数。程序运行结果如图 3.3 所示。

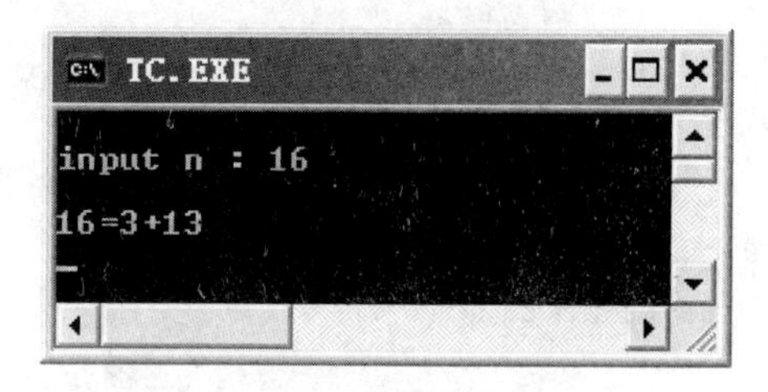


图 3.3　验证任意偶数为两个素数之和

**【案例目的】**

(1) 掌握函数嵌套调用的方法。

(2) 学会使用 F7 或 F8 键实现程序的单步执行。

**【技术要点】**

(1) 在 main()函数中，首先从键盘输入一个不小于 4 的偶数 n，然后调用函数 even()将 n 拆分为两个素数的和，并输出两个素数。

(2) 函数 prime()的功能是判断 n 是不是素数。如果 n 为素数，则返回 1；否则，返回 0。

(3) 函数 even()的功能是将 n 拆分为两个素数的和，并输出两个素数。该函数的算法描述如下：

① i 初值为 2。

② 判断 i 是否是素数。若是，则执行步骤③；若不是，则执行步骤⑤。

③ 判断 n−i 是否是素数。若是，则执行步骤④；若不是，则执行步骤⑤。

④ 输出结果，返回调用函数。

⑤ 使 i 增 1。

⑥ 重复执行步骤②。

**【代码及分析】**

```
#include <stdio.h>
#include <math.h>
int prime(int n);       /*被调用函数在主调函数后面，需要加函数原型说明*/
void even (int n );     /*被调用函数在主调函数后面，需要加函数原型说明*/
```

```
main()
{
    int n;
    printf("\ninput n : ");
    do{
       scanf("%d",&n);
    }while(n>=4&&n%2!=0);
    even(n);
}
void even (int n )
{
    int i=2;
    do{
       if (prime(i)==1&&prime(n-i)==1)
          {
             printf("\n%d=%d+%d\n",n,i,n-i );
             return;       /*结束 even()函数的执行，返回调用函数*/
          }
       i++;
    }while( i<=n/2 );
}
int prime( int n)
{
    int i=2,k;
    k=sqrt(n);
    do{
       if (n%i==0)
          return 0;        /*结束 prime()函数的执行，返回调用函数*/
       i++;
    }while(i<=k);
    return 1;              /*结束 prime()函数的执行，返回调用函数*/
}
```

### 3.2.2 应用扩展

(1) 通过函数的嵌套调用，求取 3 个正整数的最大公约数。

实现方案为：第一次调用，求取前两数的最大公约数 g1；第二次调用，求取 g1 和第 3 个正整数的最大公约数 g2；g2 就是 3 个正整数的最大公约数。

```
#include <stdio.h>
```

```
int gcd(int x,int y);                   /*求两数的最大公约数*/
int gcd3(int k,int m,int n);            /*求 3 个数的最大公约数*/
main()
{
   int k,m,n,g;
   printf("\ninput k,m,n:");
   scanf("%d,%d,%d",&k,&m,&n);
   g=gcd3(k,m,n);
   printf("k=%d,m=%d,n=%d,gcd=%d\n",k,m,n,g);
}
int gcd3(int k,int m,int n)             /*求 3 个数的最大公约数*/
{
   int g1,g2;
   g1=gcd(k,m);                         /*g1 为前两个数的最大公约数*/
   g2=gcd(g1,n);                        /*g2 为 3 个数的最大公约数*/
   return g2;
}
int gcd(int x,int y)          /*求两个数的最大公约数*/
{
   int r;
   while(x%y!=0)
      {
        r=x%y;
        x=y;
        y=r;
      }
   return (y);             /*退出循环语句的 y 即为两个数的最大公约数*/
}
```

(2) 通过函数的嵌套调用，输出 2~100 以内的所有素数。要求判断素数在函数中完成。

```
#include <stdio.h>
#include <math.h>
int prime(int n);          /*被调用函数在主调函数后面，需要加函数原型说明*/
main()
{
   int n,i,end;
   int count=0;            /*统计输出项的个数*/
   int flag;
   for(n=2;n<100;n++)
```

```
        {
         if(prime(i)==1)          /*若 i 是素数*/
            {
               printf("%4d",n);
               count++;           /*输出素数后统计输出项的个数*/
               if(count%5==0)   /*一行输出 5 个素数*/
                      printf("\n");
            }
        }
    }
    int prime( int n)
    {
      int i=2,k;
      k=sqrt(n);
      do{
        if (n%i==0)
           return 0;              /*结束 prime()函数的执行，返回调用函数*/
        i++;
      }while(i<=k);
      return 1;                   /*结束 prime()函数的执行，返回调用函数*/
    }
```

### 3.2.3 相关知识及注意事项

1. 函数的嵌套调用

C 语言程序中的函数定义都是互相平行、互相独立的，也就是说在一个函数定义的内部不能定义其他函数，即函数的定义不允许嵌套，但函数调用可以嵌套。

C 语言允许被调用函数再调用另一个函数，这种调用方式称为函数的嵌套调用。

例如，在案例的 main()函数中调用 even()函数，在 even()函数中再调用 prime()函数，这就是函数的嵌套调用。其调用过程如图 3.4 所示。

图 3.4 中①，②，…，⑨表示执行嵌套调用过程的序号。即从①开始，先执行 main()函数的函数体中的语句，当遇到调用 even()函数时，由②转去执行 even()函数；③是执行 even()函数的函数体中的语句，当遇到调用 prime()函数时，由④转去执行 prime()函数；⑤是执行 prime()函数的函数体中的所有语句，当 prime()函数调用结束后，通过⑥返回到调用 prime()函数的 even()函数中；⑦是继续执行 even()函数的函数体中的剩余语句，当 even()函数调用结束后，通过⑧返回到调用 even()函数的 main()函数中；⑨表示继续执行 main()函数的函数体中的剩余语句，结束本程序的执行。

无论被调函数在何处被调用，调用结束后，其流程总是返回到主调函数调用被调函数的地方。

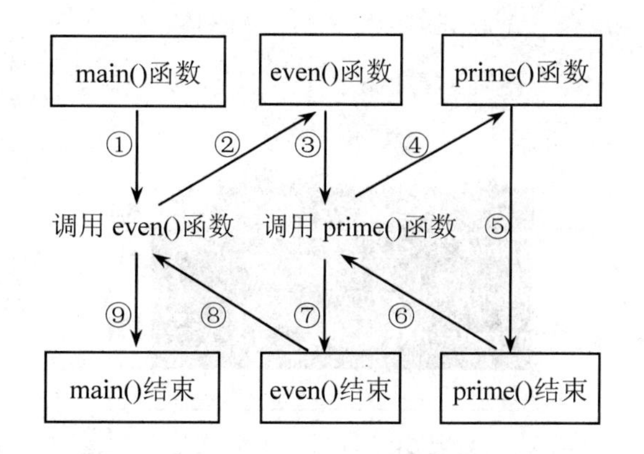


图 3.4　函数的嵌套调用

例如，编写函数求解表达式 $1^k + 2^k + 3^k + \cdots + n^k$ 的值。

```
#include <stdio.h>
double  power(int m,int n)/*计算 m^n 的值并返回*/
{
    int i;
    double pw=1;
    for(i=1;i<=n;++i)   pw*=m;
    return(pw);
}
double  sum_power(int k,int n)
                              /*计算 1^k + 2^k + 3^k + …+ n^k 的值并返回*/
{
    int i ;
    double sum=0;
    for(i=1;i<=n;++i)
              sum+=power(i,k);/*调用自编函数 power(i,k)求值*/
    return(sum);
}
main()
{
   int k,n;
   double s;
   printf("\ninput k : ");
   scanf("%d",&k);
   printf("\ninput n : ");
   scanf("%d",&n);
   s=sum_power(k,n);         /*调用自编函数 sum_power(k,n)求值*/
```

```
    printf("\noutput data :%.0lf\n ",s);
}
```

程序运行结果如图 3.5 所示。

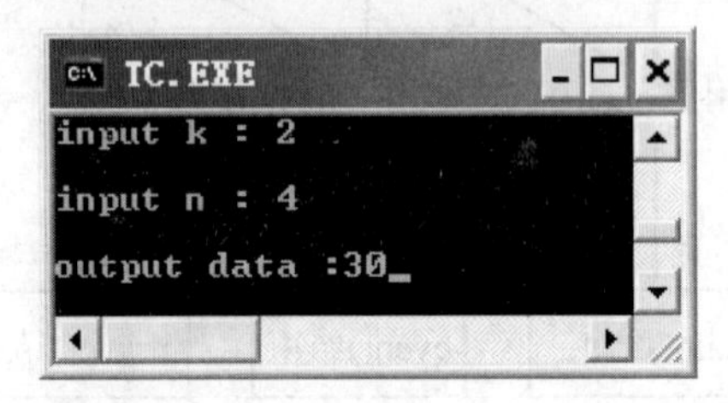


图 3.5 计算 $1^k + 2^k + 3^k + \cdots + n^k$ 的值

2. 使用 F7 或 F8 键实现单步执行

使用 F7 或 F8 键都可以实现单步执行，但两者有区别。

按 F7 键，可以观察程序执行的全过程(包括调用函数期间的执行过程)；而按 F8 键，调用函数的过程一次完成，显然，只能观察主调函数的执行过程。

在观察程序单步执行时，使用 Ctrl+F7 快捷键将变量添加到信息窗口中。注意程序单步执行时，变量值的变化情况。

## 3.3 “递归计算 n!的值”案例

### 3.3.1 案例实现过程

【案例说明】

设计递归函数 fact(n)，计算 n!的值。程序运行结果如图 3.6 所示。

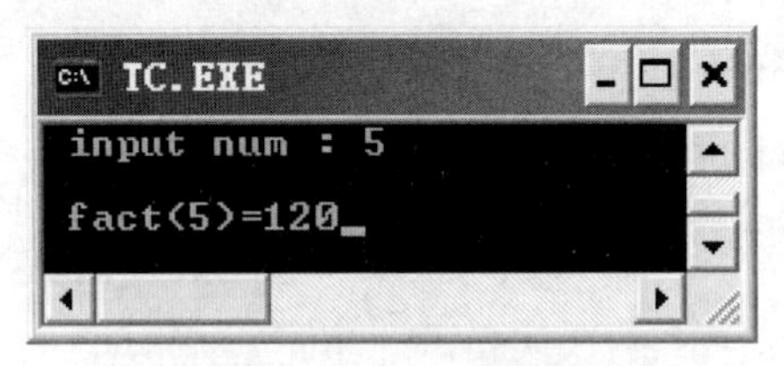


图 3.6 计算 n!的值

【案例目的】

(1) 掌握递归计算 n!值的方法。
(2) 掌握递归函数的定义方法。
(3) 学会使用 Debug 的 Call stack 项观察函数的递归调用过程。

【技术要点】

计算 n!的值，可表示为：

```
        n!=   ⎧        1                (n==0 或 n==1)
              ⎨
              ⎩      1*2*…*n            (n>1)
```

计算 n!的值，还可以表示为：

```
        n!=   ⎧      1                  (n==0 或 n==1)
              ⎨
              ⎩    n*(n-1)!             (n>1)
```

上面是递归定义，因为在计算 n！的值时又用到了(n−1)!的值。

计算 n!的值，用递归函数 fact()表示如下：

```
      fact(n)=    ⎧     1                    (n==0 或 n==1)
                  ⎨
                  ⎩     n*fact(n-1)          (n>1)
```

从以上定义可以看到，当 n>1 时，fact(n)可以转化为 n*fact(n−1)，而 fact(n−1)与 fact(n)，只是函数参数由 n 变成 n−1；而 fact(n−1)又可以转化为(n−1)*fact(n−2)，…，每次转化时，函数参数减 1，直到函数参数为 1 时，函数值为 1，递归调用结束。

【代码及分析】

```
#include <stdio.h>
double fact (int n)               /*计算 n!的递归函数的定义*/
{
    if (n==0||n==1)
          return(1);
    else
          return(n*fact(n-1));
}
main()
{
   int num;
   printf("\n input num : ");
   scanf("%d",&num);
   printf("\n fact(%d)=%.0lf",num,fact(num));
}
```

当程序运行时，若 num 输入值为 5，则函数递归调用情况如图 3.7 所示。图中顶层倾斜的箭头表示函数调用，旁边的数字表示传递的参数，图中下层倾斜的箭头表示函数返回，旁边的数字表示函数返回值。fact()函数反复调用自身：fact(5)调用 fact(4)，fact(4)调用 fact(3)，fact(3)调用 fact(2)，……参数逐次减小，当最后调用 fact(1)时，结束递归的条件已经满足，于是开始逐级完成乘法运算，最后计算出 5!的值为 120。

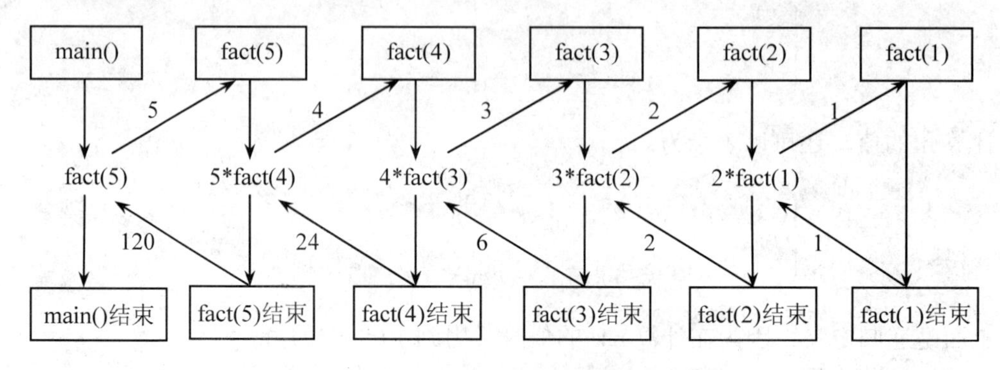


图 3.7　fact()函数的递归调用

### 3.3.2　应用扩展

(1) 编写递归函数 gcd(x,y)，求 x 和 y 的最大公约数。

程序分析：

求 x 和 y 的最大公约数，用递归函数 gcd(x,y)表示如下：

```
              ┌ y              (x%y==0)
gcd(x,y)=    ┤
              └ gcd(y,x%y)          (x%y!=0)
```

如果 x%y=0，x 和 y 的最大公约数就是 y；否则求 x 与 y 的最大公约数等价于求 y 与 x%y 的最大公约数。这时可以将 y 作为新 x，将 x%y 作为新 y，问题又变成了求新 x 与新 y 的最大公约数……如此继续，直到新的 x%y=0 时，其最大公约数就是新 y。

例如，求 48 与 36 的最大公约数，等价于求 36 与 48%36 的最大公约数，即求 36 与 12 的最大公约数。此时 36%12=0，最大公约数就是 12。

```
#include <stdio.h>
int gcd(int x, int y)
{
   if(x%y==0)
            return(y);
   else
           return(gcd (y,x %y ));
}
main()
{
```

```
    int x,y;
    printf("\n input x : ");
    scanf("%d",&x);
    printf("\n input y : ");
    scanf("%d",&y);
    printf("\n gcd(%d,%d)=%d",x,y,gcd(x,y));
}
```

(2) 编写递归函数，将一个长整数按正序或逆序打印出每一位数字。程序运行结果如图 3.8 所示。

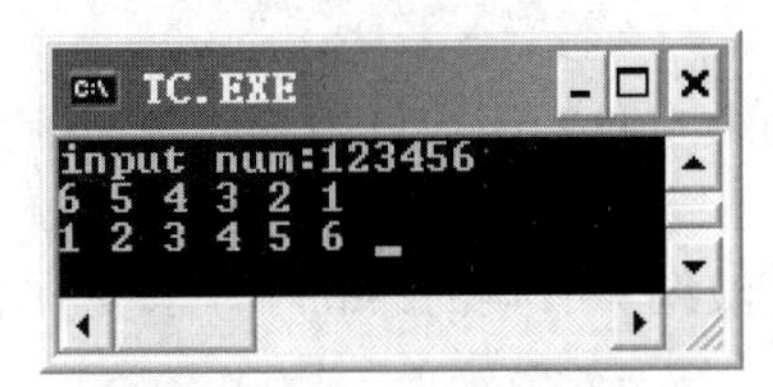


图 3.8　按正序或逆序打印每一位数字

程序源代码如下：

```
#include <stdio.h>
void fun1(long int num);          /*按逆序打印出每一位数字*/
void fun2(long int num);          /*按正序打印出每一位数字*/
main()
{
   long int num;
   printf("\ninput num:");
   scanf("%ld",&num);
   printf("\noutput num:");
   fun1(num);
   printf("\noutput num:");
   fun2(num);
}
void fun1(long int num)           /*按逆序打印出每一位数字*/
{
   if(num!=0)
    {
      printf("%d ",num%10);
      fun1(num/10);
    }
}
void fun2(long int num)           /*按正序打印出每一位数字*/
```

```
{
   if(num!=0)
    {
       fun2(num/10);
       printf("%d ",num%10);
    }
}
```

### 3.3.3 相关知识及注意事项

1. 递归函数及其调用

在一个函数中又调用该函数自身的函数调用形式称为函数的递归调用，这样的函数称为递归函数。

例如，用递归的方法求斐波纳契级数的第 n 项。求斐波纳契级数的第 n 项的公式为：

$$
\text{myf(n)}=\begin{cases}1 & (\text{n==1 或 n==2})\\ \text{myf(n-1)+ myf(n-2)} & (\text{n>2})\end{cases}
$$

说明：

在主函数中输入一个整数 n。若 n 小于 1，则数据输入有误；否则，调用函数 myf()，求解并输出斐波纳契级数的第 n 项。

```
#include <stdio.h>
long int myf(int n);
main()
{
   int n=0;
   long int x=0;
   printf("Input data:");
     scanf("%d",&n);
   if(n<0)
     printf("Wrong!\n");
   else
    {
       x=myf(n);                /*调用递归函数求解斐波纳契级数的第 n 项*/
       printf("n=%d,x=%ld\n",n,x);
    }
}
long int myf(int n)
{
```

```
    long int x;
    if(n==1 || n==2)
        x=1;
    else
        x=myf(n-1)+myf(n-2);        /*从第 3 项开始，每一项是其前两项的和*/
    return x;
}
```

递归调用的过程是一个反推的过程，即要解决一个问题，必须解决一个新的问题，为了解决这一新问题，还要解决另一个新的问题，以此类推，但是每一个问题的解决方案必须都相同，而且最后还要有一个能够结束递归调用的条件。

2. 使用 Debug 的 Call stack 项观察函数的递归调用过程

选择菜单 Debug 的 Call stack 项，弹出一个包含调用栈的显示窗口，其中显示出程序正在运行的函数调用序列。主函数 main()在栈底，正在运行的函数在栈顶。

例如，使用 F7 键实现案例程序的单步执行。在观察程序单步执行时，将变量 n 和 num 添加到信息窗口中。注意程序单步执行时，变量 n 和 num 值的变化情况。在观察程序单步执行时，还可以通过菜单 Debug 的 Call stack 项观察栈中函数的递归调用过程。运行界面如图 3.9 所示。

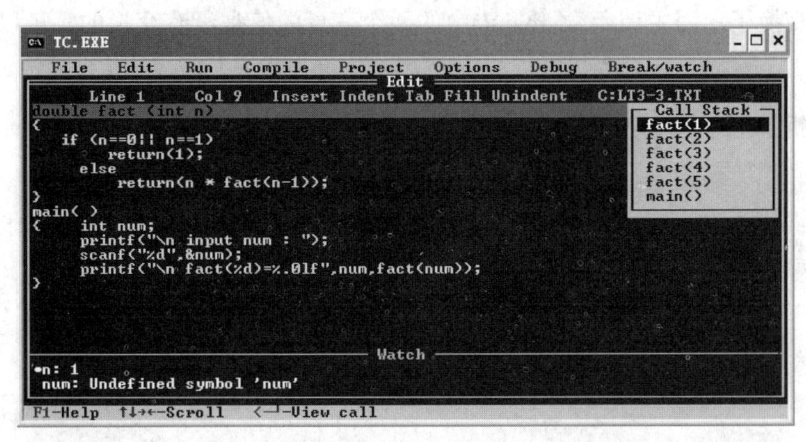


图 3.9　使用 Debug 的 Call stack 项观察 fact()函数的递归调用过程

## 3.4　“使用全局变量交换两个变量值”案例

### 3.4.1　案例实现过程

【案例说明】

用函数实现两个变量值的交换，使其在主调函数和被调函数中的值一致。要求使用全局变量。程序运行结果如图 3.10 所示。

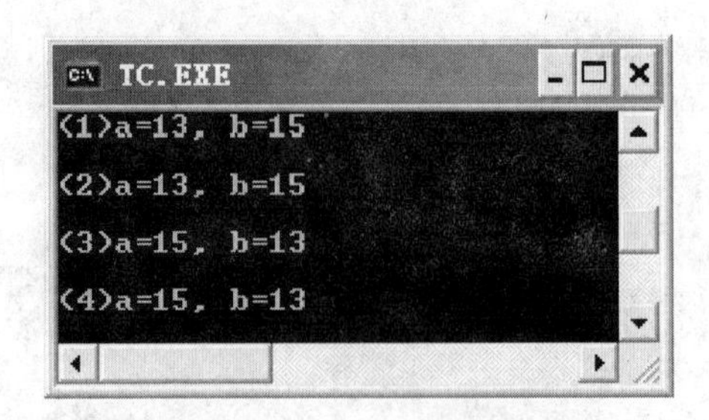


图 3.10 交换两个变量的值

**【案例目的】**

(1) 了解变量的作用域和生存期。
(2) 掌握局部变量和全局变量的存储类别。
(3) 掌握使用全局变量交换两个变量值的方法。

**【技术要点】**

若定义一个 swap()函数来交换两个变量的值，在 main()函数中定义并给出 a 和 b 的值，然后将这两个变量的值使用“值传递”方式传给 swap()函数的形参。这种方式在不同的函数中显示的两个变量的值是不一样的，即在实现交换功能的被调函数 swap()中，两个变量的值确实是交换了，而主调函数 main()中的两个变量的值是没有交换的。可以，使用全局变量实现。

**【代码及分析】**

```
#include <stdio.h>
int a=13,b=15;    /*全局变量*/
void swap();
main()
{
   printf("(1)a=%d,b=%d\n\n",a,b);
   swap();
   printf("(4)a=%d,b=%d\n\n",a,b);
}
void swap( )
{
   int c;
   printf("(2)a=%d,b=%d\n\n",a,b);
   c=a; a=b;b=c;
   printf("(3)a=%d,b=%d\n\n",a,b);
}
```

程序分析：

(1) 全局变量 a 和 b 是在整个源程序的开始处定义的，它们的作用域是整个程序，覆盖了 main()函数和 swap()函数。

(2) main()函数中第一个 printf 语句输出全局变量 a 和 b 的初始值；调用 swap()函数对全局变量 a 和 b 的值进行了交换；main()函数中第二个 printf 语句则输出交换后的全局变量 a 和 b 的值。

### 3.4.2　应用扩展

(1) 在一个函数中，交换变量 a 和 b 的值。

方法一：

```
#include <stdio.h>
main()
{
   int a=13,b=15;
   int c;
   printf("(1)a=%d,b=%d\n\n",a,b);
   c=a; a=b; b=c;          /*或者 c=b; b=a; a=c;*/
   printf("(2)a=%d,b=%d\n\n",a,b);
}
```

方法二：

```
#include <stdio.h>
main()
{
   int a=13,b=15;
   printf("(1)a=%d,b=%d\n\n",a,b);
   a=a+b; b=a-b; a=a-b;
   printf("(2)a=%d,b=%d\n\n",a,b);
}
```

(2) 定义一个宏，交换两个参数的值。

```
#include <stdio.h>
#define SWAP(a,b) (a)=(a)+(b);(b)=(a)-(b);(a)=(a)-(b);
main()
{
   int a=13,b=15;
   printf("(1)a=%d,b=%d\n\n",a,b);
   SWAP(a,b)
```

```
        printf("(4)a=%d,b=%d\n\n",a,b);
    }
```

### 3.4.3 相关知识及注意事项

1. 变量的作用域

在C语言中，标识符必须先定义后使用，但定义语句应该放在什么位置？在程序中，一个定义了的标识符是否随处可用？这些问题牵涉标识符的作用域。

在C语言中，由用户命名的标识符都有一个有效的作用域。所谓标识符的“作用域”是指程序中的某一部分，在这一部分中，该标识符是有定义的，可以被C语言编译程序和连接程序所识别。

C 程序中每个变量都有自己的作用域。例如，在一个函数内定义的变量不能在其他函数中使用。显然，变量的作用域与其定义语句在程序中出现的位置有直接的关系。注意，在同一个作用域内，不允许有同名的变量出现，而在不同的作用域内，允许有同名的变量出现。

依据变量作用域的不同，C 语言变量可以分为局部变量和全局变量两大类。在函数内部或复合语句内部定义的变量称为局部变量。函数的形参也属于局部变量。在函数外部定义的变量称为全局变量。有时局部变量被称为内部变量，全局变量被称为外部变量。

2. 变量的生存期

C 语言程序通常存放在内存和寄存器中，少数的寄存器只能用来存放一些被反复加工的数据。内存是C语言程序的主要存储区。

C 语言程序占用的内存空间通常分为三部分：程序区、静态存储区和动态存储区。其中程序区中存放的是可执行程序的机器指令；静态存储区中存放的是需要占用固定存储单元的数据；动态存储区中存放的是不需要占用固定存储单元的数据。C 语言允许程序员在静态存储区、动态存储区、寄存器中开辟变量的存储空间。

经过赋值的变量是否在程序运行期间总能保存其值？这牵涉变量的生存期。

所谓变量的生存期是指变量值在程序运行过程中的存在时间。C 语言变量的生存期可以分为静态生存期和动态生存期。存放在静态存储区中的变量具有静态生存期，存放在动态存储区或寄存器中的变量具有动态生存期。变量具有静态生存期，即其生存期从程序运行开始一直延续到程序运行结束。变量具有动态生存期，即其生存期从变量被定义开始，到所在复合语句运行结束时为止。

3. 局部变量

定义于函数内部或复合语句内部的变量均称为局部变量，其作用域为复合语句作用域。复合语句作用域的范围是从变量定义处开始，到复合语句的结束处为止。定义于复合语句中的变量，不但该复合语句以外的语句不能访问，即使是同一复合语句中的语句，如果它位于变量定义之前，也不能访问该变量。

函数的函数体就是一个复合语句，在函数体的开始处(同时也是复合语句的开始处)定义变量，这样的变量函数中的任何语句都可以访问。

**注意：** *函数体(或复合语句)中局部变量的定义语句必须放在全部可执行语句之前。*

使用局部变量时，应注意以下几个问题：

(1) 在一个函数内部不能使用其他函数内部定义的局部变量。例如，在 main()函数内部定义的局部变量也只能在 main()函数中有效。main()函数也不能使用其他函数内部定义的变量。

(2) 在不同的函数内(或不同的复合语句内)可以定义同名的局部变量，它们代表不同的对象，互不干扰。

(3) 在嵌套的复合语句内，如果内层与外层有同名的局部变量，则在内层范围内只有内层的局部变量有效，外层的局部变量在此范围内无效。

定义局部变量时，可以使用 auto、static 和 register 这 3 种存储类型符。

1) 自动变量

用 auto 定义的局部变量称为自动变量。如果局部变量未用 auto、register 或 static 中的任何一关键字进行存储类型说明，则默认其为自动变量。也就是说，在定义自动变量时，关键字 auto 可以省略。

自动变量具有动态生存期，即其生存期从变量被定义开始，到所在复合语句运行结束时为止。使用自动变量的最突出优点是，可在各函数之间造成信息隔离，不同函数中使用了同名变量也不会相互影响，从而可避免因不慎赋值所导致的错误。

例如，分析下列程序的输出结果，注意其中的自动变量。

```
main()
{
int x=1;
{
   int x=3;                        ↓
   void prt(void);                       x 的值为 1
   prt( );                  x 的值为 3
   printf("(2)  x=%d\n",x);       ↑
}
   printf("(3)  x=%d\n",x);
}
void prt(void)
{                                 ↓
   int x=5;                 x 的值为 5
   printf("(1)  x=%d\n",x);
}                                 ↑
```

程序分析：

(1) 程序中定义了 3 个局部变量，名字均为 x。因为它们的作用域互不相同，所以 3 个同名变量 x 互不干扰。

(2) 值为 1 的变量 x 和值为 3 的变量 x 的作用域嵌套，在值为 3 的变量 x 的作用域内，值为 1 的变量 x 无效。

(3) 值为 5 的变量 x，只在 prt()函数中有效，而在 main()函数中无效。

程序运行结果如图 3.11 所示。

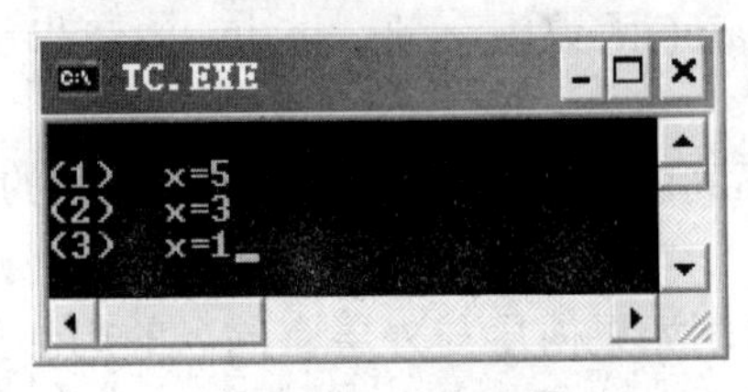


**图 3.11　自动变量**

2) 寄存器变量

用 register 定义的变量是一种特殊的自动变量，称为寄存器变量。这种变量建议编译程序将变量中的数据存放在寄存器中，而不像一般的自动变量占用内存单元。程序运行时，访问寄存器而不用访问内存，从而大大提高了变量的存取速度。因此，当程序对运行速度有较高要求时，把那些频繁引用的少数变量指定为 register 变量，有助于提高程序的运行速度。

但要注意，使用 register 定义局部变量，只是一种请求或建议，当没有足够的寄存器来存放指定的变量或编译程序认为指定的变量不适合放在寄存器中时，将自动按 auto 变量来处理，即将这部分用 register 定义的局部变量存放在内存的动态存储区内。

由于寄存器的存储长度有限，可以定义为寄存器变量的数据类型只有 char，short int，unsigned int，int 等，而数据长度太大的数据寄存器放不下，如 long，double 等。

3) 静态局部变量

当在函数体(或复合语句)内部用 static 来定义一个变量时，可以称该变量为静态局部变量。

静态局部变量的作用域与自动变量或寄存器变量一样，但它与自动变量或寄存器变量有两点本质上的区别。

(1) 用 static 定义的局部变量具有静态生存期，是一种静态变量。在整个程序运行期间，静态局部变量在内存的静态存储区中占据着永久性的存储单元，即便退出函数，下次再进入该函数时，静态局部变量仍使用原来的存储单元。由于并不释放这些存储单元，所以这些存储单元中的值得以保留，并可以继续使用存储单元中原来的值。

(2) 静态局部变量的初值是在编译时赋予的，在程序执行期间不再赋予初值。对未赋初值的静态局部变量，C 语言编译程序会自动给它赋初值 0。

静态局部变量的上述特点，对于编写那些在函数调用之间必须保留局部变量值的独立函数是非常有用的。当函数需要在本次调用与下一次调用之间传递数据信息时，就需要利用这种静态局部变量。

例如，分析下列程序的输出结果，注意其中的静态局部变量和自动变量。

```
void test( );
main()
{
  test( );
  test( );
  test( );
}
void test( )
{
  int x=0;
  static int y=0;
  x++;
  y++;
  printf("x=%d,y=%d\n",x,y);
}
```

程序分析：

(1) x 是自动变量，每调用一次 test()函数，x 都被动态分配存储空间(调用开始时，分配空间；调用结束后，回收空间)，赋初值均为 0，这样，test()函数连续调用 3 次，输出的变量 x 的值均是 x=1。

(2) y 是静态局部变量，当第一次调用 test()函数时，系统就为变量 y 分配存储空间，并赋初值为 0，调用结束后，变量 y 的存储空间不被回收。第二次和第三次调用 test()函数时，变量 y 的值就可以被传递或继承了。这样，test()函数连续调用 3 次，输出的变量 y 的值分别是 y=1，y=2，y=3。

程序运行结果如图 3.12 所示。

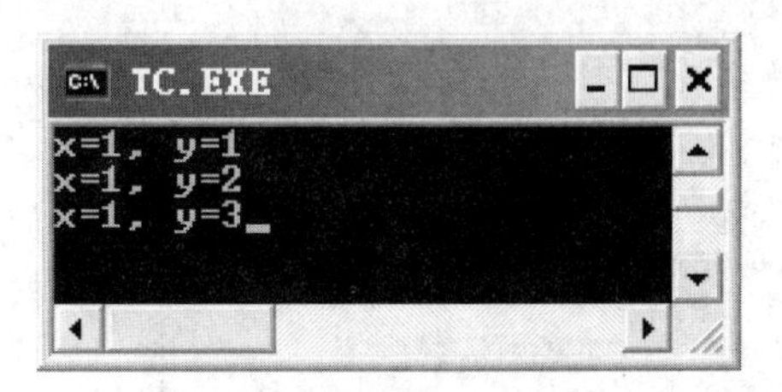


图 3.12　静态局部变量

4. 全局变量

全局变量是在函数外部任意位置上定义的变量，它的作用域是从变量定义的位置开始到整个源文件结束。

全局变量通常用于记录程序中的全局信息，是函数之间(尤其是没有调用、被调用关系的函数之间)交换数据信息的媒介。当一个全局变量定义于文件首部时，该文件中的所有函数对全局变量的操作都是有效的。如果前面的函数改变了全局变量的值，那么后面的函数引用该变量时得到的就是被改变后的值。在全局变量的使用中要特别小心，以免造成意想不到的改变。

全局变量具有静态生存期，即变量值存在于程序的整个运行期间，是一种静态变量。一切静态变量，如果在定义它的时候未进行初始化，则自动地被初始化为 0。

1) 不用 static 存储类型符定义的全局变量

如果定义全局变量时没有使用 static，则该变量具有程序作用域。即该变量不但可以被其所在的源文件中的函数访问，也可以被同一程序的其他源文件中的函数访问。在后一种情况下，如果程序的某一个源文件中的函数要访问该变量，必须在访问该变量的源文件中提前用 extern 对该变量进行说明，称为外部说明。外部说明的作用是声明该变量已在其他源文件中定义，通知编译程序不必再为它开辟存储单元。

如果全局变量和访问它的函数是在同一个文件中定义的，且全局变量定义于要访问它的函数之后，也必须在访问该变量之前用 extern 对此全局变量进行说明，这时其作用域从 extern 说明处起，延伸到该函数末尾。为了处理的方便，全局变量通常定义于文件首部，位于所有函数定义之前。

若全局变量和某一函数中的局部变量同名，则在该函数中，此全局变量被屏蔽，访问的是局部变量。

例如，分析下列程序的输出结果，注意其中同名的全局变量和局部变量。

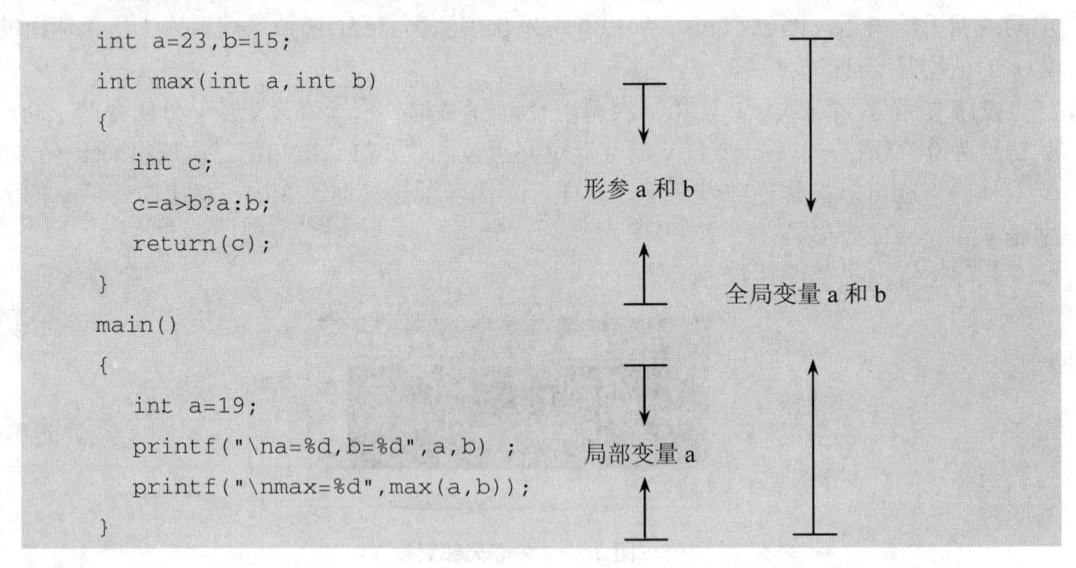
```
int a=23,b=15;
int max(int a,int b)
{
   int c;
   c=a>b?a:b;
   return(c);
}
main()
{
   int a=19;
   printf("\na=%d,b=%d",a,b) ;
   printf("\nmax=%d",max(a,b));
}
```


程序分析：

(1) 全局变量 a 和 b 是在整个源程序的开始处定义的，它们的作用域是整个程序，覆盖了 main()函数和 max()函数。

(2) max()函数中的形式参数 a 和 b 与全局变量 a 和 b 同名，在 max()函数中，形式参数 a 和 b 有效，全局变量 a 和 b 被屏蔽而不起作用。

(3) main()函数中的局部变量 a 与全局变量 a 同名，在 main()函数中，局部变量 a 有效，全局变量 a 被屏蔽而不起作用。全局变量 b 在 main()函数中可以被访问。两个 printf 输出的分别是 a=19，b=15 和 max=19。

程序运行结果如图 3.13 所示。

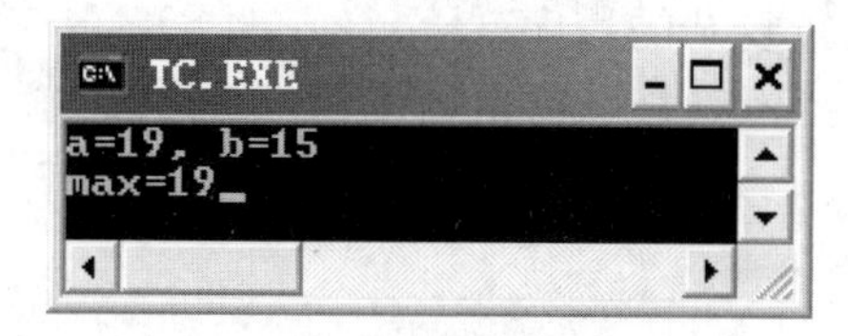


图 3.13　同名的全局变量和局部变量

变量的说明可以理解为“变量的原型”，关键字 extern 的作用是把变量的说明与变量的定义区别开来。局部变量只需定义不需说明，而不带 static 的全局变量在定义后，可以通过变量的说明扩大该变量的作用域。

全局变量的说明与全局变量的定义，比较如下：

(1) 全局变量的定义是通知编译程序在静态存储区内为该变量开辟存储单元，而全局变量的说明只是通知编译程序该变量是一个已在外部定义了的全局变量，已经分配了存储单元，不需再为它另外开辟存储单元。

(2) 全局变量的定义在一个程序中只能出现一次，而对全局变量的说明，则可以多次出现在需要的地方。全局变量的定义只能出现在所有函数的外部，而对全局变量的说明，既可以出现在函数外部，也可以出现在函数内部。

(3) 在定义全局变量时，不可以使用 extern 存储类型符，而说明全局变量时必须使用 extern 存储类型符。

(4) 全局变量的定义及其说明可以出现在同一个源文件中，也可以出现在同一个程序的不同源文件中。

2) 用 static 存储类型符定义的全局变量

如果定义全局变量时使用了 static 存储类型符，此变量可称做静态全局变量。静态全局变量具有文件作用域，静态全局变量只限于本源文件使用，不能被其他源文件使用，即只允许该变量所在的源文件中的函数访问，而不允许其他源文件中的函数访问。

## 本 章 小 结

本章着重介绍了模块化程序设计的基本思想，函数的定义、声明、调用、返回值和函数参数的传递，以及函数的嵌套调用、函数的递归调用、变量的作用域和存储类型等内容。

通过“最大公约数和最小公倍数”案例介绍了模块化程序设计的基本思想、函数的定义、函数的调用、函数的返回值、主调函数与被调函数之间的参数传递、被调函数的原型说明等；通过“验证任意偶数为两个素数之和”案例介绍了函数的嵌套调用以及如何使用 F7 或 F8 键实现单步执行等；通过“递归计算 n!的值”案例介绍了函数的递归调用方式以及如何使用 Debug 的 Call stack 项观察函数的递归调用过程等；通过“使用全局变量交换两个变量值”案例介绍了变量的作用域和生存期、局部变量和全局变量的存储类别等。

通过本章的学习，要求读者重点掌握函数的调用、函数参数的传递及静态变量，能够运用模块化程序设计的基本思想设计模块程序，灵活运用函数的基本概念、函数的嵌套调用和递归调用方式等编写比较复杂的程序。

# 习 题 3

## 一、选择题

1. 以下程序的输出结果是(　　)。

```
int f()
{
   static int i=0;
   int s=1;
   s+=i;
   i++;
   return s;
}
main()
{
   int i,a=0;
   for(i=0;i<5;i++) a+=f();
   printf("%d",a);
}
```

A. 20　　B. 24　　C. 25　　D. 15

2. 若有以下程序段：

```
void f(int n);
main(){ void f(int n);f(5);}
void f(int n){ printf("%d",n );}
```

则以下叙述中不正确的是(　　)。

A. 若只在主函数中对函数 f()进行声明，则只能在主函数中正确调用函数 f()

B. 若在主函数前面对函数 f()进行声明，则在其后的函数中都可以正确调用函数 f()

C. 对于以上程序，编译时系统会提示出错信息：对函数 f()重复声明

D. 函数 f()无返回值，因此可用 void 定义 f()的函数类型

3. 以下 func()函数的调用中实参的个数是(　　)。

```
func((exp1,exp2),(exp3,exp4,exp5));
```

A. 1　　B. 2　　C. 3　　D. 4

4. 以下程序的输出结果是(　　)。

```
int f(int,int);
main ()
{
    int i=2,p;
    p=f(i,i+1);
    printf("%d",p);
}
int f(int a,int b )
{
    int c;c=a;
    if (a>b ) c=1;
     else if(a==b ) c=0;
            else c=-1;
    return (c );
}
```

A. -1　　　　B. 0　　　　C. 1　　　　D. 2

5. 以下程序的输出结果是(　　)。

```
#include <stdio.h>
void fun(int a,int b,int c ){ c=a*b;}
main()
{
   int c;
   fun(2,3,c );
   printf("%d",c);
}
```

A. 0　　　　B. 1　　　　C. 6　　　　D. 无定值

6. 以下程序的输出结果是(　　)。

```
double f(int n )
{
    int i;
    double s;
    s=1.0;
    for(i=1 ;i<=n;i++ ) s+=1.0/i ;
    return s;
}
main()
```

```
{
    int i,m=3;double a=0.0;
    for(i=0;i<m;i++) a+=f(i);
    printf("%f",a);
}
```

A. 5.500000　　B. 3.000000　　C. 4.000000　　D. 8.250000

7. 以下程序的输出结果是(　　)。

```
main()
{
   int i=1,j=3;
   printf("%2d",i++);
   {
      int i=0;
      i+=j*2;
      printf("%2d%2d",i,j) ;
   }
   printf("%2d%2d",i,j) ;
}
```

A. 1 6 3 1 3　　B. 1 6 3 2 3　　C. 1 6 3 6 3　　D. 1 7 3 2 3

8. 以下程序的输出结果是(　　)。

```
int m=13;
int fun2 (int x,int y )
{
   int m=3;
   return (x*y-m );
}
main()
{
   int a=7,b=5;
   printf("%d",fun2(a,b)/ m) ;
}
```

A. 1　　B. 2　　C. 7　　D. 10

9. 以下程序的输出结果是(　　)。

```
int f(int n)
{
   if (n==1)
```

```
            return 1;
    else
            return f(n-1)+1;
}
main()
{
    int i,j=0;
    for(i=1;i<3;i++) j+=f(i);
    printf("%d",j);
}
```

A. 4　　B. 3　　C. 2　　D. 1

10. 以下程序的输出结果是(　　)。

```
#include <stdio.h>
long fib(int n)
{
if(n>2)
    return(fib(n-1)+fib(n-2));
else
    return(2);
}
main(){ printf("%d",fib(3));}
```

A. 2　　B. 4　　C. 6　　D. 8

11. 以下程序的输出结果是(　　)。

```
void fun(int x,int y,int z){ z=x*x+y*y;}
main()
{
     int a=31;
     fun(5,2,a);
     printf("%d",a);
}
```

A. 0　　B. 29　　C. 31　　D. 无定值

12. 以下程序的输出结果是(　　)。

```
int func(int a,int b)  { return(a+b);}
main()
{
     int x=2,y=5,z=8,r;
```

```
    r=func(func(x,y),z);
    printf("%d",r);
}
```

A. 12　　B. 13　　C. 14　　D. 15

二、填空题

1. 以下程序的输出结果是________________。

```
unsigned fun(unsigned num)
{
   unsigned k=1;
   do{
      k*=num%10;
      num/=10;
   }while (num );
   return k;
}
main ()
{
   unsigned n=35;
   printf("%d",fun (n ));
}
```

2. 以下程序的输出结果是________________。

```
int fun2(int a,int b);
int fun1(int a,int b)
{
   int c;
   a+=a;
   b+=b;
   c=fun2 (a,b );
   return c*c;
}
int fun2 (int a,int b )
{
   int c;
   c=a*b%3;
   return c;
}
main ()
```

```
{
   int x=11,y=19;
   printf("%d",fun1(x,y));
}
```

3．以下程序的输出结果是________________。

```
main()
{
   int a=3,b=2,c=1;
   c-=++b;
   b*=a+c;
   {
      int b=5,c=12;
      c/=b*2;
      a-=c;
      printf("%d,%d,%d\t",a,b,c);
      a+=--c;
   }
   printf("%d,%d,%d",a,b,c);
}
```

4．阅读以下程序，说明其功能________________________________。

```
#include <stdio.h>
int fun(int n);
main()
{
   int n,k;
   for(n=100;n<1000;n++)
      if((k=fun(n))!=0)
          printf("%d ",k);
}
int fun(int n)
{
   int i,j,k;
   i=n/100;
   j=n/10-i*10;
   k=n%10;
   if(i*100+j*10+k==i*i*i+j*j*j+k*k*k)
      return n;
```

```
    return 0;
}
```

三、判断题

1. 在C语言程序中，可以根据情况将实参和形参命名为相同的名字，这样可以节省存储单元。 (    )

2. 调用函数时，实参和形参的个数必须相同，对应参数的数据类型也必须一致。 (    )

3. 在C语言中，所有函数都能被其他函数调用，而且主调函数必须在被调函数后面。 (    )

4. 被调函数的原型说明，可以放在一个函数内部，也可以放在所有函数之外。 (    )

5. 由于函数中可以出现多个return语句，所以程序运行后可以同时有多个返回值。 (    )

6. 函数的形参属于局部变量，作用域是该函数的函数体。可见，不同的函数可以使用相同的参数名。 (    )

四、程序设计题

1. 编写函数，分别求解3个整数的最大值和最小值。

2. 在1题的基础上，编写一个函数求3个整数中最大数和最小数的差值。

3. 编写递归函数xpower(x,n)，计算$x^n$的值，其中n为非负整数。

4. 用递归法编写一个函数将一个整数n转换成若干字符显示在屏幕上。例如，将整数-123转换成字符“-123”显示。

5. 设计一个程序，将2000—3000年的闰年年号输出来。要求闰年的判断用自定义函数实现。

6. 编写函数，根据以下公式返回满足精度e要求的π的值。

```
π/2=1+1/3+1/3*2/5+1/3*2/5*3/7+1/3*2/5*3/7*4/9+ …
```

7. 计算下面表达式的前20项之和。

$$e^x = 1 + x + \frac{x^2}{2!} + \frac{x^3}{3!} + \cdots$$

8. 编写函数，用静态局部变量实现计算1~5的阶乘。

9. 编写函数，将一个正整数分解质因数。例如，输入90，将打印出90=2*3*3*5。

# 第4章 数组类型

**教学目标与要求：** 本章主要介绍基本数据类型的一维数组和二维数组的定义、初始化及其元素的引用，同时介绍字符数组的定义、初始化以及字符串的基本操作、常用的字符串处理函数，讨论数组的典型应用。通过本章的学习，要求做到：

- 掌握定义和初始化一维数组、二维数组和字符数组的方法以及引用数组元素的方法。
- 熟练掌握数组操作的基本技巧，并能灵活应用数组解决实际问题。
- 熟练掌握常用的字符串处理函数，并能灵活应用字符串处理函数实现字符串的基本操作。
- 掌握逆序存放、查找、删除、插入、排序等算法以及利用数组求素数的方法。

**教学重点与难点：** 数组名作为函数参数；逆序存放、查找、删除、插入、排序等算法以及利用数组解决实际问题的方法。

# 4.1 “筛选法求素数”案例

## 4.1.1 案例实现过程

**【案例说明】**

编写一个程序，通过数组用筛选法求 1~100 之间的所有素数。程序运行结果如图 4.1 所示。

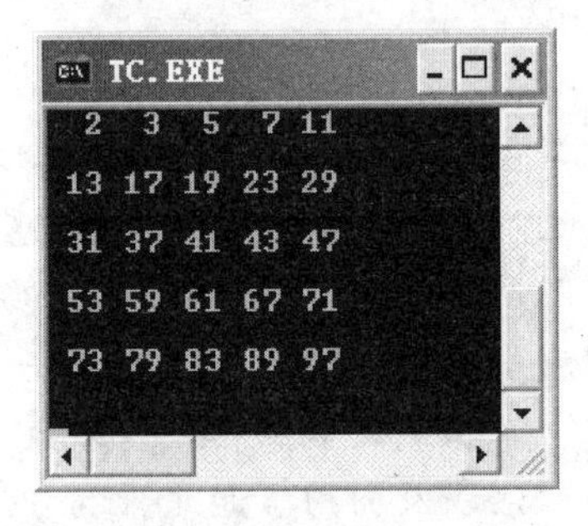


图 4.1 筛选法求素数

**【案例目的】**

(1) 熟悉一维数组的定义、初始化和输出的方法。

(2) 掌握用数组筛选素数的方法。

**【技术要点】**

筛选法求素数的基本思想是：将 1~100 之间的所有数放入筛中，首先 1 不是素数，筛除。然后从筛中余下的数中取走最小数，宣布其为素数，并在筛中去掉其倍数。一直按此规律进行，直到筛中所有的数都被取走或被去掉为止。

**【代码及分析】**

```
#include <stdio.h>
#define SIZE 100
main()
{
   int sieve[SIZE+1],prime[SIZE];  /*定义两个数组*/
   int i,j,count=0;
   sieve[0]=1;                     /*将 1 筛除*/
   for(i=1;i<SIZE;i++)             /*将 2~100 之间的所有数放入筛中*/
     sieve[i]=0;
   for(j=2;j<=SIZE;j++)
```

```
      if(sieve[j-1]==0)                  /*若筛中最小数的标志为0，则为素数*/
      {
        prime[count]=j;                  /*将素数存入素数数组prime*/
        for(i=j;i<=SIZE;i=i+j)  sieve[i-1]=1;/*将该素数及其倍数筛除*/
        count++;                                 /*素数个数加1*/
      }
    for(i=1;i<=count;i++)
      {
        printf("%3d",prime[i-1]);
        if(i%5==0)                                /*一行输出5个素数*/
          printf("\n");
    }
}
```

### 4.1.2 应用扩展

(1) 用筛选法求 1~100 之间的所有素数，案例中使用两个数组，也可以使用一个数组实现。实现方案如下：

筛选法求素数的基本思想是：将1~100之间的所有数放入筛中，首先1不是素数，筛除。然后从筛中余下的数中取走最小数，宣布其为素数，并在筛中去掉其倍数。一直按此规律进行，直到筛中所有的数都被取走或被去掉为止。

① 定义一个数组sieve，长度为101，0号单元未用。首先将1筛除，将2~100之间的所有数放入筛中。

② 顺序扫描下标为2~100的数组元素，若sieve[i]的值为1，则结束本次循环，开始下次循环；否则，将i的倍数元素置为1，但倍数元素值已经是1的元素不再赋1。

程序源代码如下：

```
#include <stdio.h>
#define SIZE 100
void fun(int sieve[],int n);
main()
{
  int sieve[SIZE+1];  /*定义一个数组，0号单元未用*/
  int i,j,n=SIZE+1,count=0;
  sieve[1]=1;           /*将1筛除*/
  for(i=2;i<n;i++)      /*将2~100之间的所有数放入筛中*/
    sieve[i]=0;
  fun(sieve,n);
  for(i=1;i<n;i++)
    {
```

```
        if(sieve[i]==0)
           {
              printf("%3d",i);
              count++;
              if(count%5==0)          /*一行输出 5 个素数*/
                 printf("\n");
           }
        }
}
void fun(int sieve[],int n)
{
   int i,j;
   for(i=1;i<n;i++)
      if(sieve[i]==1) continue;     /*跳过所有的非素数*/
      else                           /*若为素数，筛除其倍数*/
         for(j=i+i;j<n;j=j+i)        /*将素数的倍数筛除*/
               if(sieve[j]!=1) sieve[j]=1;
}
```

(2) 用一维数组求解 Fibonacci 数列的前 20 项。要求：

① 定义一个长度为 20 的整型数组 f，用来存储数列的各项。

② 初值及递推公式：f[0]=1，f[1]=1，f[n]=f[n−1]+f[n−2](n≥2)。

```
#include <stdio.h>
#define N 20                                        /*求数列前 N 项*/
main()
{
   int f[N],i;                                      /*定义数组 f*/
   f[0]=1;
   f[1]=1;
   for(i=2;i<N;i++)  f[i]=f[i-1]+f[i-2];   /*求数列的第 3~20 项*/
   printf("\n---------Fibonacci---------\n");
   for(i=0;i<N;i++)
   {
     if(i%4==0)   printf("\n\n");         /*一行输出 4 项*/
     printf("f[%-2d]=%-5d   ",i,f[i]);
   }
}
```

### 4.1.3　相关知识及注意事项

1. 一维数组的定义

数组是C语言提供的一种最简单的构造类型，是一组具有相同数据类型的数据的有序集合，其中的每个数据称为一个元素。数组元素在内存中占有连续的内存单元。

若数组中的每个元素只带有一个下标，这样的数组称为一维数组。一维数组定义的一般格式如下：

```
类型符　数组名[常量表达式];
```

说明：

(1) 类型符用来说明数组中所有元素的数据类型。类型符可以是 C 语言中任一种基本数据类型或构造数据类型标识符。

(2) 数组名为用户定义的合法 C 语言标识符。

(3) 方括号是数组的标志。其中的常量表达式用来说明数组元素的个数，也称为数组的长度，一般为整型常量表达式。

例如：

```
int array[10];
```

定义一个一维数组，类型为整型，数组名为 array，数组长度为 10。

例如：

```
#define MAX 40
float student[MAX];
```

定义一个一维数组，数组名为 student，类型为 float，数组元素个数为 40。其中的常量表达式为一个符号常量。

定义一维数组时，应注意以下几个问题：

(1) 对于同一个数组，其所有元素的数据类型都是相同的。

(2) 数组名的命名规则应符合 C 语言标识符的命名规则。同一函数中的数组名不能与其他变量同名。例如：

```
main()
{
  int array;
  float array[5];
  …
}
```

在 main()函数中，定义了一个 int 型变量 array，同时定义了一个一维 float 型数组 array，两者同名，这是不合法的。

(3) 方括号“[]”为数组的标志，不可省略。

(4) 常量表达式可以是简单的字面常量或符号常量，但不能是变量或含有变量的表达式。例如：

```
#define MAX 10
main()
{
   int a[MAX];
    …
}
```

数组 a 的长度由符号常量 MAX 来说明，这是合法的。例如：

```
main()
{
   int max=5;
   int array[max];
   …
}
```

数组 array 的长度由变量 max 来说明，这是不合法的。

(5) 数组定义和变量定义可以同时出现在一个定义语句中。例如：

```
int i=5,array[10];
```

2. 一维数组元素的引用

数组定义后才可以引用。C 语言规定，对数组的引用是通过引用单个数组元素实现的，不能将整个数组作为一个整体加以引用。

一维数组元素的引用格式如下：

```
数组名[下标]
```

下标可以是整型常量或整型变量，还可以是整型表达式。若数组长度为 len，则数组下标的取值范围为 0~len-1，0 为下限，len-1 为上限。注意下标从 0 开始计算。例如：

```
int a[2];
```

数组 a 有两个元素，可用 a[0]、a[1]来引用其元素，分别对应第一个元素和第二个元素。一个数组元素相当于一个同类型的普通变量，可以参加普通变量参加的一切运算。

在 C 语言程序的编译过程中，系统不会自动检查数组元素的下标是否越界，因此，在编写程序时保证数组下标不越界是非常重要的。若下标越界，会破坏其他存储单元中的数据或程序代码，造成程序错误、死机，甚至系统崩溃。

3. 一维数组的初始化

一旦定义数组，编译程序即为数组在内存中开辟一段连续的存储单元，其首地址由数组名标识，数组的各个元素按顺序依次存放，第 i 个元素的地址为 a+i−1。最初，这些存储单元中没有确定的值，需对其进行初始化。

在定义数组的同时，为数组元素赋值，称为数组的初始化。一维数组的初始化可以有以下几种情况：

(1) 使用初始化列表，在定义数组时对数组元素赋值。例如：

```
int a[5]={1,2,3,4,5};
```

将数组元素的初值按顺序放在一对花括号内，初值的类型必须与数组元素的类型一致，各初值之间用逗号隔开。经过上面的定义和初始化后，数组中各元素的值分别为 a[0]=1，a[1]=2，a[2]=3，a[3]=4，a[4]=5。

在指定初值时，初始化列表中的第一个初值必须赋给数组的第一个元素，即下标为 0 的元素，因此，不可能跳过前面的元素而给后面的元素赋初值。

(2) 使用初始化列表只给数组的一部分元素赋值。例如：

```
int a[5]={1,2,3};
```

数组 a 有 5 个元素，但初始化列表中只有 3 个初值，此时，只给数组 a 的前 3 个元素赋初值，后两个元素的初值为默认值 0。当初始化列表中的初值多于数组元素的个数时，编译时将出错。

(3) 可以给数组的所有元素赋相同的初值。例如：

```
int a[5]={1,1,1,1,1};
```

不可写成如下形式：

```
int a[5]={1*5};
```

(4) 如果初始化时没有指定数组长度，则默认其长度为初始化列表中初值的个数。例如：

```
int a[]={1,2,3,4,5};
```

**注意：** *若初值个数与元素个数不相同，则必须指定数组长度。*

4. 一维数组名作为函数参数

以传值方式传递参数的函数不会由于形参值的改变而影响与其对应的实参，但是，当以传值方式传递的是一个地址值(即参数被定义为指针或数组)时，虽然仍无法改变对应实参的值，但可以通过传递过来的地址间接地改变地址所标明位置处的数据。C 语言程序可以把数组名作为参数传递给函数。

由于一维数组名代表该数组的首地址，因此，将一维数组名作为函数的实参时，对应的形参可以是指针变量。

在声明一个形参数组时，可以不限定数组元素的个数。注意，即使限定了形参数组元素的个数，也没有什么意义，因为形参表中的数组实际上是指针，C 语言编译程序是不会对指针进行下标越界检查的。

实参数组和形参数组应该分别在它们所在的函数中定义。实参数组必须定义为具有确定长度的数组，而形参数组可以不限定数组元素的个数。

在函数调用时，不是把实参数组元素的值一个一个地传递给形参数组的元素，而是把实参数组的存储地址传递给形参数组，这样，形参数组和实参数组共同占用同一段内存单元，即形参数组和实参数组指的就是同一个数组。形参数组和实参数组可以共享所有的数据，但是应注意，使用形参数组时，不要超过实参数组的长度。

例如，编写函数 void sort(int a[],int n)，用选择排序法将数组元素从小到大排列。

选择排序法的基本思想是：第一遍从 a[0]开始的所有元素中选择一个最小元素放在 a[0]中，第二遍从 a[1]开始的所有元素中选择一个最小元素放在 a[1]中，依此类推，直到第 N-1 遍从 a[N-2]和 a[N-1]中选择一个最小的元素放在 a[N-2]中，a[N-1]为该数组中最大的元素，排序结束。

```
#include <stdio.h>
#define N 10
void sort(int a[],int n);
main()
{
  int a[N],i;
  printf("\ninput num : \n");
  for(i=0;i<N;i++)
    scanf("%d",&a[i]);
  sort(a,N);
  for(i=0;i<N;i++)
    printf("%d",a[i]);
}
void sort(int a[],int n)
{
  int i,j,k,t;
  printf("\noutput sorting num : \n");
  for(i=0;i<n-1;i++)
  {
     k=i;
     for(j=i+1;j<n;j++)
       if(a[j]<a[k])  k=j;
     if(k!=i)
       {t=a[k];a[k]=a[i];a[i]=t;}
  }
}
```

选择排序程序运行结果如图 4.2 所示。

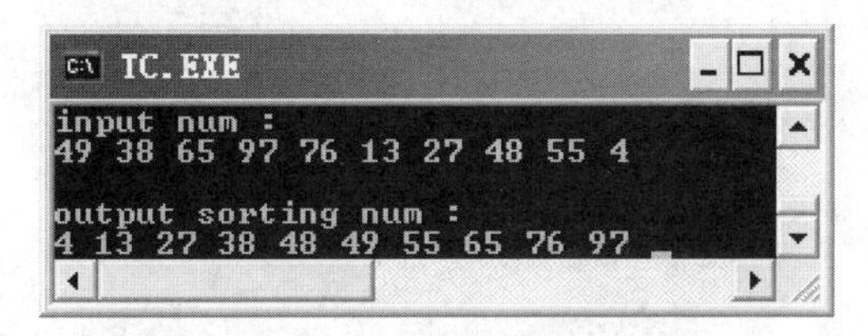


图 4.2　选择排序

## 4.2　“打印杨辉三角形”案例

### 4.2.1　案例实现过程

【案例说明】

编写程序，打印如图 4.3 所示的杨辉三角形(要求打印 6 行)。要求用二维数组实现。

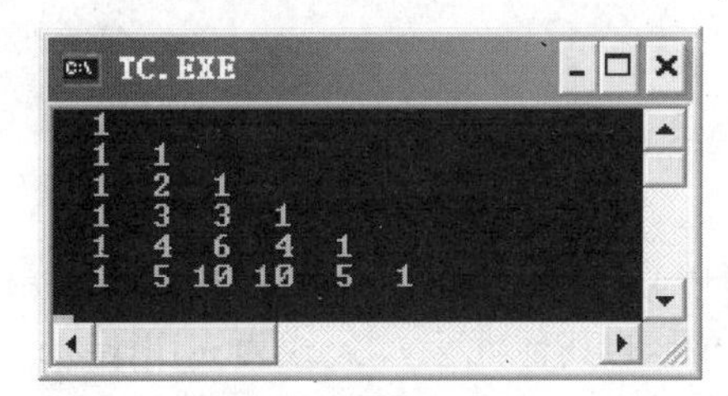


图 4.3　杨辉三角形

【案例目的】

(1) 熟悉二维数组的定义、初始化和输出的方法。
(2) 掌握杨辉三角形中数值的分布规律。

【技术要点】

N 行的杨辉三角形可以看做 N×N 方阵的下三角，各行的数值分布有如下规律：
(1) 数组的第 0 列和对角线元素均为 1。
(2) 数组其余各元素是上一行同列和上一行前一列的两个元素之和。

【代码及分析】

```
#include <stdio.h>
#define N  6
main()
{
int i,j,a[N][N];
```

```
    /*数组的第 0 列和对角线元素为 1*/
    for(i=0;i<N;i++)
    {
      a[i][i]=1;
      a[i][0]=1;
    }
    /*其余的各元素是 a[i][j]=a[i-1][j-1]+a[i-1][j]*/
    for(i=2;i<N;i++)
       for(j=1;j<i;j++)
          a[i][j]=a[i-1][j-1]+a[i-1][j];
    /*按行输出二维数组的下三角元素，即所求的杨辉三角形*/
    for(i=0;i<N;i++)
       {
         for(j=0;j<=i;j++)   printf("%3d",a[i][j]);
         printf("\n");
       }
    }
```

程序分析：

(1) 用一个 for(i=0;i<N;i++)语句将杨辉三角形第 0 列和对角线上的元素赋值为 1，用一个嵌套的 for 语句求杨辉三角形的其他元素，公式为 a[i][j]=a[i-1][j-1]+a[i-1][j]。

(2) 按行输出二维数组的下三角元素，需要用双重 for 语句实现，用外层循环控制行下标，内层循环控制列下标。注意，由于只输出二维数组的下三角元素，列下标的最大取值为 j<=i。

### 4.2.2 应用扩展

(1) 编写程序，打印 N×N 阶的螺旋方阵(顺时针方向旋进)。例如，当 N 为 5 时，5 阶螺旋方阵如图 4.4 所示。

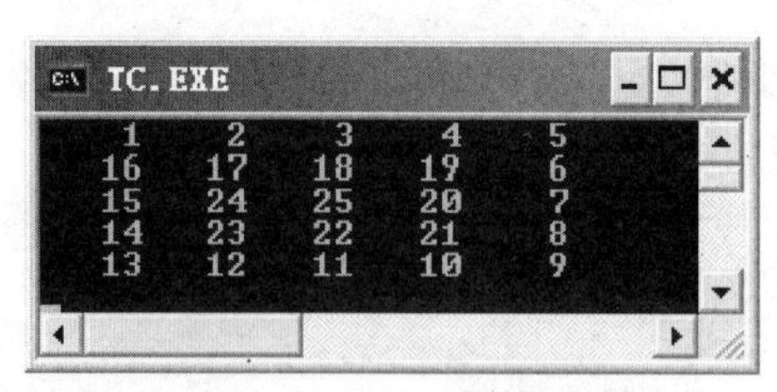


图 4.4 5 阶螺旋方阵

本题要求按顺时针方向从外向内给二维数组置螺旋方阵，可以通过嵌套的 for 语句来实现。外层的循环用来控制螺旋方阵的圈数，内层用 4 个 for 语句分别给每一圈的上行、右列、下行、左列元素赋值。程序代码如下：

```
#include <stdio.h>
#define N 5
main()
{
  int a[N][N],i=0,j=0,k=1,m=0;
  if(N%2==0)   m=N/2;                /*m 为螺旋方阵的圈数*/
  else   m=N/2+1;
  for(i=0;i<m;i++)                   /*外层的循环用来控制螺旋方阵的圈数*/
  {
     for(j=i;j<N-i;j++)              /*每一圈的上行元素赋值*/
          {     a[i][j]=k;  k++;  }
      for(j=i+1;j<N-i;j++)           /*每一圈的右列元素赋值*/
          {    a[j][N-i-1]=k; k++;  }
     for(j=N-i-2;j>=i;j--)           /*每一圈的下行元素赋值*/
          {     a[N-i-1][j]=k;  k++;}
     for(j=N-i-2;j>=i+1;j--)         /*每一圈的左列元素赋值*/
          {    a[j][i]=k;  k++;}
  }
     for(i=0;i<N;i++)                /*输出螺旋方阵*/
     {
          for(j=0;j<N;j++)   printf("%5d",a[i][j]);
          printf("\n");
     }
}
```

(2) 判断二维数组中是否存在鞍点(如果一个数组元素在该行上值最大，该列上值最小，则称此元素为鞍点)，若存在，则输出之，否则输出没有鞍点的信息。程序运行结果如图 4.5 所示。

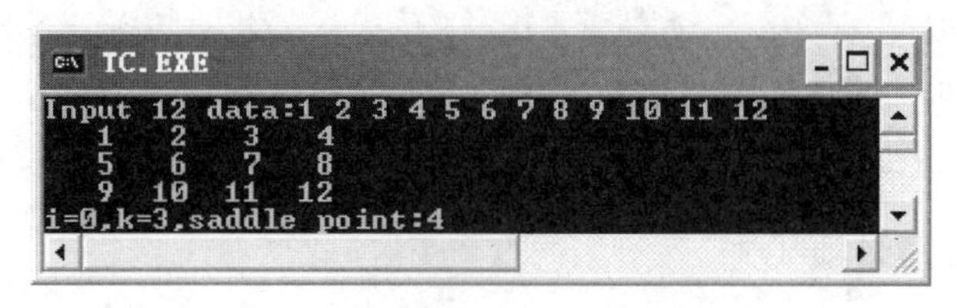


图 4.5　判断二维数组中是否存在鞍点

找鞍点的操作可以通过嵌套的 for 语句来实现，外层的 for 语句用来控制二维数组的行数，在外层循环体中需要处理如下事项：

① 找出每行中最大值所在的列下标。

② 判断该元素在本列上是否为最小。

③ 判断是否找到了鞍点，若找到，输出后退出循环。

```
#include <stdio.h>
#define N 3
#define M 4
main(){
   int a[N][M],i,j,k,flag=0;
   printf("Input %d data:",N*M);
   for(i=0;i<N;i++){
        for(j=0;j<M;j++){
             scanf("%d",&a[i][j]);
             printf("%4d",a[i][j]);
         }
        printf("\n");
     }
   for(i=0;i<N;i++){
          k=0;
          for(j=0;j<M;j++)      /*找出每行中最大值所在的列下标 k*/
               if(a[i][k]<a[i][j])  k=j;
          flag=1;
          for(j=0;j<N;j++)      /*判断该元素在本列上是否为最小*/
               if(a[i][k]>a[j][k])
                    flag=0;
          if(flag==1)  /*判断是否找到了鞍点，若找到，输出后退出循环*/
             {
               printf("i=%d,k=%d,saddle point:%d\n",i,k,a[i][k]);
               break;
             }
     }
   if(i==N)          /*判断是否找到了鞍点，若没找到，输出没有鞍点的信息*/
     printf("Not exist saddle point.\n");
}
```

### 4.2.3 相关知识及注意事项

1. 二维数组的定义

当数组元素的下标有两个或两个以上时，称该数组为多维数组。下标为两个时，称为二维数组；下标为 3 个时，称为三维数组。多维数组中使用最多的是二维数组。

定义二维数组的一般格式如下：

```
类型符  数组名[常量表达式 1][常量表达式 2];
```

说明：

(1) 类型符、数组名和常量表达式的定义同一维数组。

(2) 常量表达式 1 表示二维数组的行数，常量表达式 2 表示二维数组的列数。二维数组的长度由该数组中两个方括号内的常量表达式的乘积决定。

例如：

```
int a[3][2];
```

定义二维数组 a 为 3 行 2 列的 int 型数组，该数组共有 3×2 个元素，分别为：

```
a[0][0], a[0][1]
a[1][0], a[1][1]
a[2][0], a[2][1]
```

根据 C 语言对二维数组的定义方式，可以将其看做类型为数组的一维数组。它的每个元素为一个一维数组。例如，上面定义的数组 a 可以看做一个一维数组，它有 3 个元素 a[0]、a[1]、a[2]，每个元素又是一个包含两个 int 型元素的一维数组，如图 4.6 所示。

|  | 第 0 列 | 第 1 列 |
|---|---|---|
| 第 0 行 | a[0][0] | A[0][1] |
| 第 1 行 | a[1][0] | A[1][1] |
| 第 2 行 | a[2][0] | A[2][1] |

图 4.6　二维数组

在 C 语言中，二维数组在内存中的存放顺序是按行排列，占有一块连续的内存单元。即在内存中先存放第一行的元素，然后再存放第二行的元素，依次类推。

定义二维数组时，不能用变量定义数组的行数和列数，行数和列数必须分别用一对方括号括起来。

例如，以下定义是不正确的：

```
int a[3,2];
```

掌握了二维数组后，就可以掌握多维数组了。例如，三维数组定义如下：

```
int a[2][3][4];
```

该语句定义了一个三维 int 型数组，共包含 2×3×4 个元素。

多维数组的元素在内存中存放时，数组元素第一维的下标变化最慢，最右边的下标变化最快。

2. 二维数组元素的引用

二维数组的元素有两个下标，其引用格式为：

```
数组名[下标1][下标2]
```

其中，下标 1 和下标 2 应为整型常量或整型表达式。下标 1 的取值范围为 0~行长度-1，下标 2 的取值范围为 0~列长度-1，如 a[0][0]。

使用二维数组元素时，注意两个下标均不可越界。

3. 二维数组的初始化

二维数组的初始化可以有以下几种情况：

(1) 使用初始化列表，按行初始化二维数组。例如：

```
int a[3][2]={{1,2},{3,4},{5,6}};
```

第一个花括号内的数据依次赋给第一行的元素，第二个花括号内的数据依次赋给第二行的元素，……

(2) 将所有初值写在一个花括号内，按数组元素的排列顺序赋值。例如：

```
int a[3][2]={1,2,3,4,5,6};
```

与第一种方法结果相同，缺点是不直观。

(3) 可以对二维数组的部分元素赋初值。例如：

```
static int a[3][2]={{1},{3},{5}};
```

二维数组的第 1 列的元素被赋初值，其余元素取默认值。

(4) 使用初始化列表初始化二维数组的全部元素时，数组第一维的长度可以省略，但第二维的长度不可省略。例如，下面的两个定义是等价的：

```
int a[3][2]={{1,2},{3,4},{5,6}};
int a[][2]={1,2,3,4,5,6};
```

编译程序根据数据总个数分配存储单元，一共 6 个数据，每行两个元素，共有 3 行。

4. 二维数组名作为函数参数

可以用二数组名作为实参和形参，在被调函数中对二维形参数组定义时，其第一维可以不限定，但是第二维必须加以限定。

例如，编写函数实现矩阵转置。程序代码如下：

```
#include <stdio.h>
#define N 3
#define M 4
void fun(int a[][M],int b[][N]);        /*矩阵 a 转置为矩阵 b*/
main(){
   int i,j,temp;
   int a[N][M]={{11,12,13,14},{21,22,23,24},{31,32,33,34}},b[M][N];
   printf("---matrix  a---\n");         /*打印原矩阵 a*/
   for(i=0;i<N;i++)
   {
```

```
      for(j=0;j<M;j++)
         printf("%3d",a[i][j]);
      printf("\n\n");
   }
   fun(a,b);
   printf("---matrix a changed---\n"); /*打印转置后的矩阵 b*/
   for(i=0;i<M;i++)
   {
      for(j=0;j<N;j++)
         printf("%3d",a[i][j]);
      printf("\n\n");
   }
}
void fun(int a[][M],int b[][N])          /*矩阵 a 转置为矩阵 b*/
{
   int i,j;
   for(i=0;i<N;i++)
      for(j=0;j<M;j++)
         b[j][i]=a[i][j];
}
```

程序运行结果如图 4.7 所示。

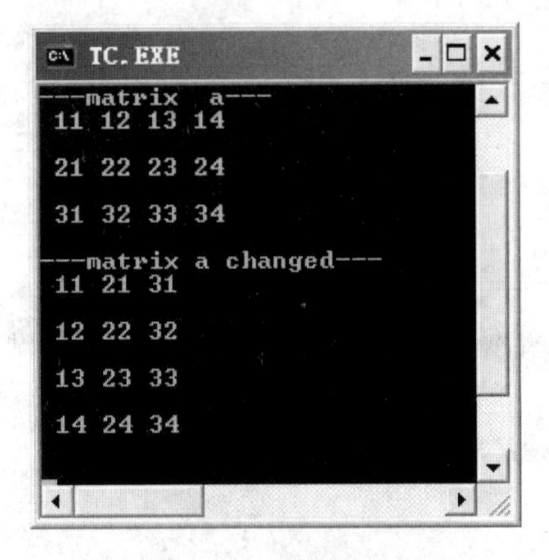


图 4.7　矩阵转置

# 4.3 “判断回文字符串”案例

## 4.3.1 案例实现过程

**【案例说明】**

设计一个函数 ispalin()，判断一个字符串是否是回文。所谓回文，即顺读和逆读都一样的字符串，如“12321”、“1221”、“madedam”。函数原型可以是：

```
int ispalin(char str[]);
```

程序运行结果如图 4.8 所示。

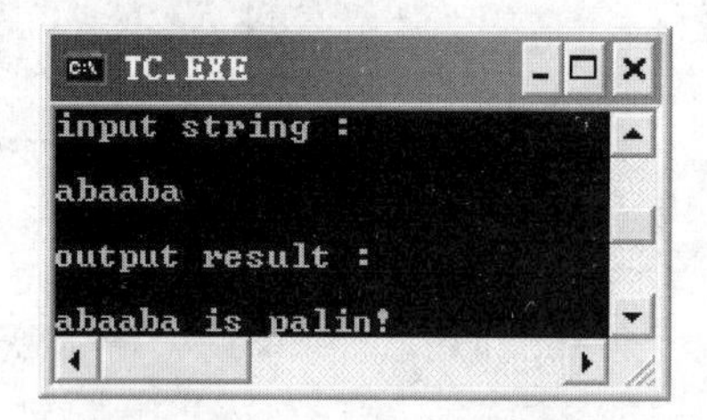


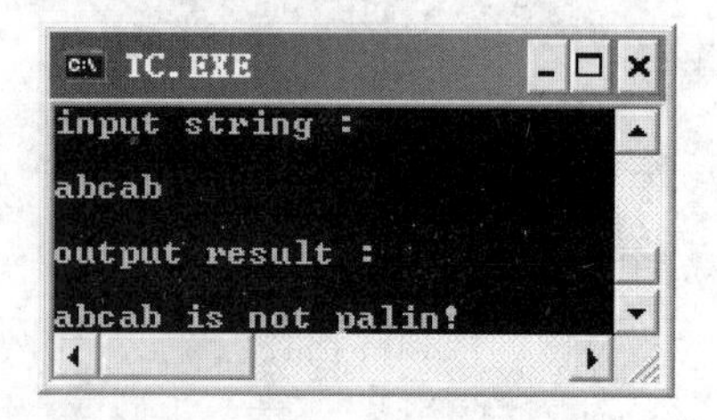


图 4.8 判断回文字符串

**【案例目的】**

(1) 学会控制字符串的输入/输出操作。

(2) 学会使用字符串的结束标志。

(3) 掌握字符串的基本运算及字符串处理函数的使用方法。

**【技术要点】**

在函数 ispalin()中定义两个 int 型变量 i 和 j，分别指向字符串 str 的首元素和尾元素。如果对应字符相等，即 str[i]==str[j]，修改 i 和 j，继续比较第二个和倒数第二个字符是否相等，……直到字符串两端的对应字符均相等，则该字符串为回文，否则，只要有一对字符不等，该字符串就不是回文。

**【代码及分析】**

```
#include <stdio.h>
#include <string.h>
int ispalin(char str[]);
main()
{
   int n;
   char str[81];
```

```
    printf("\ninput string : \n\n");
    gets(str);
    n=strlen(str);
    printf("\noutput result : \n");
    printf("\n%s : %d\n",str,ispalin(str));
}
int ispalin(char str[])
{
    int i,j;
    int n;
    n=strlen(str);
    i=0;
    j=n-1;                  /*j 指向字符串的最末一个实际字符*/
    while(i<j)
      {
        if(str[i]==str[j])   {i++;j--;}
        else
            return 0; /*出现不等的对应字符时，字符串不是回文*/
      }
      return 1;           /*循环语句正常结束时，即 i==j，字符串为回文*/
}
```

### 4.3.2　应用扩展

(1) 设计一个递归函数 ispalin()，判断一个字符串是否是回文。函数原型可以为：

```
int ispalin(char str[],int i,int j);
```

程序分析：

函数 ispalin()的功能是：判断从 str[i]开始到 str[j]结束的字符序列是否为回文，即是否左右对称，若是回文，返回 1，否则返回 0。

如果要判断的字符序列是空的或只有一个字符，这样的序列肯定是回文。如果字符序列左右两端的字符不相同，则肯定不是回文。如果字符序列左右两端的字符相同，则该序列是否为回文取决于除去两端字符后剩余部分是否为回文。

函数的递归定义表示如下：

$$\text{ispalin(str,i,j)}=\begin{cases}1 & (i>=j)\\ 0 & (i<j \text{ 且 } str[i]!=str[j])\\ \text{ispalin(str,i+1,j-1)} & (i<j \text{ 且 } str[i]==str[j])\end{cases}$$

程序源代码如下：

```
#include <stdio.h>
```

```
#include <string.h>
int ispalin(char str[],int i,int j)
{
   if(i<j)
      {
          if(str[i]!=str[j])
              return 0;
         else
              return(ispalin(str,i+1,j-1));
      }
   else
         return 1;
}
main()
{
   int n;
   char str[81];
   printf("\ninput string : \n\n");
   gets(str);
   n=strlen(str);
   printf("\noutput result : \n");
   printf("\n%s : %d\n",str,ispalin(str,0,n-1));
}
```

(2) 编写一个程序，统计一个字符串中单词的个数，单词之间用空格分隔。程序运行结果如图 4.9 所示。

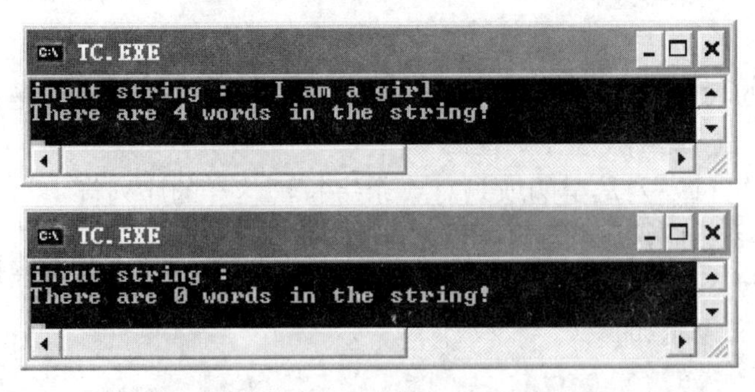


图 4.9　统计字符串中单词的个数

程序源代码如下：

```
#include <stdio.h>
main()
```

```
{
    char str[81];
    int num;                    /*num 记录单词个数*/
    printf("\ninput string : ");
    gets(str);
    num=word_num(str);
    printf("There are %d words in the string!\n",num);
}
int word_num(char str[])
{
    char c;
    int i;
    int count=0;            /*count 计数器，记录单词个数*/
    int word=0;             /*word 用来标识是否找到一个单词*/
    for(i=0;str[i]!='\0';i++)
    {
        c=str[i];
        if(c==' ')          /*没有找到单词，或在单词外部*/
            word=0;
        else if(word==0)    /*找到单词，或在单词的第一个字母处*/
        {
            word=1;
            count++;
        }
    }
    return count;
}
```

程序分析：

(1) 定义 int 型变量 count 和 word。count 为计数器，记录找到的单词个数。word 用来标识是否找到一个单词。word=0 代表没有找到单词；word=1 代表找到一个单词。

(2) 在扫描字符串时，一旦发现一个单词，则将 word 置为 1，并将计数器加 1。单词结束后，则将 word 置为 0。

### 4.3.3　相关知识及注意事项

#### 1. 字符数组的定义和初始化

字符数组是存放字符型数据的数组，字符数组的一个元素存放一个字符。字符数组的定义方法与定义其他类型数组的方法完全相同，但其类型必须为 char 型。

例如，定义一个存放 10 个字符的字符数组 c。

```
char c[10];
```

定义字符数组后，系统为它在内存中分配一段连续的存储单元，每个存储单元依次存放字符数组按下标顺序排列的各个元素。

与其他类型数组一样，可以通过下标来引用字符数组的元素。

例如：

```
c[0]='I'; c[1]=' '; c[2]='a'; c[3]='m'; c[4]=' ';
c[5]='a'; c[6]=' '; c[7]='b'; c[8]='o'; c[9]='y';
```

字符数组 c 的存储单元状态如图 4.10 所示。

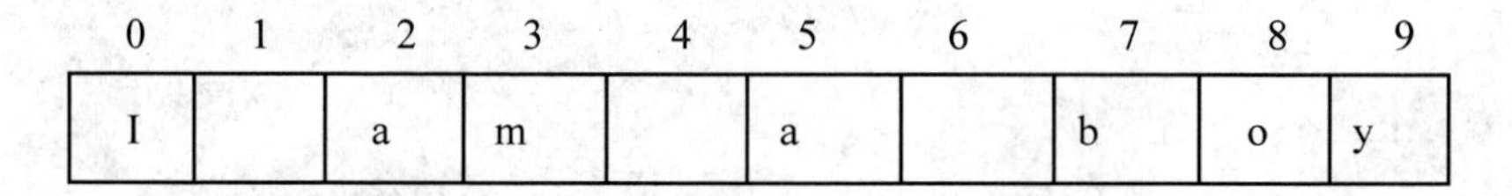

| 0 | 1 | 2 | 3 | 4 | 5 | 6 | 7 | 8 | 9 |
|---|---|---|---|---|---|---|---|---|---|
| I |  | a | m |  | a |  | b | o | y |

图 4.10　字符数组 c 的存储情况

由于字符型数据和整型数据可以通用，也可以定义为 int c[10]，此时，每个数组元素占两个字节的内存单元。字符数组同其他类型数组一样，也可定义二维数组或多维数组。

字符数组的初始化，可以有以下几种情况：

(1) 使用初始化列表给字符数组中的各元素逐个赋值。

例如：

```
char c1[10]={ 'I',' ','a','m',' ','a',' ','b','o','y' };
```

若初始化列表中的字符个数大于字符数组长度，则编译出错；若小于数组长度，则只为数组前面的元素赋值，其余元素为默认值，即空字符'\0'；若等于数组长度，定义字符数组时，其长度可省略。

(2) 直接将一个字符串常量赋给一个字符数组。

例如：

```
char c2[]={"I am a boy"};
```

**注意**：在以下定义中，数组 c1 的长度为 10，数组 c2 的长度为 11。

```
char c1[10]={ 'I',' ','a','m',' ','a',' ','b','o','y' };
char c2[]={"I am a boy"};
```

2. 字符串及其存储表示

字符串是由若干个字符组成的，其最后一个字符是字符串结束标志'\0'。在C语言中没有专门的字符串变量，通常用一个字符数组来存放一个字符串。当把一个字符串存入一个数组时，系统自动将结束符'\0'存入数组，以此作为该字符串是否结束的标志。因此，在定义字符数组存放和处理字符串时，应保证数组的长度至少比字符串的长度大 1。

有了'\0'结束标志后，在程序中就可根据'\0'来判定字符串是否结束了，此时字符数组的长度不再那么重要了，但在定义字符数组时需使数组长度始终大于字符串的实际长度。同时应注意的是，如果一个字符数组先后存放多个不同的字符串，则数组长度需大于最长的字符串的长度。

C语言允许用字符串常量对字符数组进行初始化。

例如：

```
char s[20]={ "I am a boy"};
```

可省略数组长度，写成：

```
char s[]={ "I am a boy"};
```

也可省略花括号，写成：

```
char s[]="I am a boy";
```

在用字符串常量初始化字符数组时，一般无须指定数组的长度，而由系统自行处理。此时，字符数组的长度比字符串常量多占一个字节，用于存放字符串结束标志'\0'。'\0'是由C编译程序自动加上的。

3. 字符串的输入输出函数

1) 字符串输入函数gets()

函数gets(字符串)是从键盘上输入一个字符串(以回车符结束),存入指定的字符数组中。利用该函数可以输入含有空格符的字符串。

例如：

```
char s[20];
gets(s);
```

2) 字符串输出函数puts()

函数puts(字符串)是在屏幕上输出字符串。

例如：

```
char s[]="Hello world! ";
puts(s);
```

**注意**：puts()函数输出字符串时，自动将字符串结束标志'\0'转换为换行符'\n'，即输出字符串后自动换行。

字符串的输入和输出还可以通过如下两种方法来实现。

(1) 逐个字符的输入/输出。在scanf()函数和printf()函数中，用格式符“%c”可以控制字符的输入/输出，也可以使用getchar()函数和putchar()函数控制字符的输入/输出。字符输入时在字符串的末尾加'\0'，输出时以'\0'作为输出结束标志。

(2) 字符串的整体输入/输出。在 scanf()函数和 printf()函数中，用格式符“%s”可以控制整个字符串的输入/输出。

例如：

```
char str[10];
scanf("%s",str);         /*输入字符串*/
printf("%s",str);        /*输出字符串*/
```

**注意：**

(1) 在 scanf()函数和 printf()函数中使用格式符“%s”输入/输出字符串时，使用数组名而不是数组元素名作为输入/输出项，并且在 scanf()函数中的数组名前不加“&”。

(2) 若输入字符串为“Hello World!”，但输出结果为 Hello。这是因为在 scanf 函数中用格式符“%s”输入字符串时，遇空格符、Tab、回车符则输入结束，并自动写入结束标志'\0'。字符串“Hello World!”中包括空格，输入时遇空格结束，故只输出 Hello。所以，用格式符“%s”无法输入空格符和 Tab 符。

4. 字符串处理函数

C 语言提供了一些字符串处理函数，包括字符串的输入、输出、合并、修改、比较、转换、复制、搜索。用户在设计程序时，可直接调用这些函数，以减少编程的工作量。输入/输出字符串函数包含在头文件 stdio.h 中，其他字符串函数包含在头文件 string.h 中，使用时注意在源程序中包含相应的头文件。

1) 求字符串的长度函数

strlen(字符串)计算字符串的实际长度(不含字符串结束标志'\0')，并作为函数返回值返回。例如：

```
char str[]="C language";
printf("The length of the string is %d\n",strlen(str));
```

输出结果为：

```
The length of the string is 10
```

2) 字符串复制函数 strcpy()

函数 strcpy(字符数组 1,字符串 2)是将字符串 2 复制到字符数组 1 中。字符串 2 的结束标志'\0'也一同复制。字符串 2 可以是字符串常量，也可以是字符数组名，这时相当于把一个字符串赋予一个字符数组。例如：

```
char str1[20],str2="Hello World!";
strcpy(str1,str2);
puts(str1);
```

输出结果为：

```
Hello World!
```

使用 strcpy 函数，应注意以下几个问题：

(1) 字符数组 1 应有足够的长度，以便装入所复制的字符串。

(2) C 语言不允许用下列方式将一个字符串常量或字符数组赋给一个字符数组。

```
char str1[20],str2[]="Hello World!";
str1=str2;
```

(3) 字符数组 1 必须为字符串变量，字符串 2 可为字符串常量。

(4) 可以只复制字符串中前面的若干个字符。

例如：

```
strncpy(str1,str2,3);
```

其功能是将字符串 str2 的前 3 个字符复制到字符数组 str1 中。

3) 字符串连接函数 strcat()

函数 strcat(字符数组 1,字符串 2)是把字符串 2 连接到字符数组 1 中字符串的后面，并删除字符数组 1 中字符串后的字符串结束标志'\0'。本函数有一个返回值，它是字符数组 1 的首地址。

应注意的是，字符数组 1 必须足够大，以便容纳字符串中的全部内容。例如：

```
char str1[16]="Happy";
char str2[10]="New Year! ";
strcat(str1,str2);
```

该程序段是将字符串 str2 的实际字符连接到字符串 str1 实际字符的后面，并在最后加一个'\0'，连接后新的字符串存放在 str1 中。

4) 字符串比较函数 strcmp()

函数 strcmp(字符串 1,字符串 2)是按照 ASCII 码的顺序对两个字符串自左向右逐个字符进行比较，直到遇到不相同的字符或遇到'\0'为止。若全部字符相同，则两个字符串相等；若出现不相同的字符，则以出现的第一个不相同的字符比较结果为准。该函数有一个返回值，返回比较结果。

(1) “字符串 1”＝“字符串 2”，返回值为 0。

(2) “字符串 1”>“字符串 2”，返回值为大于 0 的整数。

(3) “字符串 1”<“字符串 2”，返回值为小于 0 的整数。

本函数可用于比较两个字符串常量或字符串变量。

例如：

```
if(strcmp(str1,str2)==0) printf("equal! ");
```

**注意：** C 语言不允许使用关系运算符简单地比较两个字符串的大小。例如，下面的语句是不合法的：

```
if(str1==str2)    printf("equal");
```

5) 字符串大小写字母转换函数

函数 strlwr(字符串)是将字符串中的大写字母转换为小写字母，其余字符不变。例如：

```
char str[]="China";
printf("%s",strlwr(str));
```

输出结果为：

```
china
```

函数 strupr(字符串)是将字符串中的小写字母转换为大写字母，其余字符不变。
例如：

```
char str[]="China";
printf("%s",strupr(str));
```

输出结果为：

```
CHINA
```

下面的程序中应用了字符串处理函数。

```
#include <stdio.h>
#include <string.h>
main()
{
  char str1[20],str2[]=" new year!";
  int i;
  printf("input string1:");
  gets(str1);                       /*字符串输入函数*/
  printf("\nstr1=");
  puts(str1);                       /*字符串输出函数*/
  printf("\nstr2=");
  puts(str2);
  printf("------------------------------\n");
   i=strcmp(str1,str2);             /*字符串比较函数*/
  if(i==0)
    printf("str1=str2\n");
  else
    if(i<0)
       printf("str1<str2\n");
    else
       printf("str1>str2\n");
  printf("------------------------------\n");
```

```
    printf("strlen(str1)=%d\n",strlen(str1));          /*测字符串长度函数*/
    printf("strlen(str2)=%d\n",strlen(str2));
    printf("------------------------------\n");
    printf("strcat(str1,str2):%s\n",strcat(str1,str2)); /*字符串连接*/
    printf("------------------------------\n");
    printf("strcpy(str1,str2):%s\n",strcpy(str1,str2)); /*字符串复制*/
}
```

程序运行结果如图 4.11 所示。

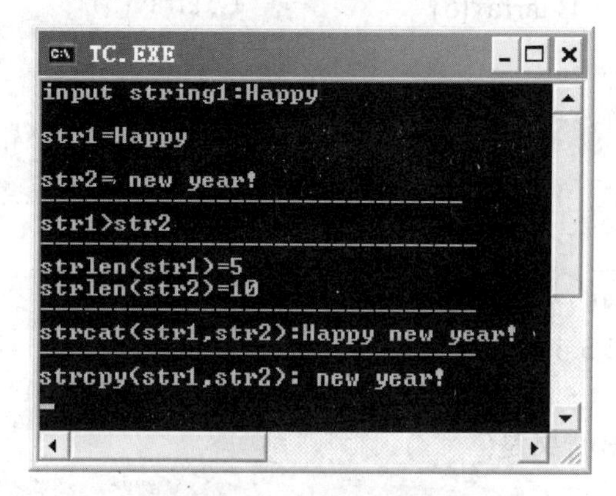


图 4.11　字符串函数

## 本 章 小 结

本章主要介绍了 C 语言的一维数组、二维数组及字符数组和字符串的相关知识。通过“筛选法求素数”案例，介绍了一维数组的定义、一维数组元素的引用、一维数组的初始化及如何使用一维数组名作为函数参数实现简单的排序问题；通过“打印杨辉三角形”案例，介绍了二维数组的定义、二维数组元素的引用、二维数组的初始化以及如何使用二维数组名作为函数参数实现矩阵转置问题；通过“判断回文字符串”案例，介绍了字符数组的定义和初始化、字符串及其存储表示、字符串的输入/输出函数、字符串处理函数等。

## 习 题 4

一、选择题

1. 设有如下定义：

```
char str[10]="china";
int length=strlen(str);
```

则 length 的值是(　　)。

A. 6　　B. 10　　C. 5　　D. 11

2. 下列数组的定义合法的是(　　)。

A. int a[]={"string"};　　B. int a[]={0,1,2,3,4};

C. char str="string";　　D. int a[2][]={{1,2},{3,4}};

3. 若有定义:

```
int array[10];
```

对数组元素的正确引用是(　　)。

A. array[10]　　B. array[5]　　C. array(5)　　D. arrray[11]

4. 有如下定义:

```
int a[][3]={1,2,3,4,5,6,7,8};
```

则数组 a 的行数为(　　)。

A. 2　　B. 3　　C. 4　　D. 不确定

5. 以下定义语句正确的是(　　)。

A. int a[1][4]={1,2,3,4,5};　　B. int a[2][]={{1,2,3},{4,5,6}};

C. int a[][]={1,2,3,4,5,6};　　D. int a[][4]={1};

6. 以下程序段的输出结果是(　　)。

```
int i;
int a[3][3]={1,2,3,4,5,6,7,8,9};
for(i=0;i<3;i++)
 printf("%d ",a[i][2-i]);
```

A. 1 5 9　　B. 1 4 7　　C. 3 5 7　　D. 3 6 9

7. 以下程序段的输出结果是(　　)。

```
char s[]="\\141\141abc\t";
printf("%d",strlen(s));
```

A. 9　　B. 12　　C. 13　　D. 14

8. 有如下程序，如果从键盘输入 ABC 后按 Enter 键，则运行结果是(　　)。

```
main()
{
   char str[10]="12345";
   gets(str);
   strcat(str,"6789");
   puts(str);
}
```

A. 12345ABC6789　　B. ABC123456789

C. ABC6789　　　　D. ABC456789

9. 有如下定义语句：

```
char str1[10],str2[20]="book";
```

能将字符串 book 赋给数组 str1 的正确语句是(　　)。

A. str1="book";　　　　B. strcpy(strl,str2);

C. str1=str2;　　　　D. strcpy(str2,strl);

10. 执行下面的程序段后，变量 k 的值为(　　)。

```
int k=3,a[2];
a[0]=k;
k=a[1]*10;
```

A. 10　　B. 33　　C. 30　　D. 不定值

11. 表达式 strcmp("box","boss")的值是一个(　　)。

A. 正数　　B. 0　　C. 负数　　D. 不确定

12. 在 C 程序中使用字符串处理函数时，在#include 命令行中包括(　　)。

A. stdio.h　　B. ctype.h　　C. string.h　　D. math.h

13. 有如下数组定义：

char str[10]="language";

则数组 str 所占的存储空间为(　　)。

A. 8 字节　　B. 9 字节　　C. 10 字节　　D. 11 字节

14. 不能把字符串“Hello!”赋给数组 b 的语句是(　　)。

A. char b[]={'H','e','l','l','o','!'};　　　　B. char b[10]="Hello!";

C. char b[10];strcpy(b,"Hello!");　　　　D. char b[10];b="Hello!";

15. 有如下定义：

```
char str[5]={ 'a','b','\0','c','\0'};
```

则语句“printf("%s",str);”的输出结果是(　　)。

A. 'a''b'　　B. ab　　C. abc　　D. ab c

16. 以下程序的输出结果是(　　)。

```
#include <stdio.h>
int f(int b[],int n)
{
  int i,r=1;
  for(i=0;i<=n;i++ ) r=r*b[i];
  return r;
}
main()
{
```

```
    int x,a[]={2,3,4,5,6,7,8,9};
    x=f(a,3 );
    printf("%d",x );
  }
```

A. 720　　B. 120　　C. 24　　D. 6

17. 以下程序的输出结果是(　　)。

```
#include <stdio.h>
char fun(char ch)
{
   if(ch>='A'&&ch<='Z') ch=ch-'A'+'a';
   return ch;
}
main()
{
   char s[]="CHINA+abc=defDEF",i=0;
   while(s[i])  {s[i]=fun(s[i]);i++;}
   printf("%s",s);
}
```

A. china+ABC=DEFdef　　B. china+abc=defdef

C. chinaABCDEFdef　　D. chinaabcdefdef

二、填空题

1. 以下程序段的输出结果是____________。

```
main()
{
  char str[30];
  strcpy(&str[0],"CH");
  strcpy(&str[1],"DEF");
  strcpy(&str[2],"ABC");
  puts(str);
}
```

2. 以下程序段的输出结果是____________。

```
main()
{
  char str[]="Happy New Year!";
  str[5]='\0';
  puts(str);
```

```
}
```

3. 以下程序段为数组的所有元素输入数据，请填空。

```
main()
{
   int a[10],i;
   i=0;
   while(i<10) ____________
}
```

4. 以下程序的功能是：将数组 str 下标值为偶数的元素从小到大排列，其他元素不变。请填空。

```
main()
{
   char temp,str[]=" hello world";
   int i,j,len;
   len=strlen(str);
   for(i=0;i <=len-2;i=i+2)
   for(j=i +2;j <=len;____________)
      if(____________)
        {
           temp=str[i];
           str[i]=str[j];
           str[j]=temp;
        }
   puts(str);
}
```

5. 以下程序的输出结果是________。

```
#include <stdio.h>
void dd();
int m[10];
main()
{
   int i;
   for(i=0;i < 10;i++ ) m[i]=i;
   dd();
   for(i=0;i < 10;i ++ )printf("%d ",m[i]);
}
```

```
void dd()
{
   int j;
   for(j=0;j < 10;j ++) m[j]=m[j] *10;
}
```

6. 当运行以下程序时，从键盘输入字符串“123456”和“abcd”，则程序段的输出结果是________。

```
#include <stdio.h>
int strlen_all (char a[],char b[])
{
   int num=0,n=0;
   while (a[num]) num++;
   while (b[n]) {a[num]=b[n];num++;n++;}
   return (num);
}
main()
{
   char str1[81],str2[81];
   gets (str1);
   gets (str2 );
   printf("%d",strlen_all (str1,str2 ));
}
```

7. 以下程序的输出结果是________。

```
#include <stdio.h>
#include "ctype.h"
void fun(char str[] )
{
   int i,j;
   for(i=0,j=0;str[i];i++ )
     if(isalpha (str[i])) str[j++]=str[i];
   str [j]='\0';
}
main()
{
    char ss[80]="It is";
    fun(ss);
    printf("%s",ss);
```

```
}
```

8. 以下程序的输出结果是________。

```
#include <stdio.h>
void fun (char a1[],char a2[],int n )
{
   int k;
   for(k=0;k < n;k++ )
   a2[k]=(a1[k]-'A'-3+26 )%26 +'A';
   a2[n]='\0';
}
main()
{
   char s1[5]="ABCD",s2[5];
   fun (s1,s2,4);
   printf("%s",s2);
}
```

9. 以下程序的输出结果是________。

```
#include <stdio.h>
#define N 5
int fun (char s[],char a,int n )
{
   int j;
   s[0]=a;
   j=n;
   while (a < s[j] ) j--;
   return j;
}
main()
{
   char s[N+1];int k;
   for(k=1;k<=N;k++ ) s[k]='A'+k+1;
   printf("%d",fun (s,'E',N ));
}
```

三、判断题

1. 若有定义“char a[10];”，则可用“a="abcdef";”给数组 a 赋值。　　(　　)

2. “int a[2][3]={{1,2},{3,4},{5,6}};”能够对二维数组 a 正确进行初始化。　　(　　)

3. 在以下定义中，数组 a 的长度和数组 b 的长度相等。 ( )

```
char a[]="1234567";
char b[]={'1','2','3','4','5','6','7'};
```

4. 数组元素能像普通变量一样使用，只不过数组元素用下标形式表示。 ( )

四、程序设计题

1. 输入单精度型一维数组 f[10]，计算并输出 f 数组中所有元素的平均值。

2. 将一个数组中的数据反顺序重新存放，例如，原来顺序为 1、2、3、4、5。要求改为 5、4、3、2、1。

3. 有一个已排好序的数组，现输入一个数，要求按原来排序的规律将它插入数组中。

4. 用冒泡法将 10 个整数从小到大排序。

5. 求一个矩阵对角线元素之和。

6. 有一个 3×4 的矩阵，求其中值最大的那个元素及其所在的行号和列号。

7. 设计一个程序，将两个字符串连接起来，实现与字符串连接函数 strcat()相同的功能，但不能使用 strcat()函数。

8. 输入一行字符，统计该行字符包含的英文字母、空格、数字和其他字符的个数。

9. 编写函数，将一个整数转换成字符串。例如，将整数 2345 转换为字符串“2345”。要求分别用非递归函数和递归函数实现。

10. 编写函数，计算二维数组中周边元素之和。

11. 一个数如果恰好等于它的因子之和，这个数就称为“完数”。例如，6=1+2+3。编写函数，找出 1 000 以内的所有完数。

12. 编写函数，输入某年某月某日，判断这一天是这一年的第几天。

13. 编号为 0，1，…，n-1 的 n 个人按顺时针方向围坐一圈，从第 0 号的人开始按顺时针方向自 1 开始顺序报数，报到 m 时停止报数。报 m 的人出列，从他在顺时针方向上的下一个人开始重新从 1 报数，如此下去，直至所有人全部出列为止。试设计一个函数，输出出列顺序。

# 第 5 章 指针类型

**教学目标与要求：**本章主要介绍指针的基本概念、定义和引用，指针的运算，使用指针访问一维数组、二维数组，使用指针处理字符串等内容。通过本章的学习，要求做到：

- 理解和掌握指针的概念，熟练掌握各种类型指针的定义和引用。
- 掌握指针的基本运算。
- 了解指针与数组的关系，能够正确使用指针访问一维数组、二维数组和字符串。
- 了解指针与函数的关系，能够正确定义和使用函数指针，并正确区分指针函数与函数指针。

**教学重点与难点：**使用指针访问一维数组、二维数组，使用指针处理字符串。

# 5.1 “使用指针参数交换两个变量值”案例

## 5.1.1 案例实现过程

**【案例说明】**

用函数实现两个变量值的交换，使其在主调函数和被调函数中的值一致。要求用指针变量作为函数参数。程序运行结果如图 5.1 所示。

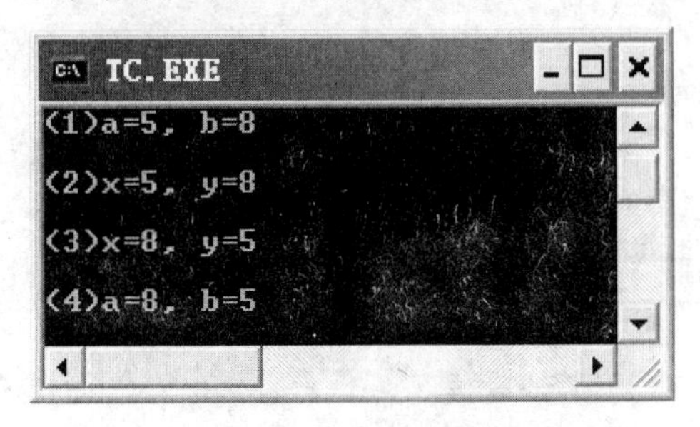


图 5.1　使用指针参数交换两个变量值

**【案例目的】**

(1) 熟悉如何定义指针变量，掌握将指针变量作为函数参数的方法。
(2) 掌握通过指针参数由被调函数向主调函数传递多个值的方法。

**【技术要点】**

由于变量的值始终存放在内存单元中，因此，要交换两个变量的值，只需交换这两个变量对应的存储单元的值即可，这就需要知道两个变量的地址。也就是说，需要保证主调函数与被调函数中所要交换的两个数的内存单元是同一内存单元，即传递的参数是内存单元的地址，而不是内存单元中的值。

**【代码及分析】**

```
#include <stdio.h>
void swap(int *x,int *y);
main()
{
    int a=5,b=8;
    printf("\n(1)a=%d,b=%d\n",a,b);
    swap(&a,&b);
    printf("\n(4)a=%d,b=%d\n\n",a,b);
}
void swap(int *x,int *y)
```

```
    {
        int t;
        printf("\n(2)x=%d,y=%d\n",*x,*y);
        t=*x;
        *x=*y;
        *y=t;
        printf("\n(3)x=%d,y=%d\n",*x,*y);
    }
```

### 5.1.2　应用扩展

函数的返回值，若通过 return 语句只能返回一个，若通过指针参数可以返回若干个。例如，编写一个函数，其功能是对传送过来的两个浮点数求出和值和差值，并通过形参传送回调用函数。

```
#include <stdio.h>
void ast(double x,double y, double *cp, double *dp);
main(){
    double a=5.6,b=8.3,cp,dp;
    ast(a,b,&cp,&dp);
    printf("\na=%f,b=%f\n\n",a,b);
    printf("\ncp=%f,dp=%f\n\n",cp,dp);
}
void ast(double x,double y, double *cp, double *dp){
    *cp=x+y;
    *dp=x-y;
}
```

### 5.1.3　相关知识及注意事项

1. 指针和地址

指针是一类特殊的变量，专门用来存放其他变量在内存中的地址。在 C 语言中，指针有多种用途，其中重要的用途如下：

(1) 指针允许以更简洁的方式引用大型的数据结构。程序中的数据结构可以任意大，但无论如何增长，数据结构总是位于计算机的内存中，从而，必然会有地址。利用指针，可以使用地址作为一个完整值的速记符号。当数据结构本身很大时，这种策略能节约大量的内存空间。

(2) 指针使程序的不同部分能共享数据。如果将某一个数据值的地址从一个函数传递给另一个函数，这两个函数就能使用同一数据。

(3) 利用指针，能在程序执行过程中预留新的内存空间。到现在为止，在程序中能使用的内存空间就是通过显式声明分配给变量的内存单元。

(4) 指针可以记录数据项之间的关系。例如，在第一个数据的内部表示中包含指向下一个数据项的指针来说明这两个数据项之间有概念上的顺序关系。

内存是计算机用于存储数据的存储器，以字节为基本单位作为存储单元，为了能正确访问内存单元，计算机为每一个内存单元进行了编号，这个编号就是该内存单元的“地址”。在 C 程序中，凡是定义的变量，在编译时系统就会给这个变量分配一个内存单元。例如，如果是 char 型变量，系统会分配 1 个字节的存储单元；如果是 int 型变量，系统会分配 2 个字节的存储单元；如果是 float 型变量，系统会分配 4 个字节的存储单元。在内存中，存储单元的编号是非负整数的顺序号，指针就是存储单元的编号。当编号为 0 时，这个指针称为“空指针”，可用 NULL 表示。

若一个变量存储于从某个起始地址开始的一个或若干个存储单元中，这个起始地址就是该变量的存储地址。例如，在图 5.2 中，字符串“ABCD”存储在地址为 2000 到地址为 2004 的 5 个存储单元中，起始地址 2000 就是字符串“ABCD”的存储地址。

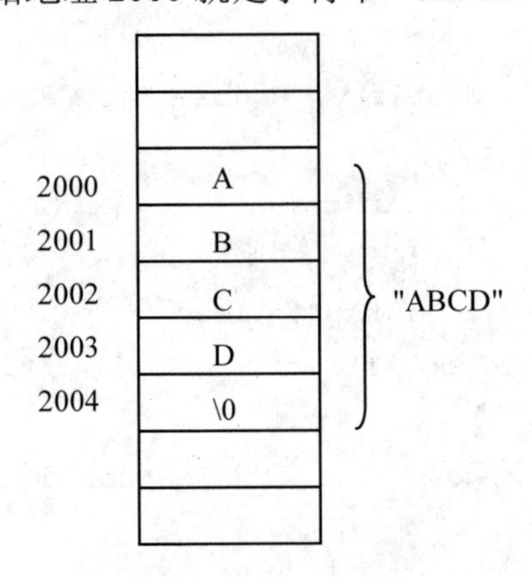


图 5.2　内存地址示意图

一般情况下，不需要关心一个数据的具体存储地址，也不必为如何进行地址操作而操心。但是，在处理某些类型的数据时，需要先计算数据的存储地址，然后再通过该地址间接地访问数据。在这种情况下，地址本身被作为数据处理的一部分，成为一种特殊的数据，可以像一般的数据那样进行赋值、加减、自增、自减等运算，还可以进行一些其他的专门针对地址的运算。

### 2. 指针变量的定义及初始化

在 C 语言中，指针被用来表示内存单元的地址，如果把这个地址用一个变量来保存，则这种变量就称为指针变量。变量的指针就是变量的地址，它是 C 语言提供的一种特殊的地址型数据。存放变量地址的变量就是指针变量，它专门存放地址型数据。

指针变量也有不同的数据类型，用来存储不同数据类型变量的地址，对应的指针变量就是该数据类型。例如，用来存储 int 型变量地址的指针变量就是 int 型指针变量，用来存储 char 型变量地址的指针变量就是 char 型指针变量等。为了方便，常把指针变量简称为指针。

在 C 语言中，指针变量同样遵循“先定义，后使用”的原则，指针变量定义的格式如下：

```
类型符 *指针变量名;
```

其中，“类型符”用来说明指针的类型，它必须是一个合法的 C 语言数据类型。“*”是一个说明符，用来说明其后的变量是一个指针变量。“指针变量名”的命名规则与一般变量名相同。

指针变量与同类型的普通变量建立联系的方法(即指针变量的赋值方式)为：

```
指针变量名=&普通变量名;
```

将一个变量的地址赋给指针变量后，该指针变量就指向了对应的变量，这时要访问该变量就可以通过对应的指针来完成。有如下定义：

```
int i=0x1234,*p=&i;
```

设变量 i 的起始地址为 1000。变量 p 用来存储变量 i 的地址，该变量的地址为 3000，p 的值为变量 i 的地址 1000。由于 p 是指针变量，并且存放变量 i 的地址，称指针变量 p 指向变量 i(&i 表示变量 i 的地址，“&”是取地址运算符)，其内存变量存储如图 5.3 所示。

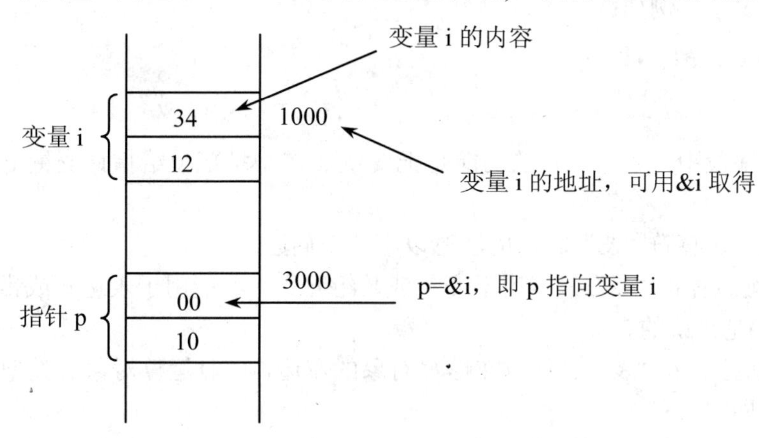


图 5.3 指针变量内存存储空间及其值的存储

**注意：** “int i=0x1234,*p=&i;”等价于“int i=0x1234,*p;p=&i;”。

在 C 语言中，还允许使用 void 类型指针(即空类型指针)，它的定义格式如下：

```
void *指针变量名;
```

例如：

```
void *p;
```

该语句定义了一个空类型指针变量 p，表示指针变量 p 不指向任何一个确定类型的数据。它的作用仅仅是用来存放一个地址，而不能指向任何非 void 类型的变量。例如，下面的程序段是不合法的：

```
int *p1,x;
void *p2=&x;
```

如果需要将表达式&x 的值放在 p2 中，应首先进行强制类型转换，使之成为(void*)类型；如果需要将 p2 赋值给 p1，也应首先进行强制类型转换。例如：

```
p2=(void *)&x;
p1=(int *)p2;
```

3. 指针变量的赋值

一个指针变量定义之后，在使用之前必须将该指针与同类型的变量建立联系，即指针必须有确定的指向。没有建立联系的指针变量(即没有被赋值)是不能使用的。

一个指针变量除了在定义的同时被赋值外，也可以在定义后通过不同的“渠道”获得一个确定的地址值，从而指向一个具体的对象。

1) 通过取地址运算符获得地址值

单目运算符“&”用来求运算对象的地址。利用取地址运算可以把一个变量的地址赋值给一个指针变量。例如：

```
int k,*q;
q=&k;
```

在上述程序段中，赋值语句的功能是把变量 k 的地址赋值给指针变量 q，即指针 q 指向变量 k。

使用取地址运算符“&”时，应注意以下几个问题：

(1) 取地址运算符“&”只能用于变量或数组元素，不能用于表达式或常量。可见，表达式 q=&(k+1)是错误的。

(2) 取地址运算符“&”必须放在运算对象的左边，而且运算对象的类型必须与指针变量的基类型相同。

(3) 取地址运算符“&”通常用于 scanf()函数。调用 scanf()函数时，如果有两个或两个以上的参数，除去第一个参数是字符串外，其余参数均为地址参数。scanf()函数把从终端读入的数据依次放入这些地址所指的存储区域中。地址参数可以是指针变量，也可以是非指针变量前加运算符“&”。

例如，对于上述的定义和赋值语句，下面两个语句的功能是等价的：

```
scanf("%d",&k);
scanf("%d",q);
```

2) 通过指针变量获得地址值

可以通过赋值运算把一个指针变量中的地址赋值给另一个指针变量，从而使得这两个指针变量指向同一地址。例如：

```
int k,*q,*p;
q=&k;
p=q;
```

在上述程序段中，指针变量 p 中也存放了变量 k 的地址，也就是说指针变量 p 和 q 都指向了变量 k。

注意：进行赋值运算时，赋值运算符两边的指针变量的基类型必须相同。

3) 通过标准函数获得地址值

可以通过调用标准函数 malloc()和 calloc()在内存中开辟动态存储区域，并把所开辟的动态存储区域的首地址赋给指针变量。如果没有足够的内存区域可供分配，两个函数均返回一个空地址 NULL。

注意：用于动态存储分配的库函数，它们的返回值是 void 类型的指针。在实际使用它们返回的地址时，一般都应先进行强制类型转换，使之指向一个确定类型的变量。

例如：

```
int *p1;
double *p2,*p3;
p1=(int *)malloc(sizeof(int));
p2=(double *)malloc(sizeof(double));
p3=(double *)calloc(1,sizeof(double));
```

分析：

(1) malloc(sizeof(int))即 malloc(2)，用来分配 2 个字节的存储区域，并返回该存储区域的地址。(int *)是将 malloc()函数返回的地址强制转换成 int*类型。

(2) (double *)malloc(sizeof(double))，即(double *)malloc(4)，用来分配 4 个字节的存储区域，并返回该存储区域的地址。其中(double *)是将 malloc()函数返回的地址强制转换成 double*类型。

(3) calloc(1,sizeof(double))等价于 malloc(sizeof(double))，用来分配 4 个字节的存储区域，并返回该存储区域的地址。

4) 给指针变量赋 NULL 值

指针变量可以有空值，即指针变量不指向任何变量。例如：

```
int *p;
p=NULL;
```

分析：

(1) NULL 是在 stdio.h 头文件中定义的符号常量，值为 0。在使用 NULL 时，应该在程序的开始处出现预处理命令行：

```
#include <stdio.h>
```

或

```
#define NULL 0
```

(2) 用“p=NULL;”表示 p 不指向任一有用单元。应注意 p 的值为 NULL 与未对 p 赋值是两个不同的概念。前者是有值的(值为 0)，不指向任何变量。后者虽未对 p 赋值但并不等于 p 无值，只是它的值是一个无法预料的值，也就是 p 可能指向一个事先未指定的单元，这种情况是很危险的。可见，在引用指针变量之前应对它进行赋值。

(3) 因为 NULL 的值为 0，所以赋值语句“p=NULL;”和“p=0;”完全等价。

**注意：** p 为空指针，即指针 p 指向地址为 0 的存储单元，该存储单元没有存放任何数据。因此，企图通过一个空指针去访问所指存储单元中的数据时将会得到一个出错信息。

4. 指针变量的引用

指针运算符“*”也称间接访问运算符，该运算符是单目运算符。指针变量被定义赋值后，可以通过指针运算符“*”对其所指向的数据进行访问，即存取指针所指向的数据。

例如，有以下定义和语句：

```
int *p,i=10,j;
p=&i;
j=*p;
*p=20;
```

程序分析：

(1) 第 2 行是将变量 i 的地址赋值给指针 p，也就是说指针变量 p 指向了变量 i。第 3 行是将 p 所指变量 i 的值(整数 10)赋值给变量 j，该语句等价于“j=i;”。第 4 行是把整数 20 存于变量 i 中。

(2) 第 1 行中的“*p”和第 3、4 行中的“*p”的含义是不同的。在定义时，p 前面的“*”只是用来说明其后的变量 p 是一个指针变量；在引用时，p 前面的“*”是一个指针运算符，“*p”表示指针 p 所指向的数据。

指针运算符“*”和地址运算符“&”可以看做一对互逆运算符。

例如，若有以下定义和语句：

```
int i=10,*p;
p=&i;
```

则表达式“&*p”的含义为：由于运算符“*”和“&”的优先级别相同，且按自右向左的方向结合，因此，先进行“*p”的运算，它就是变量 i，再进行“&”运算。“&*p”与“&i”相同，即变量 i 的地址也就是变量 p。另外，表达式“*&i”的含义为：先进行“&i”的运算，得到 i 的地址，再进行“*”运算，即 p 所指向的变量也就是变量 i。

例如，下面的程序是一个非法使用指针的程序。

```
#include <stdio.h>
```

```
main(){
    int a=1,*p;
    float *q;
    *p=5;
    q=&a;
    printf ("\n%x,%d,%f",p,*p,*q);
}
```

程序分析：

(1) 程序中的指针变量 p 定义后没有被赋值，p 没有确定的指向。可见，p 中的值是不确定的。由程序的运行结果可以看出，p 中存放的值为 5c7(十六进制)，这说明 p 指向地址为 5c7 的存储单元。假如该存储单元中正好存放有内存中的有用数据，则语句“*p=5;”执行后，用 5 覆盖该存储单元中的原有值，将导致错误，有时可能会产生严重后果。

(2) 由于变量 a 是 int 类型，而指针变量 q 只能指向 double 类型的变量，因此，语句“q=&a;”是错误的。以“%f”格式输出“*q”的值，输出结果与 a 的值不相同。

(3) 编译该程序时，有 4 个错误警告。其中 3 个错误是由于 p 没有确定的指向造成的，而另一个错误是因 q 指向类型不一致的变量引起的。

程序运行结果如图 5.4 所示。

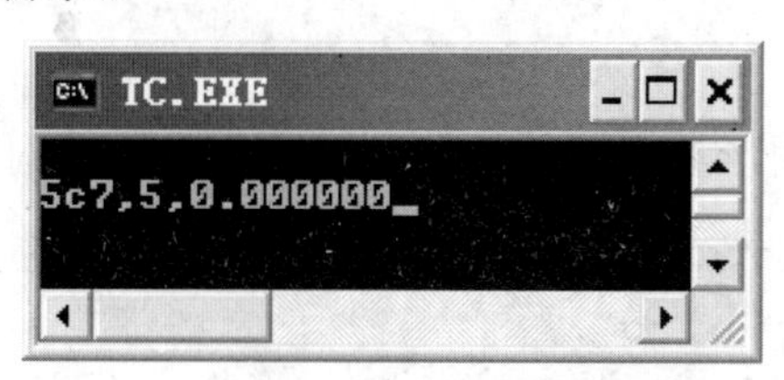


图 5.4　非法使用指针

5. 指针作为函数参数

“传值”是 C 函数传递参数的基本方式，对于指针参数也不例外。也就是说，即使改变了形参指针变量的值，使之指向另外的目标，对应的实参指针变量仍然指向原来的目标，不会有任何改动。但是，函数要处理的对象通常并不是作为参数的指针本身，而是指针所指向的数据。通过形参指针可以访问实参指针所指向的数据，显然，指针参数的传递就是把实参指针所指向的数据间接地传递给被调用的函数。数组参数就是指针参数的一种。由此可见，在向被调用函数传递数据时，除了可以采用“传值”这种直接传送方式外，还可以采用“传指针”这种间接传送方式。在后一种情况下，函数要处理的不是指针本身，而是指针所指向的数据。

通过指针参数的传递，形参指针和实参指针指向同一数据，显然，通过形参指针就可以改动实参指针所指向的数据，这是很多函数利用指针参数的重要目的。例如：

```
void fun(int x,int y,int *cp,int *dp)
{
    *cp=x+y;
```

```
    *dp=x-y;
}
```

该函数是把参数 x 和 y 的和存放在指针 cp 所指向的变量中，把参数 x 和 y 的差存放在指针 dp 所指向的变量中。在 main()函数中，可按如下方式调用 fun()函数。例如：

```
main(){
   int a=53,b=21,c,d;
   fun(a,b,&c,&d);
   printf("\nc=%d,d=%d",c,d);
}
```

程序的运行结果如下：

```
c=74,d=32
```

**注意：**

(1) 并不是每种类型的数据在作为参数传递时都有直接传送(传值)和间接传送(传指针)两种方式，数组以及作为特殊数组的字符串只能通过指针这种间接的方式传送。

(2) 用多个指针作为函数参数，可以在调用一个函数时得到多个由被调函数改变了的数据。

例如，下面的程序说明形参指针值的改变并不影响与其对应的实参指针值。

```
#include <stdio.h>
void display(char *q);
main()
{
   char *p="C language";
   display(p);
   printf("%s\n",p);
}
void display(char *q)
{
   char s[]="Happy New Year";
   printf("%s\n",q);
   q=s;
   printf("%s\n",q);
}
```

程序分析：

在 display()函数中，形参指针 q 被重新赋值，指向字符串“Happy New Year”，但函数调用结束后，与其对应的实参 p 的值并未改变，仍然指向字符串“C language”。也就是说，当指针作为函数参数时，形参指针值的改变并不影响与其对应的实参指针的值。

程序运行结果如图 5.5 所示。

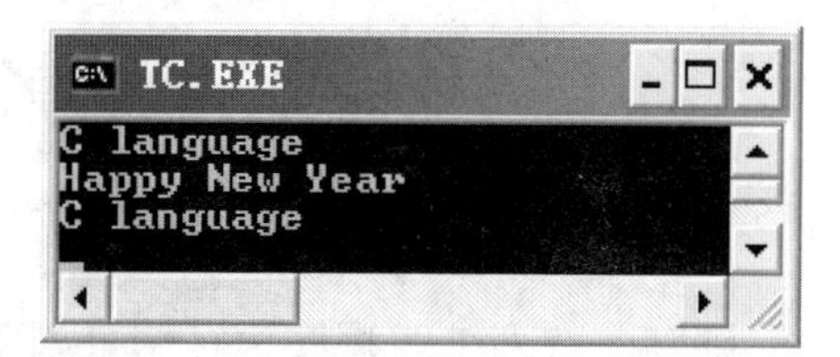


图 5.5　形参指针不影响实参指针

例如，下面的程序用以测试形参指针所指数据的改变对实参指针所指数据的影响。

```
void change(int x,int *p);
main()
{
   int x=100,y=100;
   int *py=&y;
   printf("x=%d,y=%d \n",x,y);
   change(x,py);
   printf("x=%d,y=%d \n",x,y);
}
void change(int x,int *p)
{
   x=50;
   *p=50;
}
```

程序分析：

在 change()函数中，形参整型变量 x 值的改变不影响与其对应的实参变量 x 的值；形参指针 p 所指数据的改变将直接影响到实参指针 py 所指的数据，即直接影响到整型变量 y 中的值。

程序运行结果如图 5.6 所示。

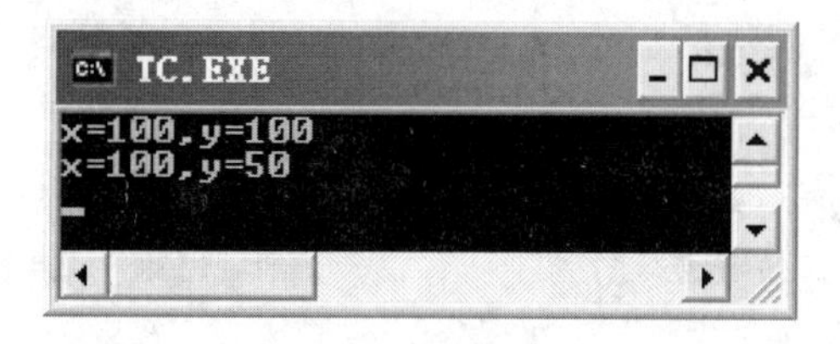


图 5.6　实参指针所指数据的影响

## 5.2 “有序数列的插入”案例

### 5.2.1 案例实现过程

【案例说明】

用指针法编程插入一个数到有序数列中。程序运行结果如图 5.7 所示。

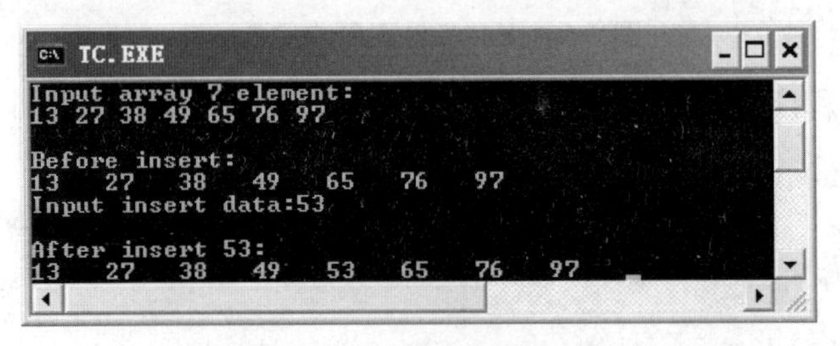


图 5.7 有序数列的插入

【案例目的】

(1) 熟悉如何定义指针变量，掌握将指针变量指向一维数组元素的方法。
(2) 掌握如何在一个有序的数列中查找合适的位置。
(3) 掌握如何将一个数插入到一个有序数列中。

【技术要点】

(1) 有序数组中插入一个数的关键是找到该数据插入的位置，然后将插入位置及其后的所有元素均后移一位，在空出的位置放入待插入的数据。例如，在 13、27、38、49、65、76、97 这列有序数据中插入 53 这个数，成为新的有序数列 13、27、38、49、53、65、76、97。

(2) 定义数组时必须多开辟一个存储单元，用于存放待插入的数据。

【代码及分析】

```
#include <stdio.h>
#include <conio.h>
#define SIZE 20
int findposition(int array[],int n,int data);
int insert(int array[],int n,int data,int pos);
void main()
{
    int a[SIZE],d,n,*p;
    clrscr();
    printf("Input array length:");
```

```
    scanf("%d",&n);
    printf("\nInput array %d element:\n",n);
    for(p=a;p<a+n;p++)   scanf("%d",p);
    printf("\nBefore insert:\n");
    for(p=a;p<a+n;p++)   printf("%d\t",*p);
    printf("\nInput insert data:");
    scanf("%d",&d);
    n=insert(a,n,d,findposition(a,n,d));/*插入一个数到有序数组中*/
    printf("\nAfter insert %d:\n",d);
    for(p=a;p<a+n;p++)   printf("%d\t",*p);
}
int findposition(int *p,int n,int data)
                                  /*查找 data 数据在 p 所指向的数组中的插入位置*/
{
    int i;
    for(i=0;(i<n)&&(data>*p);i++,p++);/*for 语句的循环体为空语句*/
    return(i);                           /*返回插入位置*/
}
int insert(int *p,int n,int data,int pos)
                                  /*在 p 所指向的数组的 pos 位置插入 data 数据*/
{
    int i;
    for(i=n-1;i>=pos;i--)
        *(p+i+1)=*(p+i);               /*将要插入位置及其以后的元素后移一位*/
    *(p+pos)=data;                     /*将 data 数据插入到 pos 的位置*/
    return(n+1);                       /*返回数组的长度*/
}
```

在 main()函数中，insert()函数的参数指针变量可以用数组名，也可以将数组名赋给一个指针变量，然后把指针变量作为函数参数。

### 5.2.2 应用扩展

(1) 用下标法编程，实现插入一个数到有序数组中。

```
#include <stdio.h>
#include <conio.h>
#define SIZE 20
int findposition(int array[],int n,int data);
int insert(int array[],int n,int data,int pos);
void main()
```

```
{
    int a[SIZE],d,i,n;
    clrscr();
    printf("Input array length:");
    scanf("%d",&n);
    printf("\nInput array %d element:\n",n);
    for(i=0;i<n;i++)
       scanf("%d",&a[i]);
    printf("\nBefore insert:\n");
    for(i=0;i<n;i++)
       printf("%d\t",a[i]);
    printf("\nInput insert data:");
    scanf("%d",&d);
    n=insert(a,n,d,findposition(a,n,d));
    printf("\nAfter insert %d:\n",d);
    for(i=0;i<n;i++)
       printf("%d\t",a[i]);
}
int findposition(int array[],int n,int data)
{
    int i;
    for(i=0;(i<n)&&(data>array[i]);i++);
    return(i);
}
int insert(int array[],int n,int data,int pos)
{
    int i;
    for(i=n-1;i>=pos;i--)
       array[i+1]=array[i];
    array[pos]=data;
    return(n+1);
}
```

(2) 若有两个已按升序排列的数列 a 和数列 b，现将这两个数列合并插入到数列 c 中，插入后的 c 数列仍按升序排列，要求通过指针完成。

### 5.2.3 相关知识及注意事项

1. 指针变量的运算

当指针指向一串连续的存储单元时，可以对指针变量进行加上或减去一个整数的运算，也可以对指向一串连续存储单元的两个指针进行相减运算。除此之外，不可以对指针进行任何其他的算术运算。

1) 指针变量加减一个整数的算术运算

在C语言中，只有4种可以用于指针变量的算术运算符：++、--、+、-。

(1) 指针进行自增或自减运算时是将指针指向下一个或前一个同类型的数据，即指针向后或向前移动一个基类型数据的存储空间。

例如，分析以下程序段的输出结果，注意其中的指针变量的自增运算和自减运算。

```
int a[10],*p;
p=&a[0];        /*指针p指向数组a的元素a[0]*/
printf("%x",p++);
printf("%x",p);
printf("%x",++p);
printf("%x",p);
```

在程序段中，通过 4 个 printf()函数调用语句输出不同的指针 p。设指针 p 的初值为1000(十六进制数)，则第一个语句输出 1000 后，指针 p 的值变为 1002；第 2 个语句输出1002；第3个语句执行时，指针p的值先变为1004，然后输出1004；第4个语句输出1004。

当指针的类型是字符类型时，自增运算或自减运算看上去更像“常规”的数学运算，因为字符的长度是一个字节。然而，其他类型的指针都是以指针基类型的大小为单位来进行自增或自减运算的。

(2) 除了可以对指针进行自增或自减运算之外，还可以将指针与一个整数做加、减运算。

C语言规定，一个指针变量加、减一个整数并不是将指针变量的原值加、减一个整数，而是将指针变量的原值(是一个地址)和所指向变量所占用的内存单元字节数的整数倍相加、减，即指针加、减一个整数时，指针值(地址值)所跨越的字节数，除了与加减的整数n有关外，还与指针的基类型有关。假定指针的基类型是 type，加、减的整数为 n，则地址值实际增加或减少 n*sizeof(type)个字节。

例如，分析以下程序段的输出结果，注意其中的指针加、减一个整数的运算。

```
int a[10],*p;
p=&a[0];        /*指针p指向数组a的元素a[0]*/
printf("%x",p+2);
printf("%x",p);
printf("%x",p+=2);
printf("%x",p);
```

在程序段中，通过 4 个 printf()函数调用语句输出不同的指针值。设指针 p 的初值为1000(十六进制数)，则第1个语句输出1004后，指针p的值为1000；第2个语句输出1000；第3个语句执行时，指针p的值先变为1004，然后输出1004；第4个语句输出1004。

**注意**：比较第1个输出语句和第3个输出语句的不同点。

2) 两个指针变量之间的算术运算

如果两个指针变量指向同一个数组的元素，则两个指针变量值之差是两个指针之间的元素数目。

例如，编写一个程序，通过两个指针相减求字符串的长度。

```
int mystrlen(char str[]);
main()
{
  int n;
  n=mystrlen("happy new year");
  printf("%d",n);
}
int mystrlen(char str[])
{
  int i=0;
  char *p1,*p2;
  p1=&str[0];
  p2=&str[0];
  while(*p2!='\0')  p2++;
  return (p2-p1);
}
```

程序的运行结果为 14。在 mystrlen()数中，字符指针 p1 指向字符串 str 的首字符，即元素 str[0]；字符指针 p2 指向字符串 str 的结束标志字符，即'\0'；表达式 p2-p1 的值为字符串 str 实际字符(不含标识字符'\0')的个数。

两个指针相减，一般只有高地址指针减低地址指针才有意义。应注意，指针相减运算不能用于指向函数的指针。

3) 两个指针变量之间的关系运算

利用 C 语言的 6 种关系运算符，可以对两个指针进行大小(地址值高低)比较。两个指向同一数组中的元素的指针的关系运算是比较它们的地址大小。两个指针相等表明它们指向同一个数组元素。

4) 判断一个指针是否是空指针

如果一个指针是空指针，利用该指针进行数据的访问就毫无意义了。因此，常常需要先检查指针是否为空，再确定能否进行数据的间接访问。

下面两个判断完全等价，表示的都是“如果 p 是空指针，则……”。

```
if(p==NULL) …
if(!p)…
```

反之，下面等价的两个判断表示的则是“如果 p 不是空指针，则……”。

```
if(p!=NULL)…
if(p)…
```

另外，除了 if 语句，在 switch 语句、循环语句以及条件表达式中均可对指针是否为空进行判断。

2. 指针与一维数组

在 C 语言中，一维数组的数组名实际上就是指向该数组下标为 0 的元素的指针。

例如，若有如下定义：

```
int a[5];
```

其中，数组名 a 的类型是“int *”，并且指向数组元素 a[0]，即 a 中存放的地址为“&a[0]”。可见，用“*a”可以访问元素 a[0]。当然，以这种方式不仅可以访问数组元素 a[0]，还可以访问数组的其他元素。例如，用“*(a+1)”可访问 a[1]，用“*(a+2)”可访问 a[2]，…，用“*(a+9)”可访问 a[9]。

一般地说，用“*(a+i)”可访问 a[i]，“*(a+i)”和 a[i]完全等价。其中，通过 a[i]访问数组元素的方式称为下标法，通过“*(a+i)”访问数组元素的方式称为指针法。

1) 指向一维数组元素的指针变量

指向一维数组元素的任何指针都可以像一维数组名那样使用。定义一个指向数组元素的指针变量的方法与前面介绍的指向变量的指针变量相同。例如：

```
int a[5]={1,2,3,4,5};
int *p;
p=&a[0];
```

**注意：** 如果数组为 int 类型，则指针变量的基类型也应为 int 类型。把 a[0]元素的地址赋给指针变量 p，也就是使指针 p 指向 a 数组的 0 号元素。

在定义指向数组元素的指针变量时可以对它赋予初值。例如：

```
int *p=&a[0];
```

它等效于下面的两行：

```
int *p;
p=&a[0];
```

当然，定义时也可以写成：

```
int *p=a;
```

它的作用是将 a 数组的首元素(即 a[0])的地址赋给指针变量 p(而不是赋给“*p”)。

数组 a 的元素与数组名 a 或指针 p 的关系如图 5.8 所示。图中右边一列给出了数组 a 的元素；左边一列给出了数组 a 的元素的相应地址。

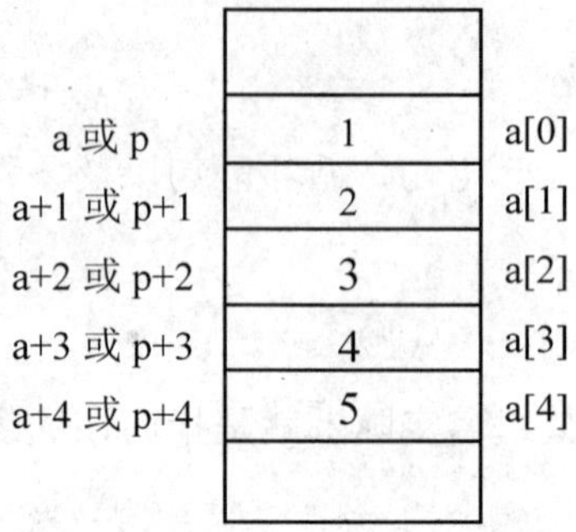

| 地址 | 值 | 元素 |
|---|---|---|
| | | |
| a 或 p | 1 | a[0] |
| a+1 或 p+1 | 2 | a[1] |
| a+2 或 p+2 | 3 | a[2] |
| a+3 或 p+3 | 4 | a[3] |
| a+4 或 p+4 | 5 | a[4] |
| | | |

图 5.8　一维数组元素与地址

**注意:** 在 C 语言中，除形参数组外，其他数组的数组名是指针常量而不是指针变量，不能改变它们的值。

例如，下面的程序以 6 种不同的方法输出数组 a 的所有元素，注意比较其中访问数组元素的不同方式。

```
main()
{
   int i,*p;
   int a[5]={1,3,5,7,9};
   printf ("output(1): ");
   for(i=0;i<5;i++)    printf ("%d ",a[i]);
   printf ("\n");
   printf ("output(2): ");
   for(i=0;i<5;i++)    printf ("%d ",*(a+i));
   printf ("\n");
   printf ("output(3): ");
   p=a;
   for(i=0;i<5;i++)    printf ("%d ",*(p+i));
   printf ("\n");
   printf ("output(4): ");
   p=a;
   for(i=0;i<5;i++)    printf ("%d ",p[i]);
   printf ("\n");
   printf ("output(5): ");
   p=a;
   for(i=0;i<5;i++)    { printf ("%d ",*p); p++;}
   printf ("\n");
   printf ("output(6): ");
   for(p=a;p<a+5;p++)  printf ("%d ",*p);
```

```
    printf ("\n");
}
```

程序分析：

(1) a 是一维数组的数组名，它是一个指针常量，不能给数组名 a 重新赋地址值。

(2) p 是指向 a 数组首元素的指针变量，p 的值可以被改变，例如，表达式“p++”是合法的。

(3) 程序中的第 5 个 for 语句可以进一步简化为“for(i=0;i<5;i++)　printf ("%d ",*p++);”。

2) 指向一维数组元素的指针运算

在使用指针变量指向数组元素时，一方面应切实保证指针变量指向数组中的有效元素，另一方面还应注意指针变量的运算规则。

(1) *p++。由于“++”和“*”的运算级别相同，结合方向为自右而左，它等价于“*(p++)”。作用是先得到 p 指向的元素值，然后再使 p 指向下一个元素。

(2) *(p++)和*(++p)的作用不同。前者是先取“*p”的值，然后再使 p 加 1；后者是先使 p 加 1，然后再取“*p”的值。

(3) (*p)++表示 p 所指向的元素值加 1。

例如，分析以下程序段的输出结果，注意其中指针变量的运算。

```
int a[5]={10,20,30,40,50},*p;
p=&a[1];        /*指针 p 指向数组 a 的元素 a[1]*/
*p++;           /*指针 p 指向数组 a 的元素 a[2]*/
printf("%d",*p);
p=&a[1];        /*指针 p 指向数组 a 的元素 a[1]*/
printf("%d",*(++p));
p=&a[1];        /*指针 p 指向数组 a 的元素 a[1]*/
printf("%d",++*p);
```

在程序段中，第 1 个语句输出 30；第 2 个语句输出 30；第 3 个语句输出 21。

## 5.3　“两个字符串首尾连接”案例

### 5.3.1　案例实现过程

**【案例说明】**

编写程序，将两个字符串首尾连接起来。要求用字符指针变量处理。程序运行结果如图 5.9 所示。

**【案例目的】**

(1) 学会定义基类型为字符型的指针变量，并将指针变量指向串首的操作。

(2) 掌握通过指针判断字符串结束的方法。
(3) 掌握两个字符串首尾连接的基本操作。

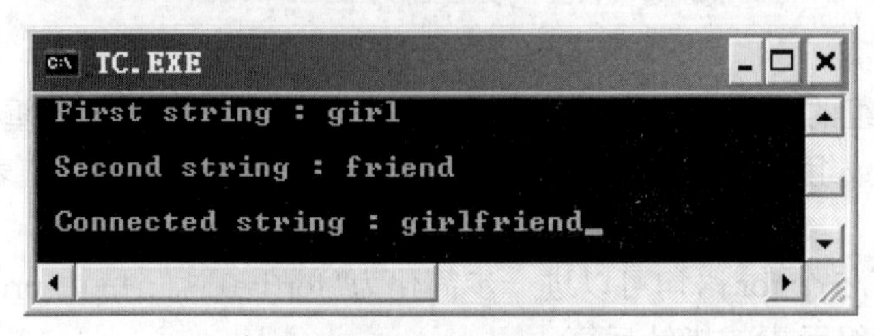


图 5.9　两个字符串首尾连接

**【技术要点】**

(1) 定义指针变量 p 和 q，将指针 p 指向 str1 串串首，将指针 q 指向 str2 串串首。注意，存放 str1 串的数组要足够大，要能够存放链接后的字符串。

(2) 通过指针 p 找到 str1 字符串串尾。

(3) 将指针 q 所指字符串接到 p 所指字符串之后。

(4) 将指针 p 所指字符串赋串结束标志。

**【代码及分析】**

```
void mystrcat(char *str1,char *str2);
main()
{
   char str1[80],str2[20];
   printf("\n First string : ");
   gets(str1);
   printf("\n Second string : ");
   gets(str2);
   mystrcat(str1,str2);          /*连接两个字符串*/
   printf("\n Connected string : %s",str1);
}
void mystrcat(char str1[],char str2[])
{
   char *p,*q;
   p=str1;
   q=str2;
   for(;*p!='\0';p++); /*移动指针变量 p，使其指向字符串 str1 的结束字符*/
   do{
      *p++=*q++;
   }while(*q!='\0');    /*将 q 所指字符串连接到 p 所指字符串之后*/
```

```
    *p='\0';                /*为 p 所指字符串赋串结束标志*/
}
```

### 5.3.2　应用扩展

(1) 编写程序，比较两个字符串的大小。

(2) 编写程序，将输入的字符串复制到另一个数组中。

(3) 设有两个字符串 str1 和 str2，要求将字符串 str1 和 str2 中对应字符中的较小者存放在数组 str3 的对应位置上。例如，字符串 str1 和 str2 分别为“boy”和“girl”，则 str3 中的字符串为“bir”。

### 5.3.3　相关知识及注意事项

1. 定义字符指针并使其指向一个字符串

C 语言是用字符型数组作为字符串的存储空间的。由于数组名就是指针，因此，更一般地说，任何指向字符串首字符的指针都可以代表存储于该处的字符串。

存取一个字符串，可以定义一个字符型数组，也可以定义一个字符型指针，并通过字符指针来访问字符串中的字符。

(1) 直接将一个字符串常量赋给一个字符指针，实际上是把字符串常量首字符的地址赋给字符指针。例如：

```
char  *p="abcd",*q;
q="efg";
```

其中，p 和 q 都是字符指针，指针 p 在定义的同时初始化，指针 q 是先定义后赋值。p 为字符串“abcd”首字符'a'的地址，q 为字符串“efg”首字符'e'的地址。

(2) 先将一个字符串存放在字符数组中，再将字符数组名赋给字符指针。例如：

```
char str[]="form",*p;
p=str;
```

其中，语句“p=str;”是把存放字符串的字符数组 str 的首地址赋给字符指针 p，使 p 指向字符串“form”的首字符'f'。

2. 通过字符指针输入/输出一个字符串

C 语言提供了进行整个字符串输入/输出的格式说明“%s”以及专门的字符串输入/输出函数。

当对字符串进行输入时，输入项可以是字符数组，也可以是字符指针。当用字符数组作为输入项时，输入的字符串存放在字符数组中，可见，字符数组应有足够的存储空间。当用字符指针作为输入项时，字符指针必须已经指向确切的、足够大的存储空间，以便使输入的字符串能存放在其所指的具体的内存单元中。

输入一个字符串，可以有如下两种格式：

```
scanf("%s",str);
gets(str);
```

说明：

(1) str 是字符串输入的起始地址。str 可以是字符数组名、字符指针或字符数组元素的地址。

(2) 调用 scanf()函数和 gets()函数时都可以从键盘读入一个字符串，直到读入一个换行符为止。

**注意：** 通过 scanf()函数只能输入一个没有空格的字符串，而通过 gets()函数可以输入一个包含空格的字符串。

当对字符串进行输出时，输出项既可以是字符串或字符数组，也可以是已指向字符串的字符指针。

输出一个字符串同样也有以下两种格式：

```
printf("%s",str );
puts(str);
```

说明：

(1) str 是待输出字符串的起始地址。str 可以是字符数组名、字符指针或字符数组元素的地址，还可以是字符串常量。

(2) 调用 printf()函数和 puts()函数时都将从参数地址开始，依次输出存储单元中的字符，直到遇到第一个'\0'为止。'\0'是结束标志，不在输出字符之列。

例如，分析下面程序的输出结果，注意字符串的各种输入/输出方式。

```
#include <stdio.h>
main()
{
  char str1[]="C Language",str2[10],*str3,*str4="C Language";
  printf("output str1 : ");
  printf ("%s\n",str1);
  printf("output str4 : ");
  printf ("%s\n",str4);
  printf("input str2 : ");
  gets(str2);
  printf("input str4 : ");
  scanf("%s",str4);
  printf("output str2 : ");
  puts(str2);
  printf("output str4 : ");
  puts(str4);
```

```
    str3=str2+5;
    printf("output str3 : ");
    puts(str3);
  }
```

程序分析：

(1) 程序的第 4 行定义了两个字符数组 str1 和 str2，两个字符指针 str3 和 str4，并且 str1 和 str4 已被初始化，均指向字符串“C Language”。

(2) 程序的第 6 行和第 8 行分别调用 printf()函数以相同的格式输出 str1 和 str4 中的字符串“C Language”。

(3) 程序的第 10 行和第 12 行分别调用 gets()函数和 scanf()函数从键盘输入相同的字符串“very good”给 str2 和 str4，而实际存入 str2 和 str4 的字符串分别为“very good”和“very”。

(4) 程序的第 14 行和 16 行分别调用 puts()函数以相同的格式输出 str2 和 str4 中的字符串“very good”和“very”。

(5) 程序的第 17~19 行首先使字符指针 str3 指向 str2 中字符串“very good”的字符'g'，然后调用 puts()函数输出从地址 str3 开始的到第一个'\0'之间的字符串，即“good”。

程序运行结果如图 5.10 所示。

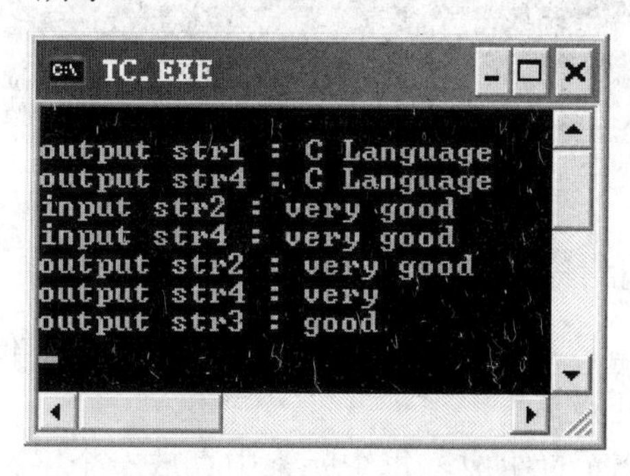


图 5.10　字符串的输入/输出程序运行结果

3. 字符指针作为函数参数

在 C 语言中，字符串经常表示为字符指针，特别是在作为函数参数的时候。从下面的示例中可以看出通过字符指针处理字符串的风格和技巧。

例如，下面的程序用于删除字符串中所有的字符'0'。

```
#include <stdio.h>
#include <string.h>
void delete(char *str,char ch);
main()
{
   char *p="I have 500 yuan.";
   printf( "The old string is : %s\n",p);
   delete(p,'0');
```

```
    printf( "The new string is : %s\n",p);
}
void  delete(char *str,char ch)
{
    char *p=str;
    while(*p){
        if (*p==ch)  strcpy(p,p+1);
        else   p++;
    }
}
```

程序分析：

在 delete()函数中，语句“strcpy(p,p+1);”是将从地址 p+1 开始的字符串送到从地址 p 开始的、连续的一串存储单元中，即将指针 p 所指字符删除。

程序运行结果如图 5.11 所示。

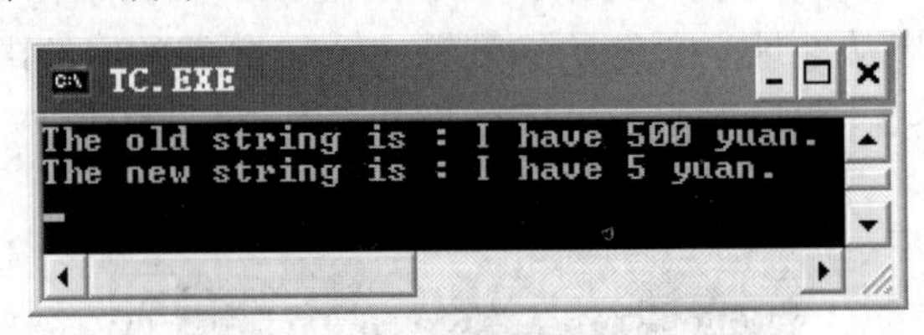


图 5.11　字符删除程序运行结果

4. 用字符数组和字符指针处理字符串的区别

虽然字符数组和字符指针都能实现字符串的存储和运算，但二者之间是有区别的，不能混为一谈，主要有以下几点。

(1) 字符数组由若干个元素组成，每个元素中存放一个字符，而字符指针变量中存放的是地址(即字符串首字符的地址)，绝不能将字符串放到字符指针变量中。

(2) 赋值方式不同。可以在定义时对字符数组整体赋初值，但不能用以下方法对字符数组赋值：

```
char s[10];
s="year";
```

而对字符指针变量，可以采用下面的方法赋值：

```
char *p;
p="new";
```

**注意**：赋给 p 的不是字符，而是字符串首字符'n'的地址。

(3) 如果定义了一个字符数组，在编译时为它分配内存单元，它有确定的地址。而定义一个字符指针变量时，如果未对其赋予一个地址值，则它并未具体指向一个确定的字符数据。例如，若通过下面的方法输入一个字符串是有危险的：

```
char *p;
scanf("%s",p);
```

正确的处理方法如下：

```
char *p,str[20];
p=str;
scanf("%s",p);
```

(4) 字符指针变量的值是可以改变的，例如：下面程序段的输出结果为 Language。

```
char *p="C Language";
p=p+2;
printf("%s",p);
```

而数组名是常量，其值是不能改变的。例如，下面的程序段是错误的：

```
char str[]="C Language";
str=str+2;
printf("%s",str);
```

## 5.4 “学生成绩查询”案例

### 5.4.1 案例实现过程

**【案例说明】**

有一个班内有 5 个学生，每个学生有 4 门功课的成绩。编写程序，查找并输出某学生的成绩。设被查学生的序号为 0，1，2，3，4。要求以指向数组的指针作为函数参数。程序运行结果如图 5.12 所示。

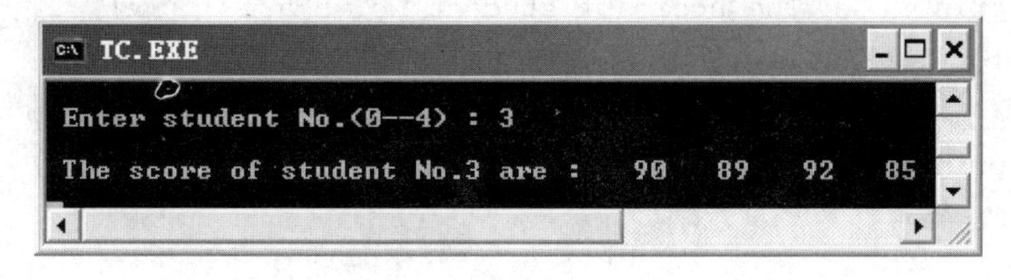


图 5.12　学生成绩查询程序运行结果

**【案例目的】**

(1) 学会定义一个指向一维数组的指针变量，掌握使其指向二维数组中某一行元素的方法。

(2) 掌握以指向数组的指针作为函数参数的方法。

【技术要点】

(1) 在 main()函数中，定义一个 int 型二维数组 score[5][4]，用于存放 5 个学生的 4 门功课的成绩。

(2) 在 search()函数中设置两个形参。参数 pa 是一个指向一维数组的指针，它所指向的一维数组有 4 个 int 型元素，用来存放被查学生的 4 门功课的成绩；参数 n 是 int 型变量，用来存放被查学生的序号。该函数的功能是将被查学生的 4 门功课成绩显示在屏幕上。

【代码及分析】

```
void search(int(*pa)[4],int n);
main()
{
   int n;
   int score[5][4]={
   {73,86,80,85},
   {90,68,72,83},
   {80,75,77,82},
   {90,89,92,85},
   {65,74,80,69}
   };
   printf("\n Enter student No.(0--4) : ");
   scanf("%d",&n);
   search(score,n);
}
void search( int(*pa)[4],int n)
{
   int i;
   printf("\n The score of student No.%d are : ",n);
   for(i=0;i<4;i++)
        printf("%5d",*(*(pa+n)+i));
   printf("\n");
}
```

### 5.4.2 应用扩展

案例程序是以指向数组的指针作为函数参数，也可以使用二维数组名作为函数参数，还可以使用指向指针的指针作为函数参数。例如：

```
void search(int pa[][4],int n);
main(){
```

```
    int n;
    int score[5][4]={
    {73,86,80,85},
    {90,68,72,83},
    {80,75,77,82},
    {90,89,92,85},
    {65,74,80,69}
    };
    printf("\n Enter student No.(0--4) : ");
    scanf("%d",&n);
    search(score,n);
}
void search( int pa[][4],int n)
{
    int i;
    printf("\n The score of student No.%d are : ",n);
    for(i=0;i<4;i++)
         printf("%5d",*(*(pa+n)+i));
    printf("\n");
}
```

### 5.4.3 相关知识及注意事项

1. 二维数组元素的指针访问方式

指针变量可以指向一维数组中的元素，也可以指向多维数组中的元素，但在概念和使用上，多维数组的指针比一维数组的指针要复杂一些。关于一维数组与指针关系，可以得出以下两点结论。

(1) 在 C 语言中，一维数组名代表了该数组的起始地址，也就是该数组首元素的地址。或者说，它是一个指向该数组首元素的指针。由于一维数组被定义后，其起始地址也就确定了，所以一维数组名实际上是一个指针常量。

(2) 在 C 语言中，一维数组任一元素的地址都可以用其数组名加上一个位移量来表示。这个位移量的单位不是字节，而是数组元素的存储空间的大小。例如，int 型一维数组，位移单位为 2 字节；float 型一维数组，位移单位为 4 字节等。

上述关于一维数组与指针关系的结论可以推广到二维数组、三维数组等多维数组。

1) 二维数组元素的地址

在 C 语言中，可以用一维数组来解释多维数组：把二维数组解释为以一维数组为元素的一维数组，把三维数组解释为以二维数组为元素的一维数组，依此类推。

例如，若一个二维数组定义为：

```
int b[3][2]={{1,2},{3,4},{5,6}};
```

b 是一个数组名。b 数组包含 3 行，即 3 个元素：b[0]、b[1]、b[2]，而每一个元素又是一维数组，它包含两个元素，即两个列元素。例如，b[0]所代表的一维数组包含的两个元素：b[0][0]、b[0][1]。

从二维数组的角度来看，b 代表二维数组首元素的地址，现在的首元素不是一个简单的整型元素，而是由两个整型元素所组成的一维数组。b 代表的是第 0 行的首地址，b+1 代表的是第 1 行的首地址，b+2 代表的是第 2 行的首地址，如图 5.13 所示。如果二维数组第 0 行的首地址为 1000，则在 Turbo C 中，b+1 为 1004，b+2 为 1008，每一行有两个整型数据。同样，对于二维数组名 b，也不可以进行 b++，b=b+i 等运算。

b[0]、b[1]、b[2]既然是一维数组名，而 C 语言又规定了数组名代表数组首元素的地址。b[0]代表数组 b[0]中第 0 列元素的地址，即&b[0][0]。b[1]的值是&b[1][0]，b[2]的值是&b[2][0]。b[0]为一维数组名，该一维数组中序号为 1 的元素的地址显然应该用 b[0]+1 来表示，如图 5.14 所示。

| | | |
|---|---|---|
| b | 1 | b[0][0] |
| | 2 | b[0][1] |
| B+1 | 3 | b[1][0] |
| | 4 | b[1][1] |
| B+2 | 5 | b[2][0] |
| | 6 | b[2][1] |
| | | |

图 5.13　二维数组名与其元素示意图

| | | |
|---|---|---|
| b[0] | 1 | b[0][0] |
| b[0]+1 | 2 | b[0][1] |
| b[0]+2 或 b[1] | 3 | b[1][0] |
| b[0]+3 或 b[1]+1 | 4 | b[1][1] |
| b[0]+4 或 b[2] | 5 | b[2][0] |
| b[0]+5 或 b[2]+1 | 6 | b[2][1] |
| | | |

图 5.14　二维数组元素与其地址示意图

二维数组元素 b[i][j]的地址可以表示为：&b[i][j]、b[i]+j、*(b+i)+j、&b[0][0]+2*i+j、b[0]+2*i+j。

**注意**：地址&b[i][j]不可以表示成 b+2*i+j，因为 b 的基类型不是 int 类型，系统将自动确定 b 的单位是 4 个字节，而不是 2 个字节。

2) 指向二维数组元素的指针变量

指向二维数组元素的指针变量同指向一维数组元素的指针变量，其定义和赋值如下：

```
int *p,b[3][4]={1,2,3,4,5,6,7,8,9,10,11,12};
p=&b[0][0];
```

其中，语句“p=&b[0][0];”是把元素 b[0][0]的地址赋给指针变量 p，也就是使指针 p 指向 b 数组的首元素。当然该语句也可以写成：

```
p=b[0];
```

它的作用也是将 b 数组的首元素(即 b[0][0])的地址赋给指针变量 p。

**注意**：语句“p=b[0];”与“p=b;”是不等效的。

例如，下面的程序以不同的方法输出 a 数组的所有元素，注意其中访问二维数组元素的两种方式。

```
main()
{
   int i,j,*p,a[2][3]={1,2,3,4,5,6};
   printf ("output(1) : \n");
   for(i=0;i<2;i++){
       for(j=0;j<3;j++)   printf ("%d ",a[i][j]);
       printf ("\n");
   }
   printf ("output(2) : \n");
   for(i=0;i<2;i++){
       for(j=0;j<3;j++)   printf ("%d ",*(*(a+i)+j));
       printf ("\n");
   }
   printf ("output(3) : \n");
   for(i=0;i<2;i++){
       for(j=0;j<3;j++)    printf ("%d ",*(a[i]+j));
       printf ("\n");
   }
   printf ("output(4) : \n");
   for(i=0;i<6;i++){
     printf ("%d ",*(a[0]+i));
     if((i+1)%3==0)printf ("\n");
   }
   printf ("output(5) : \n");
   for(p=a[0];p<a[0]+6;p++){
     printf ("%d ",*p);
     if((p-a[0]+1)%3==0)printf ("\n");
   }
}
```

程序分析：

(1) a 是数组名，“*(a+i)”与 a[i]等价，是指向 a 数组第 i 行第 0 列元素的指针。p 可以用来指向二维数组 a 的任一元素，p 可称为列指针。

(2) 因为 a[0]与“*a”等价，所以表达式“p=a[0]”可以替换为“p=*a”，但如果将表达式“p=a[0]”改为“p=a”就会出错。

2. 指向一维数组的指针

指向一维数组的指针不是指向数组中的某一个元素，而是指向由若干个元素组成的一维数组。指向一维数组的指针也可以称为行指针。

1) 指向一维数组的指针的定义

指向一维数组的指针的定义格式如下：

```
类型符 (*指针名)[常量表达式];
```

说明：

(1) 类型符用来说明指针所指一维数组元素的类型。

(2) 常量表达式用来说明指针所指一维数组元素的个数，也称数组的长度。

2) 指向一维数组的指针的赋值

指向一维数组的指针一般用来指向二维数组的某一行，二维数组的列数应与指针所指一维数组的元素个数相同。例如：

```
int b[3][5];
int (*p)[5];
p=b;
```

其中，“int (*p)[5];”表示 p 是一个指针变量，它指向包含 5 个整型元素的一维数组，p 不能指向一维数组中的某一元素。

注意："*p"两侧的圆括号()不可缺少，如果写成"int *p[5];"，由于方括号[]的运算级别高，因此 p 先与"[5]"结合，p[5]是定义数组的形式，然后再与前面的"*"结合，表示数组 p 中的每一个元素都是指针变量，即 p 是指针数组。

b 是一个二维整型数组，其列数为 5。b 是该数组第 0 行的首地址，将数组名 b 赋给指针 p，则使指针 p 指向二维数组 b 的第 0 行；如果使指针 p 加 1，则 p 将指向数组 b 的第 1 行。

3) 指向一维数组指针的应用

可以用指向数组元素的指针变量输出二维数组的元素值，也可以用指向二维数组任一行的指针变量输出二维数组的元素值，后者可以像二维数组名那样使用。

例如，下面的程序以不同的方法输出数组 a 的所有元素，注意比较不同类型的指针变量及其使用方法。

```
main()
{
  int i,j,*p,(*pa)[5]; /*p 为元素指针或列指针，pa 为行指针*/
  int a[3][5]={1,2,3,4,5,6,7,8,9,10,11,12,13,14,15};
  printf("\noutput data(1): ");
  p=a[0];                /*p 指向数组 a 的元素 a[0][0]*/
  for(i=0;i<3*5;i++){
      if(i%5==0)  printf("\n");
      printf ("%-3d ",*(p++));
   }
```

```
    pa=a;                    /*pa 指向数组 a 的第 0 行*/
    printf("\noutput data(2): ");
    for(i=0;i<3;i++){
        printf("\n");
        for(j=0;j<5;j++)  printf ("%-3d ",*(*(pa+i)+j));
    }
}
```

程序分析：

(1) 数组名 a 和指针 pa 均是行指针，指针 p 是列指针，通过“pa=a;”和“p=a[0];”分别给指针 pa 和 p 赋值。

(2) a 是指针常量，pa 和 p 是指针变量，表达式“pa++”使指针 pa 指向下一行，表达式“p++”使指针 p 指向下一个元素。

## 5.5 “字符串排序”案例

### 5.5.1 案例实现过程

**【案例说明】**

设计一个程序，将若干字符串按字母顺序由小到大输出。要求使用字符指针数组实现。程序运行结果如图 5.15 所示。

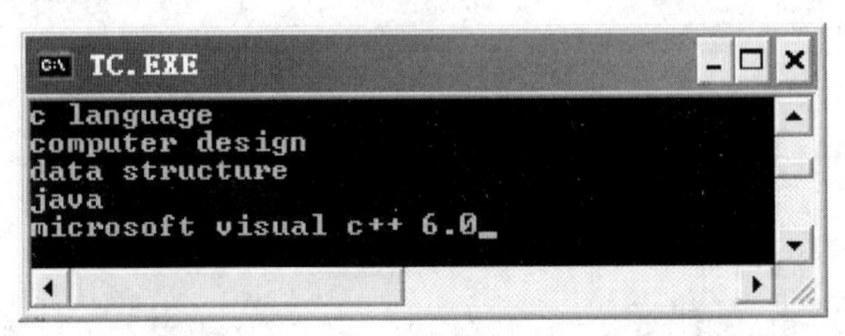


图 5.15　字符串排序程序运行结果

**【案例目的】**

(1) 熟悉定义字符指针数组，掌握通过指针数组处理字符串的方法。

(2) 掌握比较两个字符串大小的方法。

**【技术要点】**

(1) 使用指针数组中的元素指向各个字符串。对多个字符串进行排序，不改动字符串的存储位置，而是改动字符指针数组中各元素的指向。这样，各字符串的长度可以不同，而且交换两个指针变量的值要比交换两个字符串所花的时间少得多。

(2) 调用 strcmp()函数，可以比较两个字符串的大小。函数 strcmp()的两个参数可以是存放字符串的字符数组，也可以是指向字符串的字符指针。该程序中所用的是指向字符串的字符指针。

【代码及分析】

```
#include <stdio.h>
#include <string.h>
void sort(char *str[],int n);
void print(char *str[],int n);
main()
{
   char *str[5]={"data structure" ,"computer design" ,
                 "c language","java","microsoft visual c++ 6.0"};
   int n=5;
   sort(str,n);
   print(str,n);
}
void sort(char *str[],int n)
{
   int i,j,k;
   char *t;
   for(i=0;i<n-1;i++)
   {
      k=i;
      for(j=i+1;j<n;j++)
         if(strcmp(str[j],str[k])<0)  k=j;
      if(k!=i)
         {t=str[k];str[k]=str[i];str[i]=t;}
   }
}
void print(char *str[],int n)
{
   int i;
   for(i=0;i<n;i++)
     printf("\n%s",str[i]);
}
```

### 5.5.2　应用扩展

(1) 设计一个程序，将若干字符串按字母顺序由小到大输出。要求使用二维字符数组实现。

```
#include <stdio.h>
#include <string.h>
void sort(char str[][30],int n);
void print(char str[][30],int n);
main()
{
   char str[5][30]={"data structure" ,"computer design" ,
                        "c language","java","microsoft visual c++ 6.0"};
   int n=5;
   sort(str,n);
   print(str,n);
}
void sort(char str[][30],int n)
{
   int i,j,k;
   char temp[30];
   for(i=0;i<n-1;i++)
   {
      k=i;
      for(j=i+1;j<n;j++)
         if(strcmp(str[j],str[k])<0)  k=j;
      if(k!=i)/*交换字符串*/
        {
           strcpy(temp,str[k]);
           strcpy(str[k],str[i]);
           strcpy(str[i],temp);
        }
   }
}
void print(char str[][30],int n)
{
   int i;
   for(i=0;i<n;i++)
      printf("\n%s",str[i]);
}
```

程序分析：

① 5 个字符串用一个二维字符数组 str 存放，每个字符串的长度不超过 30 个。

② 用字符串比较函数 strcmp()比较两个字符串的大小，按由小到大的顺序排序存放。

连续 3 次调用函数 strcpy()交换对应的字符串。

(2) 设计一个程序，将若干字符串的首字母置为大写。要求通过字符指针数组完成。

```
#include <stdio.h>
#include "ctype.h"
void fun(char *pp[],int n)
{
   int i;
   for( i=0;i<n;i++)
     if(islower(**(pp+i)))       /* "**(pp+i)" 指的是字符串的首字母*/
          **(pp+i)=toupper(**(pp+i));
}
main(){
   int i;
   char *name[]={"abc","def","ghi","jki"};
   printf("\noutput old string : ");
   for(i=0;i<4;i++)  printf("%s  ",*( name+i));
   printf("\n");
   fun(name,4);
   printf("\noutput new string: ");
   for(i=0;i<4;i++)  printf("%s  ",*( name+i));
   printf("\n");
}
```

程序分析：

① fun()函数有两个形参，其中 pp 是 char 型指针数组。该函数被调用时，将 name 赋给 pp，使 pp 指向 name 数组的第 0 个元素 name[0]。

② 在 fun()函数中，通过 for 循环将 pp+i 所指向的每个字符串的首字母置为大写。

程序运行结果如图 5.16 所示。

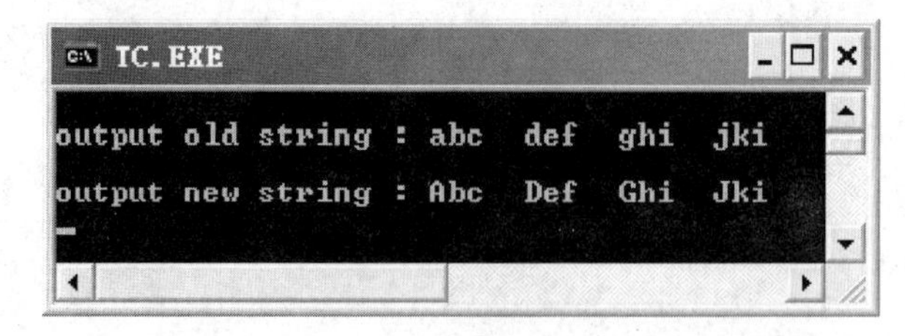


图 5.16 字符串的首字母置为大写程序运行结果

### 5.5.3 相关知识及注意事项

1. 指针数组的定义

一个数组，若其元素均为指针类型的数据，称为指针数组，也就是说，指针数组中的

每一个元素相当于一个指针变量。

指针数组的定义格式如下：

```
类型符 *数组名[常量表达式];
```

例如：

```
int *p[5];
```

由于方括号[]的运算级别高，因此 p 先与“[5]”结合，p[5]是定义数组的形式，然后再与前面的“*”结合，“*”表示数组 p 中的每一个元素都是指针变量，即 p 是指针数组。

**注意：** 不要写成“int (*p) [5];”，这是指向一维数组的指针变量。

2. 指针数组与指向一维数组指针的区别

指针数组与指向一维数组的指针是两个完全不同的概念，前者是数组，后者是指针，但是，两者在定义格式上却很相似，仅差一对圆括号。例如：

```
int *p[4];
```

由于方括号[]比“*”优先级高，因此，p 先与“[4]”结合，形成 p[4]形式，这表明 p 是一维数组，它有 4 个元素。p 前面的“*”表明 p 是指针数组，每个元素都是一个整型指针。

```
int (*p)[4];
```

由于括号的优先级最高，因此，p 先与“*”结合，这表明 p 是指针变量。p 后面的[4]表明指针变量 p 指向一个一维数组，这个数组有 4 个元素。最前面的 int 决定了数组元素的类型为整型。

3. 使用字符指针数组存取字符串的方法

由于字符串本身就是一个字符数组，因此，要设计一个二维的字符数组才能存放多个字符串，但在定义二维数组时，需要指定列数，也就是说二维数组中每一行中包含的元素个数相等，而实际上各字符串的长度一般是不相等的。若按最长的字符串来定义列数，则会浪费许多内存单元。

对于多个字符串的存取，除了可以定义一个二维字符数组外，还可以分别定义一些字符串，然后用指针数组中的元素分别指向各字符串。例如：

```
char *lesson1[3]={ "data structure" ,"computer design" ,"c language"};
```

lesson 是一个指针数组，它有 3 个元素，每个元素都是一个字符指针，存放的是字符串首字符的地址。其中 str[0]指向字符串“data structure”，str[1]指向字符串“computer design”，str[2]指向字符串“c language”。lesson 数组中各指针的指向如图 5.17 所示。

**注意：** 用字符指针数组处理字符串不仅可以节省内存，而且可以提高运算效率。

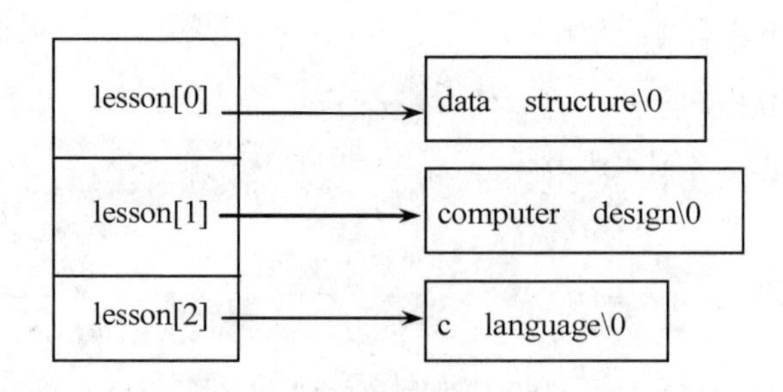


图 5.17 lesson 数组指针的指向

# 5.6 “契比雪夫多项式求值”案例

## 5.6.1 案例实现过程

### 【案例说明】

已知契比雪夫多项式的定义如下所示：

```
x                  (n=1)
2 *x *x-1               (n=2)
4 *x *x *x-3 *x              (n=3)
8 *x*x*x*x-8 *x *x+1             (n=4)
```

设计一个程序，从键盘输入整数 n 和浮点数 x，并计算多项式的值。程序运行结果如图 5.18 所示。

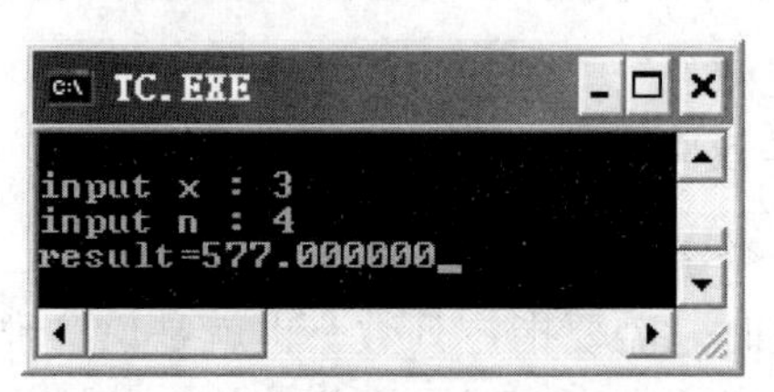


图 5.18 契比雪夫多项式求值程序运行结果

### 【案例目的】

(1) 熟悉定义指针函数的指针变量，掌握将指针变量指向函数的方法。
(2) 掌握通过指向函数的指针调用函数的方法。

### 【技术要点】

(1) 分别定义 4 个函数，实现对契比雪夫多项式的求值。
(2) 定义一个指向函数的指针，可以指向实现契比雪夫多项式求值的函数。
(3) 通过一个 switch 语句确定函数指针应该指向哪一个函数。

【代码及分析】

```
#include <stdio.h>
float fn1(float x),fn2(float x),fn3(float x),fn4(float x);
main(){
   float (*fp)(float x);
   float x;
   int n;
   printf("\n\ninput x : " );
   scanf("%f",&x);
   printf("input n : ");
   scanf("%d",&n);
   switch(n)
   {
      case 1: fp=fn1;break;
      case 2: fp=fn2;break;
      case 3: fp=fn3;break;
      case 4: fp=fn4;break;
      default: printf("data error ! " );return;
   }
   printf("result=%f",(*fp)(x));
}
float fn1 (float x)
{
   return(x);
}
float fn2 (float x)
{
   return(2*x*x-1);
}
float fn3 (float x)
{
   return(4*x*x*x-3*x);
}
float fn4 (float x)
{
   return(8*x*x*x*x-8*x*x+1);
}
```

程序分析：

程序中的函数指针 fp 随着变量 n 值的不同而分别指向函数 fn1、fn2、fn3 和 fn4，从而达到在不同的条件下调用不同的函数的目的。

### 5.6.2 应用扩展

案例中的程序，还可以将函数指针作为一个函数的参数来实现同样的功能。例如，函数指针 fp 作为 fn()函数的一个参数，可以指向函数 fn1()、fn2()、fn3()和 fn4()。

```
#include <stdio.h>
float fn1(float x),fn2(float x),fn3(float x),fn4(float x);
float fn(float (*fp)(float x), float a);
main(){
   float x;
   int n;
   printf("\n\ninput x : " );
   scanf("%f",&x);
   printf("input n : ");
   scanf("%d",&n);
   switch(n)
   {
      case 1: printf("result=%f",fn(fn1,x));break;
      case 2: printf("result=%f",fn(fn2,x));break;
      case 3: printf("result=%f",fn(fn3,x));break;
      case 4: printf("result=%f",fn(fn4,x));break;
      default: printf("data error ! " );
   }
}
float fn(float (*fp)(float x), float a){  /*参数 fp 是一个函数指针*/
   float t;
   t=(*fp)(a);
   return t;
}
float fn1(float x){
   return(x);
}
float fn2(float x){
   return(2*x*x-1);
}
float fn3(float x){
```

```
    return(4*x*x*x-3*x);
}
float fn4(float x){
    return(8*x*x*x*x-8*x*x+1);
}
```

### 5.6.3 相关知识及注意事项

1. 返回指针值的函数

函数可以返回一个整型值、实型值、字符型值，也可以返回一个指针值。返回指针值的函数称为指针函数。

返回指针值的函数说明如下：

```
类型符 *函数名(形参表);
```

例如，设计函数 mystrcat()，模拟标准函数 strcat()。

```
char *mystrcat(char *str1,char *str2){
    char *str=str1;
    while(*str) str++;
    while(*str2)  *str++=*str2++;
    *str='\0';
    return(str1);
}
```

程序源代码也可以如下：

```
char *mystrcat(char *str1,char *str2){
    char *p;
    for(p=str1;*p!='\0';p++);/*移动指针变量 p,使其指向字符串 str1 的结束字符*/
    do{
        *p++=*str2++;
    }while(*str2!='\0');
    *p='\0';
    return(str1);
}
```

程序分析：

在字符串的连接函数 mystrcat(str1,str2)中，参数 str1 必须有足够的空间能够容纳连接后的字符串，即参数 str1 能够容纳的实际字符的个数为 strlen(str1)+strlen(str2)+1。

2. 指向函数的指针

C 语言中的指针不仅可以指向整型、字符型和实型等变量，而且可以指向一个函数。C

程序中的每一个函数经过编译后，其目标代码在内存中都是连续存放的，该代码的首地址就是函数执行时的入口地址。在 C 语言中，函数名本身就代表着该函数的入口地址。通过这个入口地址可以找到该函数，该入口地址称为函数的指针。若定义一个指针变量，使它的值等于函数的入口地址，那么通过这个指针变量也可以调用此函数，这个指针变量称为指向函数的指针。

指向函数的指针又称为函数指针。若一个函数的原型为：

```
类型符  函数名(形参表);
```

则可用于指向该函数的指针变量应定义为：

```
类型符  (*变量名)(形参表);
```

可见，将函数原型中的函数名替换为(*变量名)，即可定义一个指向该函数的指针变量。

指针函数与指向函数的指针是两个完全不同的概念，前者是函数，后者是指针，但是，指针函数的原型与函数指针的定义在格式上却很相似，仅差一对圆括号。例如：

```
int (*fp) (int x,int y);
```

fp 是一个指向函数的指针变量，所指函数返回值的类型为 int 类型，所指函数有两个整型参数。“*fp”两侧的圆括号不能省略，fp 先与“*”结合，表明 fp 是指针变量；“(*fp)”后面的(int x,int y)表明指针 fp 指向函数，所指函数有两个整型参数。“(*fp)”前面的 int 表明 fp 所指函数返回值的类型为 int 类型。

```
int *fp(int x,int y);
```

fp 是一个指针函数，该函数返回值的类型为“int *”类型，该函数有两个整型参数。fp 先与其后的(int x,int y)结合，表明 fp 是一个函数，该函数有两个整型参数；fp 前面的“int *”表明函数 fp 的返回值是 int 类型的指针。

定义了函数指针之后，必须首先将一函数名(代表该函数的入口地址)赋给函数指针，然后才能通过函数指针间接调用这个函数。例如：

```
函数指针变量名=函数名;
```

在 C 语言中，函数名本身就是指向该函数的指针，可以用来对函数指针进行赋值。注意，函数名虽然是指针，但它是指针常量而不是指针变量，不能改变它的值。

通过函数名可以直接调用该函数。调用格式如下：

```
函数名(实参表)
```

通过函数指针可以间接调用所指向的函数。调用格式如下：

```
(*变量名)(实参表)
```

**注意：** 在利用函数指针来间接调用其所指向的函数时，该函数的定义必须存在，否则将出现错误。一个函数指针既可以指向用户自定义的函数，也可以指向 C 语言的标准函数。

# 本章小结

本章着重介绍了各种类型的指针及其定义、指针的基本运算、指针与数组的关系及指针与函数的关系等内容。通过“使用指针参数交换两个变量值”案例介绍了指针和地址的概念，指针变量的定义、赋值和引用，指针变量作为函数参数等；通过“有序数列的插入”案例介绍了指针变量的运算，指针与一维数组等；通过“两个字符串首尾连接”案例介绍了字符指针处理字符串的基本方法；通过“学生成绩查询”案例介绍了二维数组元素的指针访问方式以及如何定义指向一维数组的指针，如何使用指向一维数组的指针等；通过“字符串排序”案例介绍了字符指针数组的定义及使用方法；通过“契比雪夫多项式求值”案例介绍了指向函数的指针及其使用方法。

本章要求读者重点掌握数组名、指针变量、指针作为函数参数、指针处理字符串等知识点，要求能够利用指针编写结构紧凑、执行效率高且比较复杂的、高质量的应用程序。

# 习题 5

一、选择题

1. 以下程序的输出结果是(    )。

```
main(){
   int a=25,*p;
   p=&a;
   printf("%d",++*p);
}
```

A. 23　　B. 24　　C. 25　　D. 26

2. 设有如下定义：

```
char *aa[2]={"abcd","ABCD"};
```

则以下说法中正确的是(    )。

A. aa 数组元素的值分别是“abcd”和“ABCD”

B. aa 是指针变量，它指向含有两个数组元素的字符型一维数组

C. aa 数组的两个元素分别存放的是含有 4 个字符的一维字符数组的首地址

D. aa 数组的两个元素中各自存放了字符'a'和'A'的地址

3. 以下程序的输出结果是(    )。

```
#include <stdio.h>
main(){
   int a[]={1,2,3,4,5,6,7,8,9,10,11,12 };
```

```
    int *p=a+5,*q=NULL;
    *q=*(p+5);
    printf("%d %d",*p,*q);
}
```

A. 编译时报错　　B. 6 6　　C. 6 11　　D. 5 5

4. 设有如下的程序段：

```
char str[]="Hello";
char *ptr=str;
```

其中“*(ptr+5)”的值为(　　)。

A. 'o'　　B. '\0'　　C. 不确定的值　　D. 'o'的地址

5. 以下程序的输出结果是(　　)。

```
#include <stdio.h>
#include <string.h>
main(){
    char *p1="abc",*p2="ABC",str[50]="xyz";
    strcpy(str+2,p1);
    strcat(str,p2);
    puts(str);
}
```

A. xyzabcABC　　B. xabcABC　　C. yzabcABC　　D. xyabcABC

6. 类型相同的两个指针变量之间不能进行的运算是(　　)。

A. <　　B. =　　C. +　　D. −

7. 以下程序的输出结果是(　　)。

```
main(){
    int a[]={ 2,4,6,8,10 },y=1,x,*p;
    p=& a[1];
    for(x=0;x<3;x++)    y+=*(p+x);
    printf("%d",y);
}
```

A. 17　　B. 18　　C. 19　　D. 20

8. 执行以下程序后，m 的值是(　　)。

```
int a[2][3]={{1,2,3 },{4,5,6 }};
int m,*p;
p=&a[0][0];
m=(*p)*(*(p+2) )*(*(p+4) );
```

A. 6　　B. 18　　C. 15　　D. 20

9. 以下程序的输出结果是(　　)。

```
#include <string.h>
main(){
    char str[][20]={"Hello","Beijing"},*p=str[0];
    printf("%d",strlen(p+20));
}
```

A. 0　　B. 5　　C. 7　　D. 20

10. 以下程序的输出结果是(　　)。

```
main(){
    char a[]="programming",b[]="language";
    char *p1=a,*p2=b;int i;
    for(i=0;i<=7;i++ )
        if(*(p1+i)==*(p2+i) )
            printf("%c",*(p1+i));
}
```

A. gm　　B. rg　　C. or　　D. ga

11. 库函数 strcpy()用以复制字符串。若有以下定义和语句：

```
char str1[]="string",str2[8],*str3,*str4="string";
```

则对库函数 strcpy()的调用不正确的是(　　)。

A. strcpy (str1,"HELLO1");　　B. strcpy (str2,"HELLO2");

C. strcpy (str3,"HELLO3");　　D. strcpy (str4,"HELLO4");

12. 以下程序的输出结果是(　　)。

```
main(){
    char *p[5 ]={"ABCD","EF","GHI","JKL","MNOP" };
    char **q=p;
    int i;
    for(i=0;i<=4;i++ )   printf("%s",q[i]);
}
```

A. ABCDEFGHIJKL　　B. ABCD

C. ABCDEFGHIJKMNOP　　D. AEJM

13. 若有语句“int (*p)[M];”，其中标识符 p 表示的是(　　)。

A. M 个指向整型变量的指针

B. 指向 M 个整型变量的函数指针

C. 一个指向具有 M 个整型元素的一维数组的指针

D. 具有 M 个指针元素的一维数组，每个元素都是指向整型变量的指针

14. 若有语句“int (*p)();”，其中标识符 p 表示的是(　　)。

A. 指向整型变量的指针　　B. 指向整型函数的指针

C. 返回整型指针的函数　　D. 返回整型变量的函数

15. 以下程序的输出结果是(　　)。

```
char *s="abcde";s+=2;
printf("%s",s);
```

A. cde　　B. 字符'c'

C. 字符'c'的地址　　D. 无确定的输出结果

16. 以下程序的输出结果是(　　)。

```
#include <string.h>
main(){
   char arr[2][4];
   strcpy(arr[0],"you");
   strcpy(arr[1],"me");
   arr[0][3]='&';
   puts(arr[0]);
}
```

A. you&me　　B. you　　C. me　　D. err

17. 以下程序的输出结果是(　　)。

```
void func(int *a,int b[]) { b[0]=*a+6;}
main(){
   int a,b[5];
   a=0;
   b[0]=3;
   func(&a,b);
   printf("%d",b[0]);
}
```

A. 6　　B. 7　　C. 8　　D. 9

18. 若有以下说明和定义：

```
int fun(int *c);
main(){ int (*a)()=fun,*b(),w[10],c;...}
```

在必要的赋值之后，对 fun()函数正确调用的表达式是(　　)。

A. a(w)　　B. (*a)(&c)　　C. b(w)　　D. fun (b)

19. 以下程序的输出结果是(　　)。

```
void fun(int *a,int *b){
    int *k;
    k=a;
    a=b;
    b=k;
}
main(){
    int a=3,b=6,*x=&a,*y=&b;
    fun(x,y);
    printf("%d,%d",a,b);
}
```

A. 6,3　　B. 3,6　　C. 编译出错　　D. 0,0

二、填空题

1. 以下程序的输出结果是____________。

```
main(){
    int a[3]={2,4,6},*prt,x=8,y,z;
    prt=&a[0];
    for(y=0;y<3;y++)
          z=(*(prt+y)<x)?*(prt+y):x;
    printf("%d",z);
}
```

2. 以下程序的输出结果是____________。

```
char s[20]="goodgood",*sp=s;
sp=sp+2;
sp="to";
printf("%s",s);
```

3. 以下程序的输出结果是____________。

```
main(){
    char b[]="ABCDEFG",*chp=&b[7];
    while (--chp >=&b[0] )
           printf("%c",*chp);
}
```

4．以下程序输出数组 a 中的最大元素，并由指针 s 指向该元素。

```
main(){
   int a[10]={6,7,2,9,1,10,5,8,4,3},*p,*s;
   for(p=a,s=a;p-a<10;p++)
   if(____________)  s=p;
   printf("%d",*s);
}
```

三、判断题

1．若有定义“long a;float *p;”，则因为 long 型与 float 型都占 4 个字节，所以指针 p 可以指向 a。（　）

2．若有初始化“char a[9]="abc",*p="ABCD";”，则语句“puts(strcat(a,p+2));”的执行结果是 abcCD。（　）

3．若有初始化“char *p;”，则执行语句“p="abcde";”后，p 中存放了字符串"abcde"。（　）

4．假设有定义和赋值语句“int a,*p;p=&a;”，则*&a 与 a 等价，&*p 与 p 等价。（　）

5．若有定义“double (*p)[4];”，则 p 是行指针，p 占一个存储单元。（　）

四、程序设计题

1．设计一个 select()函数，在 N 行 M 列的二维数组中选出一个最大值作为函数值返回，并通过形参传回此最大值所在的行下标。

2．设计一个程序，输入一个十进制正整数，输出其对应的十六进制数。

3．设计一个函数，输入一个字符串，判断该字符串是否为回文，即顺读和逆读都一样的字符串。

4．设计一个函数，模拟字符串比较函数 strcmp(str1,str2)。

5．若有 n 个整数，使其前面各数顺序向后移 m 个位置，最后面的 m 个数变成最前面的 m 个数。设计一个 move()函数实现上述功能，在 main()函数中输入 n 个数，并输出调整后的 n 个数。

6．设计一个程序，输入一个字符串，内有数字字符和非数字字符，将其中连续的数字字符作为一个整数。统计字符串中共有多少个这样的整数，并输出这些整数。例如，字符串 "a123x45?6h7890"中共有 4 个所求的整数：123，45，6，7890。

7．设计一个程序，输入 n 为偶数时，调用函数求 1/2+1/4+…+1/n；当输入 n 为奇数时，调用函数求 1/1+1/3+…+1/n。要求通过指向函数的指针完成。

# 第6章 结构体、共用体和枚举类型

**教学目标与要求：**本章主要介绍结构体类型的概念，结构体类型的声明和结构体变量的定义，结构体类型函数的传递，链表的概念、链表的构成以及链表结点的插入和删除，共用体类型的声明和共用体变量的定义及使用方法，枚举类型的定义及使用方法。通过本章的学习，要求做到：

- 掌握结构体类型、共用体类型和枚举类型的声明，结构体变量、共用体变量和枚举变量的定义和引用。
- 熟悉动态开辟和释放存储单元的方法，掌握单链表的建立与遍历操作。
- 掌握结构体类型参数的传递。
- 理解 typedef 类型定义。

**教学重点与难点：**结构体变量、共用体变量和枚举变量的定义和引用，结构体类型函数的传递，链表的构成以及链表结点的插入和删除。

# 6.1 “学籍管理”案例

## 6.1.1 案例实现过程

**【案例说明】**

假设一个学生的信息包括学号、姓名、性别、出生日期和 3 门课的成绩等，这些信息的类型各不相同，姓名为字符串类型，学号为整型，性别为字符型，出生日期为结构体类型(即出生年、月、日)，成绩为实型数组类型。用结构体类型的数据编写实现学籍管理功能的程序。程序运行结果如图 6.1 所示。

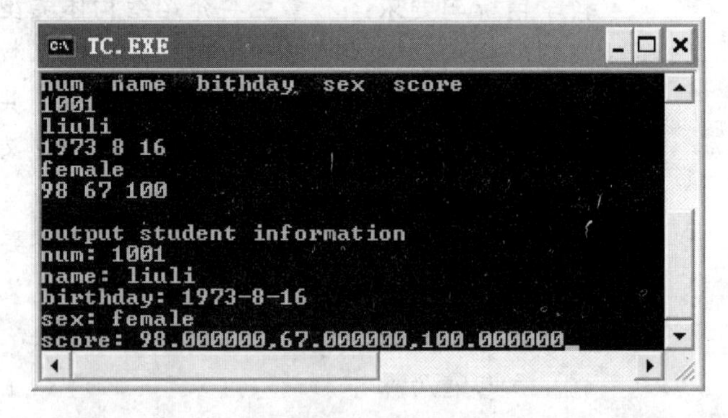


图 6.1 学籍管理

**【案例目的】**

(1) 熟悉结构体类型的声明和变量的定义。
(2) 掌握给结构体类型的变量赋值的方法。
(3) 掌握输出一个结构体类型的变量值的方法。
(4) 掌握结构体类型参数传递的方法。

**【技术要点】**

(1) 通过 typedef 声明一个类型别名 STUDENT，代表 struct student，便于程序的书写。

(2) input()用函数输入学生的信息，其返回值类型为 struct student 结构体类型。在 main()函数中，接收函数 input()返回值的结构体变量的类型也是 struct student 类型。

(3) list()用函数输出学生的信息，其参数为 struct student*结构体指针类型。在 main()函数中调用 list()函数时，实参类型与形参类型应相同。

**【代码及分析】**

```
#include <stdio.h>
struct date
{
```

```
    int year;
    int month;
    int day;
};
struct student
{
    int  num;
    char name[20];
    char sex;
    struct date birthday;
    float score[3];
};
typedef struct student STUDENT;
STUDENT input();
void list(STUDENT *p);
main()
{
    STUDENT stu;
    printf("\nnum  name  birthday  sex  score\n");
    stu=input();
    printf("\noutput student information");
    list(&stu);
}
STUDENT input()
{
    STUDENT stu;
    scanf("%d",&stu.num);
    scanf("%s",stu.name);
    scanf("%d%d%d",&stu.birthday.year,
                   &stu.birthday.month,
                   &stu.birthday.day);
    scanf("\n%c",&stu.sex);
    scanf("%f%f%f",&stu.score[0],&stu.score[1],&stu.score[2]);
    return(stu);
}
void list(STUDENT *p)
{
    printf("\nnum: %d",p->num);
    printf("\nname: %s",p->name);
```

```
    printf("\nbirthday: %d-%d-%d",
            p->birthday.year,p->birthday.month,p->birthday.day);
    printf("\nsex: %c",p->sex);
    printf("\nscore: %f,%f,%f",p->score[0],p->score[1],p->score[2]);
}
```

### 6.1.2 应用扩展

input()函数可以输入一个学生的信息，也可以输入多个学生的信息。同理，list()函数可以输出一个学生的信息，也可以输出多个学生的信息。即函数需要两个参数，一个为结构体数组，另一个用来指定数组元素的个数。

例如，案例程序改写后的代码如下：

```
#include <stdio.h>
struct date{
   int year;
   int month;
   int day;
};
struct student{
   int  num;
   char name[20];
   char sex;
   struct date birthday;
   float score[3];
};
typedef struct student STUDENT;
void input(STUDENT stu[], int n);
void list(STUDENT stu[],int n);
main(){
   STUDENT stu[50];
   input(stu,10);
   list(stu,10);
}
void input(STUDENT stu[], int n){
   int i;
   for(i=0;i<n;i++){
      printf("\nnum  name  birthday  sex  score\n");
      scanf("%d",&stu[i].num);
      scanf("%s",stu[i].name);
```

```
        scanf("%d%d%d",&stu[i].birthday.year,
                       &stu[i].birthday.month,
                       &stu[i].birthday.day);
        scanf("\n%c",&stu[i].sex);
        scanf("%f%f%f",&stu[i].score[0],
                       &stu[i].score[1],
                       &stu[i].score[2]);
    }
}
void list(STUDENT stu[],int n){
    int i;
    printf("\noutput student information");
    for(i=0;i<n;i++){
        printf("\nnum: %d",stu[i].num);
        printf("\nname: %s",stu[i].name);
        printf("\nbirthday: %d-%d-%d",stu[i].birthday.year,
               stu[i].birthday.month,stu[i].birthday.day);
        printf("\nsex: %c",stu[i].sex);
        printf("\nscore: %f,%f,%f",
               stu[i].score[0],stu[i].score[1],stu[i].score[2]);
    }
}
```

### 6.1.3　相关知识及注意事项

1. 结构体类型的定义

结构体是由若干成员组成的。其成员的类型可以是基本数据类型，也可以是构造类型。结构体的使用同数组一样，也遵循“先定义，后使用”的原则。

结构体类型定义的一般格式如下：

```
struct  结构体名
{
    成员列表
};
```

其中，struct 是关键字，表示后面的类型是一个结构体类型，不能省略；注意不要忘写花括号外的分号；结构体名为 C 语言合法的标识符；花括号内的成员列表用来说明组成该结构体的各个成员，每个成员都应进行类型说明，其说明格式为：

```
类型符 成员名;
```

成员名的命名应符合 C 语言标识符的命名规则。在同一个结构体类型中，其成员个数没有限制，但各成员名必须互不相同。

例如，表示学生基本信息的结构体类型可定义如下：

```
struct student
{
   int  num;
   char name[20];
   char sex;
   int age;
   float score;
};
```

定义了一个结构体类型，其结构体名为 student。该结构体包含 5 个成员：num，name，sex，age 和 score。各成员的数据类型可以相同，也可以不同。

在定义结构体类型时，应注意以下几个问题：

(1) 在一个结构体的定义中，其成员类型可以是除本身结构类型之外的任何已有类型，也可以是任何已有类型(包括本身类型在内)的指针类型。例如：

```
struct date
{
   int year;
   int month;
   int day;
};
struct student
{
   int  num;
   char name[20];
   char sex;
   struct date birthday; /*成员 birthday 的类型为 struct date 类型*/
   float score;
};
```

(2) 当一个结构体类型定义在函数之外时，它具有全局作用域；若定义在任意一对花括号之内时，则具有局部作用域，其作用范围是所在花括号构成的块。结构体类型也遵循“先定义，后使用”的原则，只有定义后才能用它来定义变量、定义函数参数或作为函数的返回类型。

(3) 在程序中，同一个作用域内的结构体类型名是唯一的，即不允许出现重复的类型标识符或其他同名量，但在不同的作用域内用户类型名可以重复。

(4) 每个结构体类型定义中的成员名在该类型中必须唯一，但在整个程序中不要求唯一，它可以同程序中的类型名(包括本身类型)、变量名、函数名以及任何类型中的成员名重名，这些都是允许的。

(5) 类型定义语句属于非执行语句，只在程序编译阶段处理它，并不在编译后生成的目标程序中存在对应的可执行目标代码。

(6) 定义一个结构体类型，系统不会为其分配内存单元来存放各成员。一个结构体类型的长度是其所有成员项的长度之和。

2. 结构体类型变量的定义和初始化

结构体类型定义后，就可以利用它在其作用域内定义变量并进行必要的初始化了。

1) 结构体变量的定义

定义一个结构体变量，可采用以下 3 种方法：

(1) 先定义结构体类型后定义结构体变量。例如：

```
struct student
{
   int  num;
   char name[10];
   char sex;
   int age;
   float score;
};
struct student student1,student2;
```

上述程序段定义了两个结构体变量 student1 和 student2，其类型为 student 结构体类型。应注意的是，在定义一个结构体变量时，不仅要指定其为结构体类型变量，而且要指定其为某一种特定结构体类型变量。例如，下面的定义都是不合法的：

```
struct student1,student2;
student student1,student2;
```

为了使用方便，也可以使用#define 定义一个符号常量来代表一个结构体类型。例如：

```
#define STUDENT struct student
```

此时，可定义 student 类型的变量如下：

```
STUDENT student1,student2;
```

(2) 在定义结构体类型的同时定义结构体变量。例如：

```
struct student
{
   int num;
   char name[10];
   char sex;
```

```
    int age;
    float score;
} student1,student2;
```

(3) 直接定义结构体变量。例如：

```
struct
{
    int num;
    char name[10];
    char sex;
    int age;
    float score;
}student1,student2;
```

这种方法不指明结构体类型名而直接定义其变量，在只定义一次结构体变量时适用。

同一般的变量定义语句一样，在结构体变量的定义语句中，既可以定义结构体变量，又可以定义结构体指针变量、结构体数组和结构体指针数组，并且每一种变量都可以定义任意多个，每个变量定义之间要用逗号分开，最后以分号结束整个语句。例如：

```
struct student
{
    int num;
    char name[10];
    char sex;
    int age;
    float score;
};
struct student student1,student2[10],* student3,* student4[5];
```

上述变量定义语句中定义了 4 个变量：student1 是结构体变量，student2 是结构体数组变量，student3 是结构体指针变量，student4 是结构体指针数组变量。

结构体变量定义后，系统会为该变量分配一段连续的存储单元。例如：

```
struct data
{
   int a;
   float b;
   char ch;
}data1;
```

上述结构体变量 data1 的内存分配如图 6.2 所示。

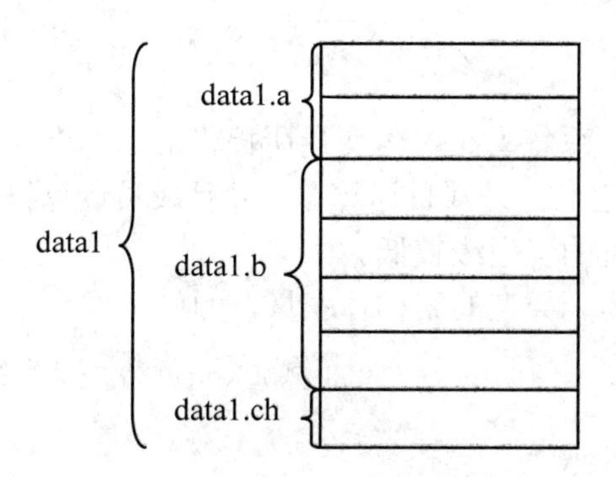


图 6.2　结构体变量 data1 内存表示

由图 6.2 可以看出，结构体变量 data1 共占有 7 个字节的内存单元，a，b，ch 这 3 个成员所占的字节数分别是 2，4，1。

2) 结构体变量的初始化

在定义结构体变量的同时，可为其每个成员赋初值，称为结构体变量的初始化。一般格式如下：

```
struct 结构体名 变量名={初值表};
```

其中，初值表为各成员的初值表达式。初值表达式的类型应与对应成员的类型相同，各初值表达式之间用逗号隔开。例如：

```
struct student
{
   int num;
   char name[20];
   char sex;
   int age;
   float score;
};
struct student student1={1001,"Lihong",'F',20,80.5};
```

通过以上定义和初始化，结构体变量 sutdent1 各成员的初值为：num 为 1001，name 为“Lihong”，sex 为'F'，age 为 20，score 为 80.5。

说明：

语句“struct student student1={1001,"Lihong",'F',20,80.5};”不能改写为：

```
struct student student1;
student1={1001,"Lihong",'F',20,80.5};
```

C 语言不允许将一组常量通过赋值运算符直接赋给一个结构体变量。同简单变量一样，当全局或静态结构体类型的变量未被初始化时，它的每个成员被系统自动置为 0，当自动结构体类型的变量未被初始化时，它的每个成员的值是随意的，即不确定的。

3. 结构体成员的引用

定义结构体变量之后，系统为结构体变量所提供的运算有赋值(=)、直接引用成员(. )和间接引用成员(->)3 种，它们都是双目运算符，并且成员运算符同下标运算符一样具有最高的优先级，而赋值运算符的优先级较低。

赋值运算符的两边应为同类型的结构体变量。例如：

```
struct student student1={1001,"Lihong",'F',20,80.5},stu;
stu=student1;
```

其中，语句“stu=student1;”是将结构体变量 student1 的各个成员的值分别赋给同类型结构体变量 stu 的相应成员。

引用结构体变量成员的一般格式如下：

```
结构体变量名.成员名
```

例如，设有定义：

```
struct student student1={1001,"Lihong",'F',20,80.5};
```

若引用结构体变量 student1 的 num 成员，可表示为：

```
student1.num
```

引用结构体指针变量成员的一般格式有如下两种：

```
结构体指针变量名->成员名
(*结构体指针变量名).成员名
```

例如，设有定义：

```
struct student student1={1001,"Lihong",'F',20,80.5},*p;
p=&student1;
```

若引用结构体指针变量 p 的 num 成员，可表示为：

```
p->num 或(*p).num
```

通过成员运算符能够得到结构体变量中的成员变量，每个成员变量与相同类型的简单变量或数组元素一样，能够参与该类型所具有的各种运算。例如：

```
struct student student1={1001,"Lihong",'F',20,80.5},stu;
stu.num=1005;
strcpy(stu.name,"LiLi");
```

如果一个结构体变量属于一个嵌套的结构体类型，则在引用该结构体变量的一个成员时采用逐级引用的方法。

例如，有如下定义：

```
struct date
{
   int year;
   int month;
   int day;
};
struct student
{
   char name[20];
   struct date birthday;
}student1;
```

若想引用 student1 的出生年份成员，可表示为：

```
student1.birthday.year
```

值得注意的是，结构体变量或结构体指针变量不能直接作为输入输出函数的输入项或输出项。在输入输出结构体数据时，必须分别指明结构体变量的各成员名。

例如，下面的程序段是不合法的：

```
struct student student1={1001,"Lihong",'F',20,80.5},stu;
stu=student1;
printf("%d",stu);
```

因为 printf 函数的调用出现了问题，所以可以将其改写为正确的格式，如下所示：

```
printf("%d",stu.num);
```

4. 结构体类型的参数传递

当使用结构体变量作为函数参数时，形参和实参要求是同一种结构体类型的结构体变量。形参和实参之间采用“值传递”方式。在函数调用时，直接将实参结构体变量的各个成员的值全部传递给对应形参的各个成员。形参结构体变量中各成员值的改变不会对其实参结构体变量产生任何影响。

例如，可以在 main()函数中初始化一学生结构体变量，在 list()函数中显示其信息。

```
#include <stdio.h>
struct student
{
   int num;
   char name[20];
   int age;
   char sex[10];
   int class;
```

```
};
void list(struct student stu)
{
  printf("\n num:%d",stu.num);
  printf("\n name:%s",stu.name);
  printf("\n age:%d",stu.age);
  printf("\n sex:%s",stu.sex);
  printf("\n class:%d",stu.class);
}
main()
{
  struct student stu={1001,"zhanghong",18,"female",22};
  printf("\nstudent information:\n");
  list(stu);
}
```

程序分析：

(1) 结构体类型 student 的定义应放在 main()函数之外，否则 list()函数的形参不能声明为此类型。在具有多个函数的 C 程序中，应将共用的结构体类型定义为全局的，且放在所有函数定义之前，以便所有的函数都可以使用该类型。

(2) 函数 list()输出学生的信息，其形参为结构体类型。在 main()函数中调用 list()函数时，实参类型与形参类型应相同。

指向结构体的指针变量也可以作为函数的参数。当函数的参数是结构体指针变量时，可以通过结构体指针变量间接地引用其所有成员。

上述程序改写后如下：

```
void list(struct  student *stu)
{
  printf("\nnum:%d",stu->num);
  printf("\nname:%s",stu->name);
  printf("\nage:%d",stu->age);
  printf("\nsex:%s",stu->sex);
  printf("\nclass:%d",stu->class);
}
main()
{
  struct student stu={1001,"zhanghong",18,"female",22};
  printf("\n student information\n");
  list(&stu);
}
```

5. 结构体数组

结构体类型与基本类型一样，可以定义单个变量，也可以定义结构体数组。

1) 结构体数组的定义

定义结构体数组之前，与定义结构体变量一样，需要声明结构体类型，其方法与前面介绍的相同。例如：

```
struct student
{
   int num;
   char name[20];
   char sex;
   int age;
   float score;
};
struct student stu[30];          /*定义结构体数组 stu*/
```

2) 结构体数组的引用

结构体数组的引用是指对结构体数组元素的引用。

(1) 引用结构体数组元素的一个成员。

```
结构体数组名[下标].成员名
```

例如：

```
struct student stu[30];
```

数组 stu 定义后，可以使用的成员引用为 stu[0].age、stu[0].score 等。

(2) 结构体数组元素之间可以相互赋值。可以将一个结构体数组元素赋给相同结构体类型的数组中的另一元素，或赋给同一类型的变量。

(3) 结构体数组元素的输入/输出。结构体数组元素的输入/输出是指对其不同类型的成员分别输入/输出。

3) 结构体数组的初始化

例如：

```
struct student
stu[30]={{1001,"Lihong",'F',20,80.5},{1005,"yangli",'M',17,60.5}};
```

4) 结构体数组作为函数参数

结构体数组作为函数参数与一般数组作为函数参数一样，都是传递地址的。形参数组和实参数组共享同一段区域中的数据。

6. typedef 类型定义

C 语言不仅提供了丰富的数据类型，如标准类型(int、float 等)和用户自定义类型(数组、结构体、共用体、指针、枚举类型等)，而且还允许用户在程序中使用 typedef 定义具有相同含义的数据类型，即允许用户为数据类型取“别名”。

1) typedef 类型定义的格式

typedef 类型定义的一般格式如下：

```
typedef 类型 新类型名;
```

其中，类型是 C 语言提供的任意一种数据类型，新类型名代表这个类型的别名。

例如，为 int 类型定义一个别名 integer：

```
typedef int integer;
```

此后，即可使用 integer 来定义整型数据。例如，下面两个定义是等价的：

```
int i,j;
integer i,j;
```

应注意的是，typedef 类型定义只是定义了一个数据类型的别名，而不是定义一种新的数据类型，原来的数据类型仍可以用。

利用 typedef 类型定义可以为较为复杂的类型定义别名。例如：

```
typedef struct student
{
 int  num;
 char name[20];
 char sex;
 int age;
 float score;
}STUDENT;
```

为结构体类型 struct student 定义一个别名 STUDENT。此后，可用它来定义结构体变量。例如，下面的两个定义是等价的：

```
STUDENT student1,student2;
struct student student1,student2;
```

利用 typedef 类型定义还可以定义数组类型或指针类型。

例如，有如下定义：

```
typedef char STRING[20];    /*定义 STRING 为字符数组类型*/
typedef int *pointer;       /*定义 pointer 为整型指针类型*/
STRING str;                 /*定义 str 为字符数组变量*/
pointer p1,p2[5];           /*定义 p1 为整型指针变量，p2 为整型指针数组*/
```

上述定义分别相当于如下的定义：

```
char str[20];
```

```
int *p1,*p2[5];
```

习惯上常把 typedef 定义的类型别名用大写字母来表示，以便与系统提供的标准类型标识符区别开。

2) typedef 类型定义的使用说明

使用 typedef 类型定义时，应注意以下几个问题：

(1) 使用 typedef 类型定义只是为已经存在的类型定义一个别名，并没有产生一个新的类型。

(2) 使用 typedef 类型定义可以为各种类型定义别名，但不能定义变量。例如：

```
typedef int a;
a=10;
```

其中，a 是类型而不是变量，因此，第二个语句是错误的。

(3) typedef 与#define 的比较。例如：

```
typedef int integer;
#define int integer
```

两者的作用都是用 integer 代表 int，但 typedef 是在编译时处理的，不是进行简单的字符串替换，而是采用新的类型名定义变量，而#define 是在预编译时处理的，只进行简单的字符串替换。

(4) 通常把 typedef 定义的一些数据类型单独放在一个文件中，然后在需要它们的文件中用文件包含命令#include 将它们包含进去，以提高程序的安全性。

(5) 使用 typedef 类型定义有利于提高程序的可阅读性和可移植性。

## 6.2　“约瑟夫问题”案例

### 6.2.1　案例实现过程

**【案例说明】**

约瑟夫(Joseph)问题的一种描述是：编号为 1，2，…，n 的 n 个人按顺时针方向围坐一圈，从第一个人开始按顺时针方向自 1 开始顺序报数，报到 m 时停止报数。报 m 的人出列，从他在顺时针方向上的下一个人开始重新从 1 报数，如此下去，直至所有人全部出列为止。试设计一个程序，求出列顺序。要求利用单向循环链表实现。程序运行结果如图 6.3 所示。

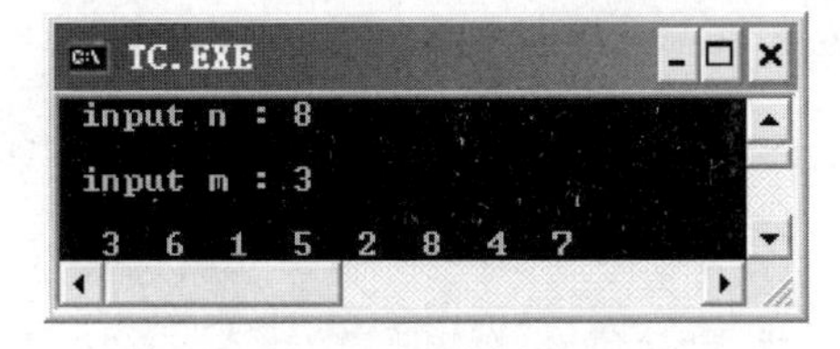


图 6.3　约瑟夫问题

【案例目的】

(1) 学会如何声明链表结点结构的类型。
(2) 学会如何建立动态单向链表或单向循环链表。
(3) 学会如何引用和输出链表中各结点数据域的值。
(4) 掌握使用循环单链表解决约瑟夫问题的方法。

【技术要点】

(1) 确定结点结构，生成 n 个结点的循环单链表，存储 1~n 号人员的编号。

(2) 在循环单链表的基础上，实现约瑟夫问题的步骤如下：首先查找报 m 的成员，由指针 p 指向，同时还要由指针 pre 指向其前驱，以备报 m 的成员出列时修改指针的指向；然后处理报 m 的成员，即先输出其编号(p->No)，再将其从循环单链表中删除且回收存储空间，同时出列人数加 1；最后使指针重新指向 pre 的后继，即指向下一轮开始报数的人员。

【代码及分析】

```
#include "stdlib.h"
#include <stdio.h>
#define NULL 0
void search();
struct point
{
   int No;          /*序号*/
   struct point *next;
};
typedef struct point Lnode,*link; /*定义 Lnode 为结点类型，link 为指向结
                                  /点的指针类型*/
main()
{
   clrscr();
   search();
}
void search()
{
   link head,tail,new;
   int n,m,i;
   int num;
   link pre,p;
   printf("\n input n:");  /*总人数*/
   scanf("%d",&n);
```

```
    printf("\n input m:");  /*数到 m 的出列*/
    scanf("%d",&m);
    head=NULL;              /*链表为空*/
    for (i=1;i<=n;i++)      /*建立 n 个结点的单链表 head*/
      {
          new=(link)malloc(sizeof(Lnode));
          new->No=i;
          if (head==NULL)   /*插入第一个结点时，需要用 head 指针指向*/
          {
              head=new;
              tail=head;
          }
          else
          {
              tail->next=new;
              tail=new;
          }
      }
    tail->next=head;        /*生成循环单链表*/
    num=0;                  /*累计出列人数*/
    p=head;                 /*从第一个人员开始报数*/
    while (num<n)           /*只要出列人数小于 n 继续*/
    {
        for (i=1;i<m;i++)
          {pre=p;p=p->next;} /*使指针 p 指向数到 m 的人员，pre 指向其前驱*/
        printf("%4d",p->No); /*输出 p 所指人员的序号*/
        pre->next=p->next;  /*p 所指人员出列*/
        free(p);            /*回收 p 所指结点的空间*/
        p=pre->next;        /*使 p 重新指向 pre 的后继*/
        num++;              /*出列人数加 1*/
    }
}
```

### 6.2.2　应用扩展

编写程序，使用数组实现约瑟夫问题。程序源代码如下：

```
#include "stdio.h"
void baoshu(int n,int m);
main()
```

```
{
   int n,m;
   printf("\ninput n & m :  ");
   scanf("%d%d",&n,&m);
   printf("\nthe order is : ");
   baoshu(n,m);
}
void baoshu(int n,int m)
{
   int a[50],count,out,i;
   for(i=0;i<n;i++) a[i]=1;/*n 个人圈坐一圈，即 a[i]初值为 1，表示其在圈内*/
   count=0;                  /*累计报数，当 count 值为 m 时，刚刚报数的人员出列*/
   out=0;                    /*计数出列人数*/
   i=0;                      /**/
   while (out<n)
     {
      if (a[i]==1)  count++;   /*对圈内的人员累计报数*/
      if (count==m)            /*当 count 值为 m 时，刚刚报数的人员出列*/
       {
         printf("%d  ",i);      /*输出出列人员的序号*/
         a[i]=0;                /*刚刚报数的人员出列*/
         out++;                 /*出列人数加 1*/
         count=0;               /*累计报数的变量清 0，为下一轮报数准备*/
       }
      i++;
      if(i==n) i=0;
     }
}
```

程序分析：

(1) a[0⋯n−1]存放 n 个人，初始化所有数组元素为 1，即所有人均未出列；当某个人出列时，该数组元素置 0。

(2) 设置变量 i 标记数组元素的下标或报数人的序号，从序号为 0 的人开始报数；设目前刚刚报数的人的序号为 i(i<n−1)，则下一报数的人的序号为 i++；当 i==n−1 时，则下一报数的人的序号应为 0。

(3) 设置变量 out 标记出列人数，控制循环执行次数，当 out 取值为 0~n−1 时，则执行循环，否则退出循环。

(4) 设置变量 count 累计报数人数，决定某一个人是否出列，count 从 0 开始累计，只有未出列的人员参与报数，当 count==m 时，①刚报数的人需要置 0 出列、输出序号；②出列人数 out 加 1；③count 重新置 0，准备开始下一轮报数。

### 6.2.3　相关知识及注意事项

1. sizeof 运算符

sizeof 运算符是一种单目运算符，它用来求得某种类型或某个变量在内存中所占的字节数。sizeof 运算符使用的格式如下：

```
sizeof(类型符)
sizeof(变量名)
```

其中，类型符可以是基本类型，也可以是构造类型。例如：

```
struct date
{
   int year;
   int month;
   int day;
};
main()
{
   int x,a[10];
   printf("%d\t",sizeof(x));
   printf("%d\t",sizeof(m));
   printf("%d\t",sizeof(int));
   printf("%d\n",sizeof(struct date));
}
```

程序的输出结果如下：

```
2  20  2   6
```

2. 链表的概念及基本结构

结构体类型的一个重要应用就是建立数据结构中的链表。链表是一种常用的数据结构，与数组不同，它是一种进行动态存储分配的数据结构，事先不必确定其长度，且各元素不必顺序存放，各元素之间通过指针相互链接。

链表是由若干被称为结点的元素构成的，结点的个数根据需要而定。通常情况下，一个链表的结点至少有两个域：一是数据域，用于存储需要处理的数据；二是指针域，用于存储下一个结点的地址，或者说用于指向下一个结点。通过结点的指针域可以将链表中的各个结点连接起来。典型的链表如图 6.4 所示。

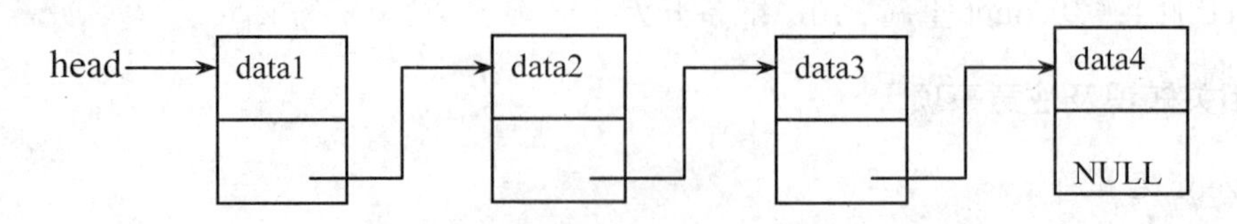


图 6.4　链表的基本结构

在一个链表中，指向第一个结点的指针称为头指针；每个结点的指针域所指向的结点称为该结点的后继结点，而该结点又称为其后继结点的前驱结点，链表中的第一个结点无前驱结点，最后一个结点(又称为尾结点)无后继结点。

在图 6.4 中，head 是链表的头指针，指向链表的第一个结点，即值为 data1 的结点；其中，值为 data2 的结点的前驱结点是值为 data1 的结点，后继结点是值为 data3 的结点；值为 data4 的结点是链表中的最后一个结点，即尾结点。尾结点没有后继结点，其指针域为 NULL，表示链表的结束。

链表中各结点的存放可以是连续的，也可以是不连续的。例如，要查找图 6.4 中链表的第 4 个结点，必须从链表的头指针 head 开始，顺序查找链表的第一个结点、第二个结点，直到找到链表的第 3 个结点，根据第 3 个结点提供的后继结点的地址可以找到第 4 个结点。如果没有头指针，整个链表就无法访问。可见，头指针是至关重要的。

图 6.4 中链表的结点类型可以定义如下：

```
struct node
{
  int data;
  struct node *next;
};
```

其中，数据域 data 用于存储一个整数，指针域 next 用于存储下一个结点的地址。当一个结点是链表的尾结点时，则它的 next 域应被置为空。

### 3. 动态开辟和释放存储单元函数

C 语言的动态存储分配可以在程序的运行过程中根据需要随时开辟新的存储单元，又可以根据需要随时释放这些存储单元，从而达到合理利用内存空间的目的。

C 语言提供了 4 个动态分配函数，它们是 malloc()、calloc()、realloc()和 free()，前 3 个是动态开辟函数，free()是动态释放函数。

1) 动态开辟函数 malloc()

```
(类型名*) malloc(size)
```

函数 malloc(size)根据其实参的值分配 size 字节的存储区，并返回该存储区的首地址，若系统不能提供足够的内存单元，即分配失败，函数将返回空指针 NULL。其中，类型名表示该存储区用于存放何种类型的数据。(类型名*)表示把 malloc()函数的返回值强制转换为该类型指针。

为了避免使用空指针，可先通过语句“if(ptr!=NULL)…”进行判断，在确认指针 ptr 已正确指向存储空间后再使用。例如：

```
char *ptr;
ptr=(char *)malloc(8);
if(ptr!=NULL)...
```

表示向系统申请 8 个字节的内存空间，并强制转换为字符指针类型。ptr 指向该存储空间的首地址。

2) 动态开辟函数 calloc()

```
(类型名*)calloc(n,size)
```

函数 calloc(n,size)是在内存中分配 n 个数据项的连续内存空间，每个数据项的大小为 size 字节。函数返回值是新分配的内存空间的首地址，若系统不能提供足够的内存单元，即分配失败，函数将返回空指针 NULL。

calloc()函数与 malloc()函数均用于动态开辟存储单元，区别仅在于 calloc()函数可以一次分配 n 个数据项的存储区。例如：

```
char *ptr;
ptr=(char*)calloc(2,20);
if(ptr!=NULL)...
```

表示分配两个且每个大小为 20 个字节的连续内存空间，强制转换为字符指针类型。ptr 指向该存储空间的首地址。

3) 动态开辟函数 realloc()

```
(类型名*)realloc(p,size)
```

函数 realloc(p,size)是将 p 所指的已分配内存区的大小改为 size 字节。size 可以比原来分配的内存空间大或小。函数返回值是新分配的内存空间的首地址，若系统不能提供足够的内存单元，即分配失败，函数将返回空指针 NULL。

4) 动态释放函数 free()

```
free(ptr);
```

调用函数 free(ptr)后，可将指针 ptr 所指的存储单元交还给系统。ptr 是一个任意类型的指针变量，它指向被释放存储区的首地址。注意，free()函数释放的空间必须是经过动态函数开辟的。例如：

```
int *ptr;
ptr=(int *)malloc(sizeof(int));
if(ptr!=NULL)...
free(ptr);
```

表示释放 ptr 所指的存储空间，ptr 为指向 int 型的指针。

注意：在程序中若需使用以上 4 个函数，应在程序的开始处用文件包含命令#include 包含头文件 stdlib.h 或 alloc.h，具体包含哪个头文件应根据所使用的 C 语言版本而定。

4. 单向链表的主要操作

单向链表的主要操作主要包括链表的建立、链表的输出、链表结点的插入和删除等。在介绍单向链表的主要操作时，单向链表的结点均采用如下结构体类型：

```
struct Lnode
{
   float score;
   struct Lnode*next;
};
typedef struct Lnode List;
```

1) 单向链表的建立

链表的建立是指给链表创建结点并输入数据以及建立各结点之间的联系。基本步骤如下：

(1) 初始化头指针。语句为“head=NULL;”。

(2) 根据输入的 s 值，判断是否开辟新结点。若判断结果为真，则转到(3)，否则转到(6)。

(3) 开辟存储单元给新结点，并使指针 new 指向它。

(4) 将 s 的值赋给新结点的 score 成员，即“new->score=s;”。

(5) 连接新结点和当前链表的最后结点，即“tail->next=new;”，并使 tail 指向新链表的最后一个结点，即“tail=new;”。若新结点是链表的第一个结点，应初始化头指针和尾指针，使它们均指向第一个结点，即“head=new;tail=new;”。

(6) 将链表的最后一个结点设为尾结点，即“tail->next=NULL”。

(7) 返回链表的头指针，即“return head;”。

例如，设计一个函数 creat_list()，用于创建一个链表，存放若干学生成绩。程序代码如下：

```
List *creat_list()      /*返回所建链表的头指针*/
{
   List *head=NULL,*new,*tail;
   float s;
   printf("\ninput score : ");
   scanf("%f",&s);      /* 输入第 1 个结点的数据*/
   while(s<0)           /*s 为负数时结束*/
   {
      new=(List*)malloc(sizeof(List)); /*为新结点开辟存储单元*/
      new->score=s;
      if(head==NULL)
```

```
        {
            head=new;           /*初始化头指针，使其指向第 1 个结点*/
            tail=new;           /*tail 指向链表的最后一个结点*/
        }
        else
        {
            tail->next=new; /*从第 2 个结点开始均插在链表的表尾*/
            tail=new;           /*tail 始终指向链表的最后一个结点*/
        }
        printf("\ninput score : ");
        scanf("%f",&s);     /*输入下一个结点的成绩*/
    }
    tail->next=NULL;        /*将链表的最后一个结点设为尾结点*/
    return head;            /*返回链表的头指针*/
}
```

程序分析：

(1) creat_list()函数的返回值为指向 struct student 结构体类型的指针，用于返回新建链表的头指针。

(2) 在 creat_list()函数中，定义 3 个指向 struct student 结构体类型的指针：head、new 和 tail。head 为链表的头指针，初始化为 NULL，表示链表为空。new 始终指向新开辟的结点，即要插入链表的结点。tail 始终指向链表的最后一个结点。新开辟的结点则插到链表的表尾，即成为 tail 所指结点的下一个结点。当输入的 s 值为负数时，结束链表的建立。

2) 单向链表的输出

单向链表的输出是从头指针开始顺序扫描单向链表的所有结点并将其数据输出。基本步骤如下：

(1) 使指针 p 指向链表的第 1 个结点，即“p=head;”。

(2) 判断是否到链表尾，若未到链表尾，则转到(3)，否则，结束。

(3) 输出 p 所指结点的 score 成员值，即“printf("score=%.0f\n",p->score);”。

(4) 移动指针 p，使其指向下一个结点，即“p=p->next”。若不存在下一个结点，p 为空指针，即“p=NULL;”。

例如，设计一个函数 print_list()，用于输出一个单向链表。程序源代码如下：

```
void print_list(List *head)
{
    List *p;
    printf("\noutput node:\n");
    p=head;                             /*p 指向链表的头结点*/
    while(p!=NULL)                      /*链表不为空则继续输出结点信息*/
    {
```

```
        printf("score=%.0f\n",p->score); /*输出p所指结点的score成员值*/
        p=p->next;                        /*将p指向下一个将要输出的结点*/
      }
    }
```

程序分析：

(1) print_list()函数用于链表的输出，无返回值。形参 head 为 struct student 结构体类型指针，用来接收一个链表的头指针。

(2) 在 print_list()函数中定义了一个 struct student 结构体类型指针 p，通过指针 p 输出参数链表中所有结点的数据域的值。首先，p 指向链表的第 1 个结点，输出 p 所指结点数据域的值，然后 p 指向当前结点的后继结点并输出，直到链表的结束，此时 p 为 NULL。

3) 单向链表结点的插入

要在链表中插入新的结点，可以按指定位置插入，也可以按某一条件进行有序插入。图 6.5 所示的是有序插入。根据插入方式又分为“前插”和“后插”两种，图中采用的是“后插”方式，即在 q 所指结点之后插入 s 所指结点。

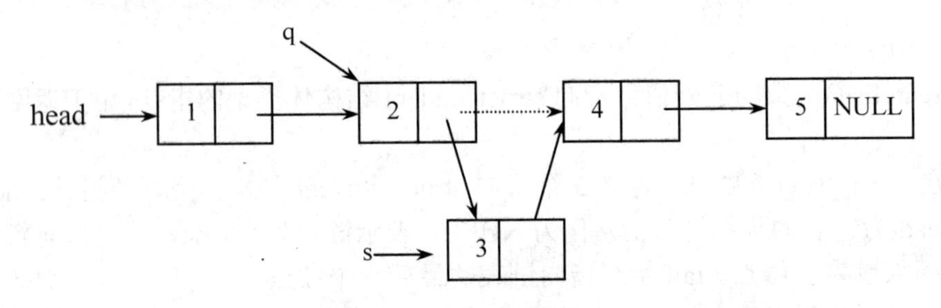


**图 6.5　单向链表的插入**

有序链表插入的基本步骤如下：

(1) 用 s 指向新开辟的结点，并将需插入的数值赋给新结点的 score 成员。

(2) 使指针 p 指向链表的第 1 个结点，即“p=head;”。

(3) 判断 p 是否到链表尾，若未到链表尾，则转到(4)，否则，转到(6)。

(4) 判断是否找到插入点，如果未找到，则转到(5)，否则，转到(6)。

(5) 指针 p 和 q 同时后移，即“q=p;p=p->next;”。

(6) 插入新结点，即“s->next=p;q->next=s;”。若链表 head 为空，插入的新结点为链表的第 1 个结点，即“s->next=NULL;head=s;”。

(7) 返回插入后的链表头指针，即“return head;”。

例如，设计一个函数 insert_list()，用于在有序链表中插入一个结点。程序源代码如下：

```
List * insert_list(List *head,float m)
{
   List *p,*q,*s;
   s=(List *)malloc(sizeof(List));
   s->score=m;
```

```
        p=head;
        while(p!=NULL)
           if(p->num<m)
           {
             q=p;
             p=p->next;
            }
           else  break;
        if(head==NULL)
        {
           s->next=NULL;
           head=s;
        }
        else
        {
           s->next=p;
          q->next=s;
        }
        return head;
    }
```

4) 单向链表结点的删除

链表结点的删除是指在一个已知链表中删除指定的一个或多个结点。例如，在 head 链表中，删除结点 2 和结点 4 之间的结点 3，需要将结点 4 的地址赋给结点 2 的 next 域，如图 6.6 所示。

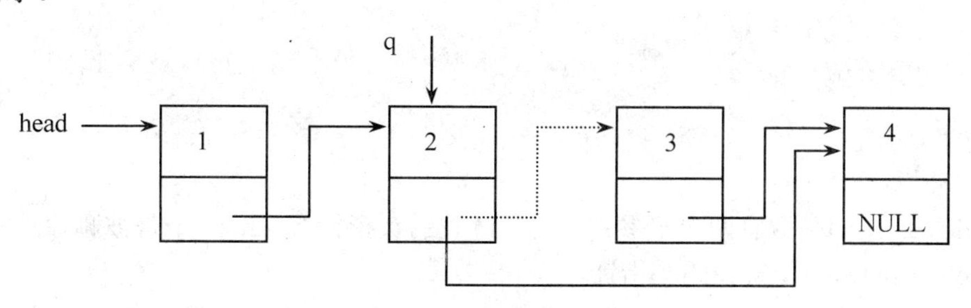


图 6.6　单向链表的删除

单向链表删除结点的基本步骤如下：

(1) 使指针 p 指向链表的第 1 个结点，即“p=head;”。

(2) 判断 p 是否到链表尾，若未到链表尾，则转到(3)继续查找，否则，转到(5)。

(3) 判断是否找到被删结点，如果未找到，则转到(4)，否则，转到(5)。

(4) 指针 p 和 q 同时后移，即“q=p;p=p->next;”。

(5) 判断 p 的值是否为 NULL，若是，说明不存在被删结点，否则转到(6)。

(6) 删除结点并释放，即“q->next=p->next;free(p);”。若被删结点是链表的第 1 个结点，需要的处理为“head=p->next;free(p);”。

(7) 返回删除后的链表头指针，即“return head;”。

例如，设计一个函数 delete_list()，用于删除链表中的指定结点。程序源代码如下：

```
List *delete_list( List *head,float s)     /*删除一个结点，其值为 s*/
{
   List *p,*q;
   p=head;
   while(p!=NULL)              /*顺序扫描链表，查找值为 s 的结点由指针 p 指向*/
      if(p->score!=s)
         {q=p;p=p->next;}
      else  break;
   if(p==NULL)                 /*没有找到被删结点*/
      printf("%d node not found!\n",s);
   else
      {
         if(p==head)           /*被删结点是第 1 个结点*/
              {head=p->next;free(p);}
         else                  /*被删结点是第 2 个或其后的结点*/
              {q->next=p->next;free(p);}
         printf("%d node is deleted!\n",s);
      }
      printf("%d node not found!\n",s);
   }
   return head;
}
```

程序分析：

(1) delete_list()函数有两个形参：一个是链表的头指针 head，一个是被删除结点的值 s。函数 delete_list()返回新链表的头指针。

(2) 在 delete_list()函数中，定义了指向 struct student 结构体类型的指针 p 和 q。p 指向被删结点，q 指向被删除结点的前驱。若链表为空，则给出提示；否则查找被删除结点。若找到该结点并且该结点为链表的第 1 个结点时，则将头指针指向该结点的下一结点；否则将该结点的前驱结点指向该结点的后继结点。

5. 循环单链表

循环链表是另一种形式的链表，它的特点是将链表中的最后一个结点和头结点链接起来，整个链表形成一个环。由此，从循环链表中任一结点出发均可找到表中其他结点。

在单链表中，由于最后一个结点的指针域为空指针，所以可以将头指针赋给最后一个结点的指针域，使得链表的头尾相连，形成循环单链表。

循环单链表的运算与单链表基本相同，只是判断尾结点的条件不同，单链表尾结点的 next 域为 NULL，而循环单链表的尾结点的 next 域为头指针。

## 6.3　“读取一个整数的高字节或低字节”案例

### 6.3.1　案例实现过程

**【案例说明】**

编写程序，读取一个整数的高字节或低字节。要求用共用体实现。程序运行结果如图 6.7 所示。

图 6.7　读取一个整数的高字节或低字节

**【案例目的】**

(1) 熟悉共用体类型的声明和变量的定义。

(2) 学会如何使用共用体类型通过不同的成员形式读取内存中的值。

**【技术要点】**

一个 int 型数据占用两个字节，低字节存储在低地址单元中，高字节存储在高地址单元中。可以使用共用体变量读取高字节和低字节，共用体类型的定义如下：

```
union data                    /*共用体类型定义*/
{
    int i;
    char c[2];                /*c[0]是 i 的低字节，c[1]是 i 的高字节*/
};
```

**【代码及分析】**

```
#include <stdio.h>
union data                    /*共用体类型定义*/
{
    int i;
    char c[2];                /*c[0]是 i 的低字节，c[1]是 i 的高字节*/
```

```
};
typedef union data DATA;   /*类型 DATA 等价于 union data */
main()
{
    DATA r,*s=&r;
    s->i=0x3839;             /*i 为 16 进制数*/
    printf("\n");
    printf("i=%xH\n",s->i);
    printf("ih=%xH,id=%xH\n",r.c[1],r.c[0]); /*输出 i 的高字节和低字节
                                              /对应的十六进制数*/
    printf("c[1]='%c',c[0]='%c'\n",s->c[1],s->c[0]); /*输出 i 的高字节
                                              /和低字节对应的字符*/
}
```

### 6.3.2 应用扩展

设有一个教师与学生通用的结构体类型，教师信息有姓名、年龄、职业、教研室四项。学生信息有姓名、年龄、职业、班级四项。设计一个程序，输入教师或学生信息，然后显示出来。程序源代码如下：

```
#include <stdio.h>
union depart
{
  int class;
  char office[10];
};                          /*教师教研室项与学生班级项定义为共用体成员*/
struct person
{
   char name[10];
   int age;
   char job;
   union depart depa;
};                          /*定义结构体类型*/
main()
{
  struct person person[2];
  int n,i;
  for(i=0;i<2;i++)
  {
   printf("input name,age,job and department\n");
```

```
        scanf("%s %d %c",person[i].name,&person[i].age,&person[i].job);
        if(person[i].job=='s')
          scanf("%d",&person[i].depa.class);/*若为学生，则输入班级信息*/
        else
          scanf("%s",person[i].depa.office);/*若为教师，则输入教研室信息*/
      }
      printf("name\tage job class/office\n");
      for(i=0;i<2;i++)
      {
       if(person[i].job=='s')

        printf("%s\t%3d%3c%d\n",person[i].name,person[i].age,person[i].
job,person[i].depa.class);
       else
        printf("%s\t%3d%3c%s\n",person[i].name,person[i].age,person[i].
job,person[i].depa.office);
       }
    }
```

程序分析：

(1) 在程序中定义一个结构数组 person 来存放教师或学生信息，该结构体共有 4 个成员。其中成员 depa 为一个共用体型变量，这个共用体类型又由两个成员组成：一个为整型成员 class，一个为字符数组 office。

(2) 通过一个 for 循环输入教师或学生信息，首先输入前 3 个成员 name、age 和 job，然后判断 job 成员的值，若 job 成员的值为's'，则对共用体 depa.class 输入(对学生赋班级编号)，否则，对 depa.office 输入(对教师赋教研室名)。

(3) 在用 scanf 语句输入数据时注意：凡为数组类型的成员，无论是结构体成员还是共用体成员，在该项前都不能再加“&”运算符。

程序运行结果如图 6.8 所示。

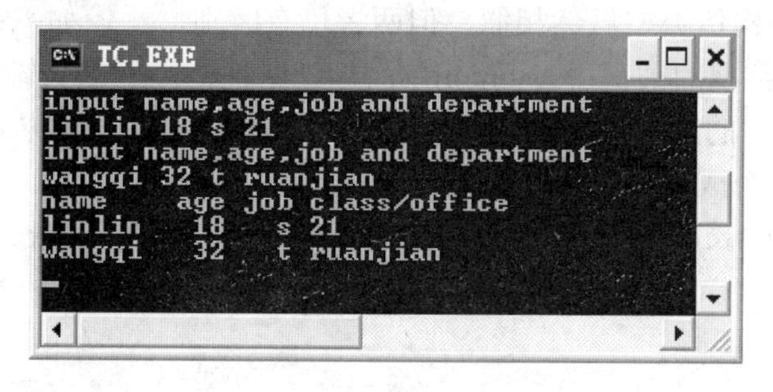


图 6.8　教师或学生信息

### 6.3.3 相关知识及注意事项

1. 共用体类型的定义

共用体和结构体类似，也是一种构造类型，它将不同类型的数据项存放在同一内存区域内。组成共用体的各个数据项也称为成员或域。共用体有时也称为联合(union)。

共用体与结构体不同的是：结构体变量的各成员占用连续的、不同的存储单元，而共用体变量的各成员占用相同的存储单元。由于共用体类型将不同类型的数据在不同时刻存储到同一内存区域内，因此，使用共用体数据可以更好地利用存储空间。

共用体类型定义的一般格式如下：

```
union  共用体名
{
     成员列表
};
```

其中，union 为关键字，表示定义一个共用体类型。共用体名为 C 语言合法的标识符。花括号内的成员列表用来说明组成该共用体的各个成员，对每个成员应进行类型说明，其说明格式为：

```
类型符    成员名;
```

成员名的命名应符合 C 语言标识符的命名规则。例如：

```
union data
{
   int a;
   float b;
   char c[6];
};
```

定义一个共用体类型 union data，它包含 3 个成员：一个是 int 型，成员名为 a；一个是 float 型，成员名为 b；一个是字符型数组，成员名为 c。

共用体类型与结构体类型虽然相似，但两者仍有区别，比较如下：

(1) 标识共用体类型的关键字是 union，而标识结构体类型的关键字是 struct。

(2) 共用体类型中的成员共享同一段内存单元，即所有成员都从同一地址开始存储，而结构体类型中的各个成员分别占有不同的内存单元。

(3) 共用体类型的长度等于最长成员的长度，而结构体类型的长度是其所有成员长度的总和。

2. 共用体变量的定义

共用体变量的定义和结构体变量的定义方式相似，也有 3 种方法。

1) 先定义共用体类型后定义共用体变量

例如：

```
union data
{
  int a;
  float b;
  char c[6];
};
union data data1;
```

2) 在定义共用体类型的同时定义共用体变量

例如：

```
union data
{
  int a;
  float b;
  char c[6];
}data1;
```

3) 直接定义共用体变量

例如：

```
union
{
  int a;
  float b;
  char c[6];
}data1;
```

定义共用体变量后，系统会给它分配内存空间。例如，上述共用体变量 data1 的内存分配如图 6.9 所示。由图 6.9 可以看出，共用体变量 data1 共占有 6 个字节的内存单元，a、b 和 c 3 个成员均从第一个单元开始分配内存单元，故其地址相同。

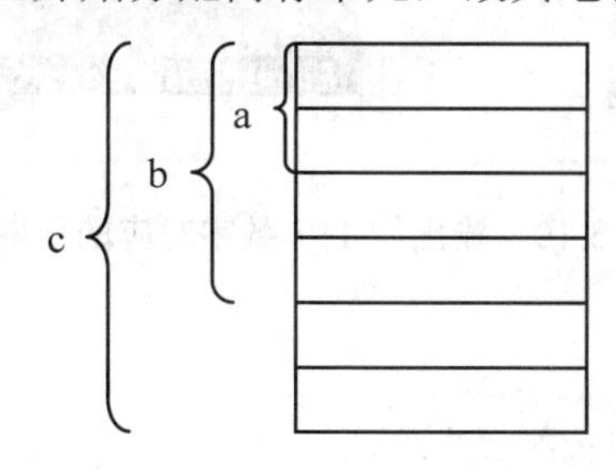


图 6.9　共用体变量 data1 内存

3. 共用体成员的引用

共用体变量的成员引用方法同结构体变量，一般形式如下：

```
共用体变量名.成员名
共用体指针变量名->成员名
(*共用体指针变量名).成员名
```

例如，给共用体变量 data1 的 a 成员赋值 10。

```
data1.a=10;
```

综上所述，共用体的特点如下：

(1) 在共用体类型中，同一个内存段可以用来存放几种不同数据类型的成员，但在每一时刻只能存放其中的一种，而不是同时存放几种数据类型的成员。

(2) 共用体变量中存放和起作用的是最后一次存入的成员值，即共用体变量的所有成员不是同时存在和起作用的，而是每一时刻只有一个成员存在和起作用，但可以通过不同的成员形式读取内存中的值。

(3) 由于所有成员共享同一内存空间，故共用体变量与其各成员的地址相同。

(4) 不能对共用体变量名赋值，也不能企图引用共用体变量名来得到一个值，还不能在定义共用体变量时对它进行初始化。

(5) 共用体类型可以出现在结构体类型声明中，也可以定义共用体数组；结构体也可以出现在共用体类型声明中，即两者可以相互嵌套。

## 6.4 “输出与 1~7 数字对应的星期”案例

### 6.4.1 案例实现过程

**【案例说明】**

从键盘输入 1~7 之间的一个整数，显示与之对应的星期。程序运行结果如图 6.10 所示。

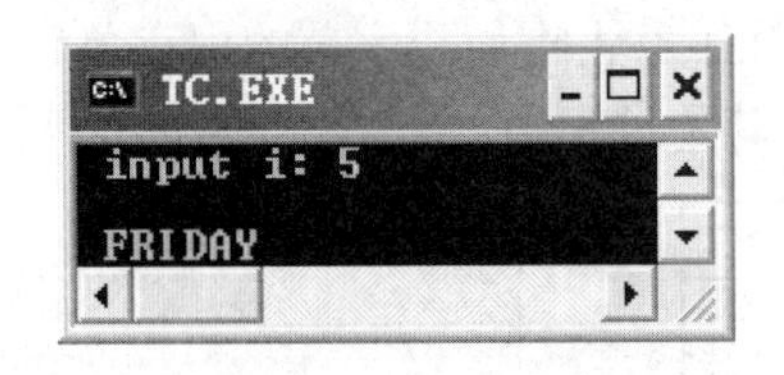


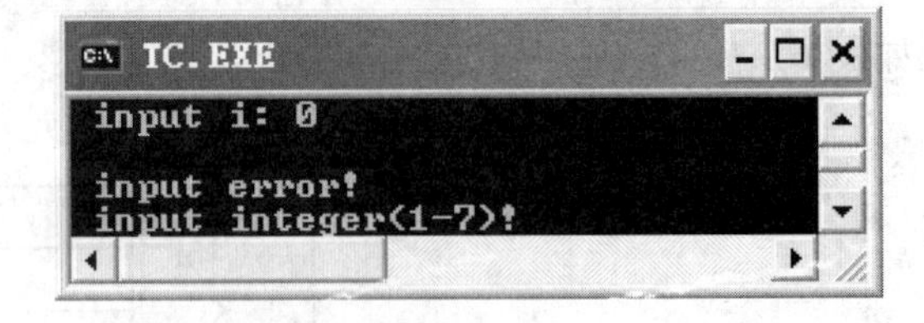


图 6.10 输出与 1~7 数字对应的星期

**【案例目的】**

(1) 熟悉枚举类型的声明和枚举变量的定义。

(2) 掌握使用枚举类型定义一周的 7 天或一年的 12 个月份的方法。

【技术要点】

(1) 定义一个枚举类型 enum week，包含 7 个枚举常量，分别表示一个星期的 7 天。
(2) 显式指定 MONDAY=1，其后枚举常量分别取值：2、3、…、7。
(3) 用一个 switch 语句判断、输出相应的枚举常量名。

【代码及分析】

```
#include <stdio.h>
main()
{
    enum week{MONDAY=1,TUESDAY,WEDNESDAY,
                THURSDAY,FRIDAY,SATURDAY,SUNDAY};
                            /*定义与星期对应的枚举类型*/
    enum week day;
    int i;
    printf("input i: ");
    scanf("%d",&i);
    day=(enum week)i;
    switch(day)            /*判断 day 对应的枚举常量并输出*/
    {
      case MONDAY:
          printf("\n MONDAY\n");
          break;
     case TUESDAY :
          printf("\n TUESDAY\n");
          break;
     case WEDNESDAY:
          printf("\n WEDNESDAY\n");
          break;
     case THURSDAY:
          printf("\n THURSDAY \n");
          break;
     case FRIDAY:
          printf("\n FRIDAY\n");
          break;
     case SATURDAY:
          printf("\n SATURDAY\n");
          break;
     case SUNDAY:
```

```
            printf("\n SUNDAY\n");
            break;
        default:
            printf("\ninput error!\n input integer(1~7)!\n");
    }
}
```

### 6.4.2 应用扩展

从键盘输入 1~12 之间的一个整数，显示与之对应的月份。

```
#include <stdio.h>
main()
{
    /*定义与十二个月份对应的枚举类型*/
    enum monthtype
        {
            January=1,
            February,
            March,
            April,
            May,
            June,
            July,
            August,
            September,
            October,
            November,
            December
        };
    enum monthtype month;
    int i;
    printf(" input i(1-12): ");
    scanf("%d",&i);
    month=(enum monthtype)i;
    switch(month)               /*判断 month 对应的枚举常量并输出*/
    {
      case January:
            printf("\n January \n");
            break;
```

```
        case February :
             printf("\n February \n");
             break;
        case March:
             printf("\n March \n");
             break;
        case April:
             printf("\n April \n");
             break;
        case May:
             printf("\n May \n");
             break;
        case June:
             printf("\n June \n");
             break;
        case July:
             printf("\n July \n");
             break;
        case August :
             printf("\n August \n");
             break;
        case September:
             printf("\n September \n");
             break;
        case October:
             printf("\n October \n");
             break;
        case November:
             printf("\n November \n");
             break;
        case December:
             printf("\n December \n");
             break;
        default:
             printf("\ninput error!\n input integer(1~12)!\n");
    }
}
```

程序运行结果如图 6.11 所示。

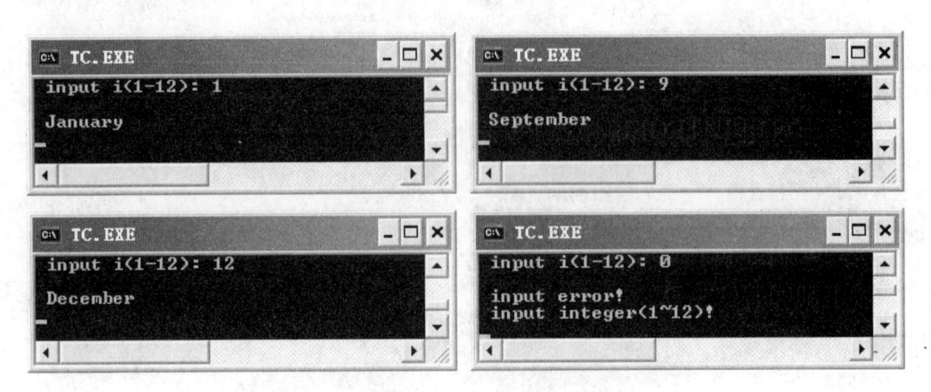


图 6.11　输出与 1～12 数字对应的月份

### 6.4.3　相关知识及注意事项

若某个变量只能取少数几个值，可将其声明为枚举类型变量。所谓“枚举”是指将变量的取值指定为若干个值之一，即限定在一个有限的范围内，其中每个值用一个名字标识。如一个星期的 7 天，一年的 12 个月等。使用枚举类型的目的是为了提高程序的可读性。

1. 枚举类型

枚举类型是一种用户自定义的数据类型。在枚举类型的定义中列举出所有可能的取值，被声明为该枚举类型的变量的取值不能超过定义的范围。

枚举类型定义的一般格式如下：

```
enum 枚举类型名{枚举值表};
```

其中，enum 为关键字，表示定义一个枚举类型。枚举类型名为 C 语言的合法标识符。括号内的标识符称为枚举元素或枚举常量，各枚举常量之间用逗号隔开。例如，定义一个枚举类型代表一周的 7 天。

```
enum week
{
   MONDAY,
   TUESDAY,
   WEDNESDAY,
   THURSDAY,
   FRIDAY,
   SATURDAY,
   SUNDAY
};
```

程序分析：

定义了一个枚举类型，名为 week，包括 7 个枚举常量，即一周中的 7 天。

需要注意的是，每个枚举常量对应一个整数值。一般情况下，一个枚举类型中各枚举常量从 0 开始顺序取值。在上面的例子中，从 MONDAY 到 SUNDAY 分别取值为 0，1，2，3，4，5，6。另外，在定义枚举类型时，也可显式指定各枚举常量的值。例如：

```
enum week{MONDAY=1,TUESDAY,WEDNESDAY,THURSDAY,FRIDAY,SATURDAY,SUNDAY};
```

此时，MONDAY 的值为 1，其后的枚举常量取值顺序增 1，即 TUESDAY 到 SUNDAY 的取值分别为 2~7。例如：

```
enum color{RED=0,YELLOW,BLUE=3,WHITE,BLACK};
```

此时，RED=0，RED 之后的 YELLOW 顺序增 1，即 YELLOW=1，BLUE=3，其后的 WHITE 和 BLACK 分别为 4 和 5。

2. 枚举型变量的定义

定义了枚举类型后，就可以定义枚举型变量了。同结构体和共用体一样，枚举型变量也可用 3 种方式定义。

1) 先定义枚举类型再定义枚举型变量

例如：

```
enum week{MONDAY,TUESDAY,WEDNESDAY,THURSDAY,FRIDAY,SATURDAY,SUNDAY};
   enum week workday;
```

2) 在定义枚举类型的同时定义枚举型变量

例如：

```
enum week{MONDAY,TUESDAY,WEDNESDAY,THURSDAY,FRIDAY,SATURDAY,SUNDAY}
workday;
```

3) 直接定义枚举型变量

例如：

```
enum {MONDAY,TUESDAY,WEDNESDAY,THURSDAY,FRIDAY,SATURDAY,SUNDAY}workday;
```

3. 枚举型变量的使用

定义了枚举型变量后，在程序中就可以使用它了。枚举型变量的取值只能取相应枚举类型中列出的枚举常量。例如：

```
    enum week workday;
    workday=FRIDAY;
```

变量 workday 为 enum week 型变量，其取值只能是一周中的某一天。

使用枚举类型时，应注意以下几个问题：

(1) 在枚举类型定义中，枚举常量的命名规则与标识符相同，并且不能另作它用。

(2) 不能在程序中对枚举常量赋值。

(3) 只能把枚举常量赋给枚举变量，不能把枚举常量对应的整数值直接赋给枚举变量。

例如，下面的两个语句中，第一个是合法的，而第二个是不合法的。

```
workday=SUNDAY;
workday=7;
```

如果将第二个赋值语句改写成如下形式就是合法的：

```
workday=(enum week)7;
```

在上述语句中，是将整数 7 经过强制类型转换后赋给变量 workday。

(4) 枚举常量不是字符常量也不是字符串常量时，使用时不能加单、双引号。

例如，下面的赋值语句是不合法的：

```
workday="MONDAY";
```

(5) 输出枚举常量或枚举变量的整数值时，应使用整型输出格式符。若要输出枚举常量名，需经过转换。例如：

```
workday=MONDAY;
if(workday==MONDAY)  printf("MONDAY");
```

(6) 枚举常量可进行比较运算，由它们对应的整数参加比较。

## 本 章 小 结

本章主要介绍了结构体、共用体和枚举类型的基本知识。通过“学籍管理”案例介绍了结构体的概念、结构体类型的声明和变量的定义、结构体成员的引用、结构体类型的参数传递、结构体数组、typedef 类型定义等；通过“约瑟夫问题”案例介绍了 sizeof 运算符、动态开辟和释放存储单元、链表的定义及基本结构、链表的基本操作等；通过“读取一个整数的高字节或低字节”案例介绍了共用体类型的定义、共用体变量的定义、共用体成员的引用等；通过“输出与 1~7 数字对应的星期”案例介绍了枚举类型的概念、枚举型变量的定义和引用。

## 习 题 6

一、选择题

1. 设有以下定义语句：

```
struct ex{ int x;float y;char z;}example;
```

则下面的叙述中不正确的是(　　)。

A. struct 为结构体类型的关键字

B. example 是结构体类型名

C. x、y、z 都是结构体成员名

D. ex 是结构体类型名

2. 设有如下定义语句：

```
enum time{t1,t2=7,t3,t4=15}day;
```

则枚举常量 t1 和 t3 的值分别为(　)。

A. 1，2　　B. 0，8　　C. 1，8　　D. 1，3

3. 设有如下定义语句，则变量 a 所占内存字节数为(　　)。

```
union udata {char str[4]; int i;long x;};
struct sdata {int c;union udata u;}a;
```

A. 4　　B. 5　　C. 6　　D. 8

4. 以下程序的输出结果为(　　)。

```
union myun
{
    struct{ int x;int y;int z;} u;
    int k;
}a;
main()
{
    a.u.x=4;
    a.u.y=5;
    a.u.z=6;
    a.k=0;
    printf("%d",a.u.x);
}
```

A. 4　　B. 5　　C. 6　　D. 0

5. 以下有关枚举类型定义的语句正确的是(　　)。

A. enum color{red,white,blue};

B. enum color={red=1;white;blue};

C. enum color={"red","white","blue"};

D. enum color{"red","white","blue"};

6. 以下语句执行后的输出结果为(　　)。

```
enum week{sun,mon,tue=3,wed,thu,fri,sat};
enum week day;
day=mon;
printf("%d",day);
```

A. 2　　B. 4　　C. 0　　D. 1

7. 若已建立下面的链表结构，指针 p、s 分别指向图中所示的结点。不能将 s 所指的结点插入到链表末尾的程序段是(　　)。

A. s->next=NULL;p=p->next;p->next=s;

B. p=p->next;s->next=p;p->next=s;

C. p=(*p).next;(*s).next=(*p).next;(*p).next=s;

D. p=p->next;s->next=p->next;p->next=s;

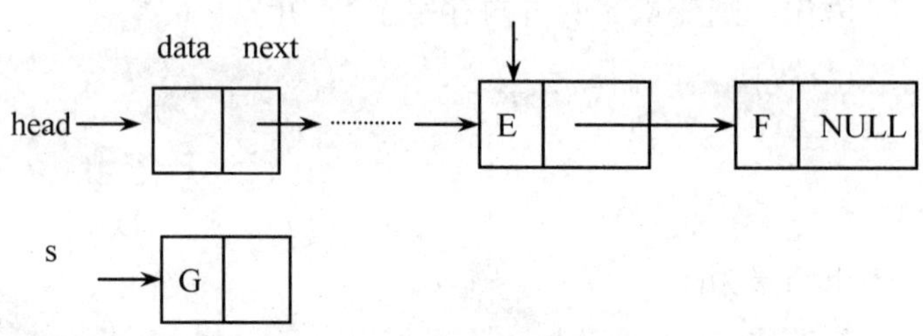


8. 根据下面的定义，能打印出字母 Z 的语句是(　　)。

```
    struct person{char name[20];int age;};
    struct person
class[10]={ "Hongling",17,"linlin",18,"Zhanhui",19,"chengli",20};
```

A. printf("%c\n",class[3].name);

B. printf("%c\n",class[3].name[1]);

C. printf("%c\n",class[2].name[0]);

D. printf("%c\n",class[2].name[1]);

9. 已知一描述学生信息的结构体类型如下：

```
    struct student
    {
      int num;
      char name[20];
      char sex;
      struct{int year;int month;int day;}birthday;
    }stu;
```

设结构体变量 stu 中的生日为“1977 年 10 月 16 日”，下列对成员 birthday 的正确赋值为(　　)。

A. year=1977;month=10;day=16;

B. birthday.year=1977;birthday.month=10;birthday.day=16;

C. stu.year=1977;stu.month=10;stu.day=16;

D. stu.birthday.year=1977;stu.birthday.month=10;stu.birthday.day=16;

10. 以下程序的运行结果为(　　)。

```
    union u{ int k;char c[2];}u1;
```

```
main()
{
   u1.c[0]=13;
   u1.c[1]=0;
   printf("%d\n",u1.k);
}
```

A. 13　　B. 208　　C. 15　　D. 208

11. 下面关于 typedef 的说法中不正确的是(　　)。

A. 用 typedef 可以定义各种类型名，但不能用来定义变量

B. 用 typedef 可以增加新类型

C. 用 typedef 有利于程序的通用和移植

D. 用 typedef 是为已存在的类型取一个别名

12. 以下各选项企图说明一种用户自定义类型名，其中正确的是(　　)。

A. typedef v1 int;　　B. typedef v2=int;

C. typedef int v3;　　D. typedef v4: int;

13. 设有以下定义：

```
typedef int * INTEGER;
INTEGER p,*q;
```

以下说法正确的是(　　)。

A. p 是 int 型变量

B. q 是基类型为 int 的指针变量

C. p 是基类型为 int 的指针变量

D. 程序中可用 INTEGER 代替 int 类型名

## 二、填空题

1. 以下结构体类型为一个简单的单向链表的结点结构。请填空。

```
struct data{ int x,y;float rate;____________ next;};
```

2. 有如下定义：

```
struct data{ int num;char name[10];}data1;
```

将结构体变量 data1 的成员 num 赋值为 15 的语句为____________。

3. 有如下定义：

```
union data1{ float x;float y;char c[6];};
struct data2{ union data1 a;float b[5];double d;}ex;
```

则变量 ex 在内存中所占的字节数为____________。

4. 有如下定义：

```
enum x{ x1,x2=3,x3=50,x4};
```

则 x1=____________，x2=____________，x3=____________，x4=____________。

5. 下面函数的功能是________________________。

```
IntNode * FindMax(IntNode * f)
{
  if(!f)
    return NULL;
  IntNode *p=f;
  f=f->next;
  while(f)
  {
    if(f->data>p->data) p=f;
    f=f->next;
  }
  return p;
}
```

6. 函数 creat_list()的功能为：建立一个带头结点的单向链表，新产生的结点总是插在链表的末尾，函数返回值为链表头指针。请填空。

```
struct list{char data;struct list *next;};
struct list *creat_list ()
{
  struct list *h,*p,*q;char ch;
  h=(struct list*)malloc(sizeof(struct list));
  p=q=h;
  ch=getchar();
  while (ch!='?')
  {
    p=________________________;
    p->data=ch;
    q->next=p;
    q=p;
    ch=getchar();
  }
  p->next=NULL;
________________________;
}
```

三、判断题

1. 结构体类型的成员可以是整型、实型、字符型等类型，但不能是另一个结构体类型。（　）

2. 结构体类型的声明可以在函数外面进行，也可以在函数内部进行，但在使用结构体类型之前，必须先进行声明。（　）

3. 在名为 aa 的结构体中，成员 x 可以是 bb 结构体类型，但必须保证 bb 结构体中没有名为 x 的成员。（　）

4. 在单向链表中可以由任意一个结点向表尾方向找到其后各结点，同样也可以由任意一个结点向表头方向找到其前各结点。（　）

5. 假设已有定义和语句“int *p,a;p=&a;p=(int *)malloc(sizeof(int));”，则执行“*p=5;”语句相当于给变量 a 赋值 5。（　）

四、程序设计题

1. 编写程序，实现在一个带头结点的有序单链表中插入一个数据。

2. 输入年、月、日，并计算该日期是当年的第几天。

3. 假设学生的信息包括学号、姓名和成绩，输入若干名学生的信息，按成绩由大到小的顺序排序。

4. 从键盘输入一个十六进制数，交换该十六进制数的高字节和低字节，并输出。

5. 设有 3 个候选人，每次输入一个得票的候选人的名字。编程统计 3 个候选人的得票结果。

6. 假设某班体育课测验包括两项内容：一项是百米跑，男女生都要测试；另一项若是男生则测试引体向上，若是女生则测试跳远。引体向上和跳远各属于不同的数据类型，引体向上以个数记成绩，是整型，而跳远以米值记成绩，是实型。编写一个含有共用体的程序，实现体育测试成绩的输入和输出。

# 第7章 文件处理

**教学目标与要求**：本章主要介绍文件及其操作的基本知识。通过本章的学习，要求做到：

- 掌握文件、文件系统、文件指针、文件读/写指针的概念，能够准确定义文件指针。
- 理解文件打开和关闭的含义，能够在实际应用中准确无误地打开文件、关闭文件。
- 掌握标准文件和非标准文件的字符读/写函数、字符串读/写函数、数据块读/写函数以及格式读/写函数，能够对文件进行顺序读/写。
- 掌握文件读/写指针的定位函数，能够对文件进行随机读/写。
- 掌握文件操作的错误处理函数及其应用。

**教学重点与难点**：文件读/写、文件定位。

# 7.1　“文件复制”案例

## 7.1.1　案例实现过程

**【案例说明】**

编写 C 程序完成文件的复制。文件复制就是将一个文件中的内容复制到另一个文件中，其中，提供数据的文件称为源文件，接受数据的文件称为目的文件。要求通过 main()函数的参数得到源文件和目的文件的文件名。程序运行结果如图 7.1 所示。

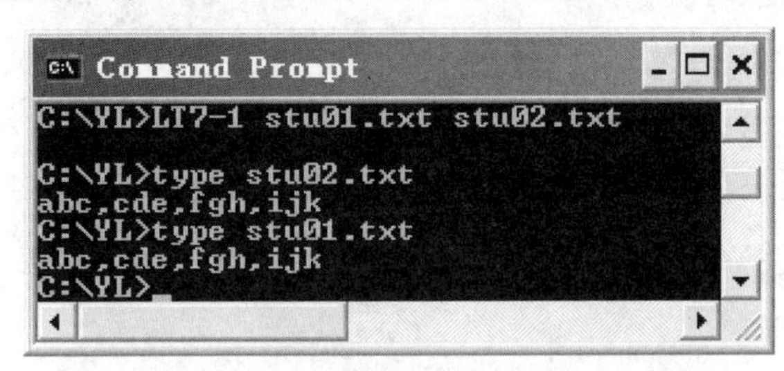


图 7.1　文件复制

**【案例目的】**

(1) 掌握建立磁盘文件的方法。
(2) 掌握打开文件和关闭文件的方法。
(3) 掌握使用文件指针将信息写到磁盘文件中和从磁盘文件中读取信息的操作。

**【技术要点】**

本案例将编写一个与 DOS 中的 copy 作用相同的 C 程序。假设编写的 C 程序的文件名为 LT7-1.c，经过编译、连接后生成一个名为 LT7-1.exe 的可执行文件。按下面的方法操作：

```
C:\>LT7-1 C:\yl\stu01.txt C:\yl\stu02.txt<Enter>
```

这时通过执行 LT7-1.exe 就可以把 C:\yl\stu01.txt 文件中的内容复制到 C:\yl\stu02.txt 文件中。

**【代码及分析】**

参考代码 1：

```
#include <stdio.h>
void filecp(FILE *,FILE *);     /* filecp()函数原型*/
main(int argc,char *argv[])     /*带参数的 main()函数*/
{
```

```
    FILE *fpin,*fpout;
    if(argc==3)                                /*有 3 个命令行参数*/
    {
      if((fpin=fopen(argv[1],"r"))==NULL)   /*以“读”的方式打开源文件*/
           {printf("Can't open!\n");  exit(0); }
      if((fpout=fopen(argv[2],"w"))==NULL) /*以“写”的方式打开目的文件*/
             {printf("Can't open!\n" ); exit(0);  }
      filecp(fpin,fpout);   /*将 fpin 所指文件中的内容复制到 fpout 文件中*/
      fclose(fpin);
      fclose(fpout);
    }
    else                                  /*命令行参数的个数不是 3*/
         printf("Error!\n" );
}
void filecp(FILE *fpin,FILE *fpout)
{
    char ch;
    ch=fgetc(fpin);                /*从 fpin 所指文件中先读 1 个字符给 ch*/
    while(feof(fpin)==0)           /*只要不是文件尾，继续*/
    {
      fputc(ch,fpout);             /*将 ch 中的字符写到 fpout 所指文件中*/
      ch=fgetc(fpin);              /*从 fpin 所指文件中继续读字符给 ch */
    }
}
```

参考代码 2:

```
#include <stdio.h>
main(int argc,char *argv[])
{
    FILE *fpin,*fpout;
    char ch;
    if(argc!=3)
      {
        printf("You forgot to enter a filename.\n");
        exit(0);
      }
    fpin=fopen(argv[1],"r");
    /*为“读”打开源文件，argv[1]指向源文件名*/
    fpout=fopen(argv[2],"w");
```

```
    /*为“写”打开目标文件，argv[2]指向目标文件名*/
    if(fpin==NULL)
      {
        printf("Can't open %s!\n",argv[1]);
        exit(0);
      }
    if(fpout==NULL)
      {
        printf("Can't open %s!\n",argv[2]);
        exit(0);
      }
    ch=fgetc(fpin);
    while(feof(fpin)==0)
    {
        fputc(ch,fpout);      /*将 ch 中的字符写到目标文件中*/
        ch=fgetc(fpin);       /*从源文件读取一个字符给 ch*/
    }
    fclose(fpin);
    fclose(fpout);
}
```

程序说明：

程序中用到带参数的 main()函数，通过 main()函数的参数可以把命令行中的文件名读入程序中。如：

```
C:\>LT7-1 C:\yl\stu01.txt C:\yl\stu02.txt<Enter>
```

执行该程序后，形参 argc 得到整型值 3，即命令行中字符串的个数；形参 argv 所代表的指针数组的每一个元素中分别存放了命令行中 3 个字符串的起始地址，即 argv[1]代表源文件 C:\yl\stu01.txt，argv[2]代表目的文件 C:\yl\stu02.txt。

### 7.1.2　应用扩展

(1) 文件复制也可以通过不带参数的 main()函数实现。程序源代码如下：

```
#include <stdio.h>
void filecp(FILE *,FILE *);                /*filecp()函数原型*/
main(int argc,char *argv[])                /*带参数的 main()函数*/
{
  FILE *fpin,*fpout;
  char file1[30],file2[30];
  printf("Input source file :");
```

```
    scanf("%s",file1);
    printf("Input object file :");
    scanf("%s",file2);
    if((fpin=fopen(file1,"r"))==NULL)   /*以“读”的方式打开源文件*/
       {printf("Can't open!\n");  exit(0); }
    if((fpout=fopen(file2,"w"))==NULL)  /*以“写”的方式打开目的文件*/
        {printf("Can't open!\n" ); exit(0);  }
    filecp(fpin,fpout);       /*将 fpin 所指文件中的内容复制到 fpout 文件中*/
    fclose(fpin);
    fclose(fpout);
}
void filecp(FILE *fpin,FILE *fpout)
{
    char ch;
    ch=fgetc(fpin);             /*从 fpin 所指文件中先读 1 个字符给 ch*/
    while(feof(fpin)==0)        /*只要不是文件尾，继续*/
    {
       fputc(ch,fpout);         /*将 ch 中的字符写到 fpout 所指文件中*/
       ch=fgetc(fpin);          /*从 fpin 所指文件中继续读字符给 ch */
    }
}
```

若所有的操作均在 main()函数中完成，程序源代码如下：

```
#include <stdio.h>
main()
{
    FILE *fpin,*fpout;
    char ch;
    char file1[20],file2[20];
    printf("Input source file :");
    scanf("%s",file1);
   printf("Input object file :");
    scanf("%s",file2);
    fpin=fopen(file1,"r");        /*为“读”打开源文件，用数组名代替文件名*/
    fpout=fopen(file2,"w");       /*为“写”打开目标文件*/
    if(fpin==NULL)
      {  printf("Can't open %s!\n",file1);  exit(0); }
    if(fpout==NULL)
      {  printf("Can't open %s!\n",file2);  exit(0); }
```

```
    ch=fgetc(fpin);
    while(feof(fpin)==0)
    {
        fputc(ch,fpout);            /*将 ch 中的字符写到目标文件中*/
        ch=fgetc(fpin);             /*从源文件读取一个字符给 ch*/
    }
    fclose(fpin);
    fclose(fpout);
}
```

程序分析：

① 程序运行时，通过键盘顺序输入如下信息：

```
Input source file : C:\YL\stu01.txt
Input object file : C:\YL\stu02.txt
```

② 程序运行后，在显示屏上没有显示任何信息，但在 C 盘的 YL 目录下生成了一个文本文件 stu02.txt，其内容与同一目录下的 stu01.txt 文件相同。

③ 程序中用字符串输入方式输入文件名，可见，在语句“fp=fopen(file1,"r");”和“fq=fopen(file2,"w");”中可以用数组名 file1 和 file2 表示文件名。注意，此处不要用双引号。

(2) 使用 fgetc()函数从文件中顺序读取字符时，也可以通过下面的方法来实现：

```
ch=fgetc(fpin);
while(ch!=EOF)
{
    fputc(ch,fpout);      /*将 ch 中的字符写到 fpout 所指文件中*/
    ch=fgetc(fpin);       /*从 fpin 所指文件中继续读字符给 ch*/
}
```

由于文本文件中的字符均以 ASCII 代码形式存放，而 ASCII 代码没有-1 值，因此，当读取的字符值等于-1 时，表示读取的已不是有效字符而是文件结束符。

### 7.1.3　相关知识及注意事项

1. 文件的基本概念

1) 文件

在计算机领域里，文件是一个非常重要的概念。在处理实际问题时，一般会将那些需要保留的信息以文件的形式存放在磁盘上，例如，把一个 C 语言编写的源程序做成 C 文件保存在磁盘上。可以概括地说，“文件”是指存储在外部介质上的、有序的数据集合。C 编译程序以文件为单位对数据进行管理。也就是说，如果想查找存放在外部介质上的数据，必须先按文件名找到所指定的文件，然后再从该文件中读取数据。要向外部介质上存储数据也必须先建立一个文件(以文件名标识)，然后才能向它输出数据。

文件可以从不同的角度进行分类。如果按文件所依附的介质来划分，有卡片文件、纸带文件、磁带文件、磁盘文件等；如果按文件的内容来划分，又有源程序文件、数据文件等；如果按文件中数据的组织形式来划分，又有文本文件和二进制文件等。

2) 文本文件和二进制文件

按照文件中数据的组织形式，可将文件分为文本文件和二进制文件。例如，在二进制文件中，定义为 int 类型的整数 10000，存放形式如图 7.2 所示，这种存放方式与该值在内存中的存放方式相同，它占 2 个字节；在一个文本文件中，该值按字符 1、0、0、0、0 的 ASCII 码值存储到文件中，一个字符占 1 个字节，因此要占 5 个字节，其存放形式如图 7.2 所示。

图 7.2 文本文件和二进制文件

文本文件的内容可以使用 Windows 中的记事本显示在终端屏幕上，但是二进制数据不能直接输出到显示屏上，也不能通过键盘直接输入二进制数据。由于计算机在读/写文本文件时需要进行数据格式的转换，故通常读/写速度比二进制文件要慢。

C 源程序文件是文本文件，使用 Windows 中的记事本可以在显示屏幕上读到它，经过编译、连接产生的.exe 文件是二进制文件，不能使用 Windows 中的记事本在显示屏幕上读到它。

3) 数据文件

在用计算机解决实际问题时，常常需要反复处理大批量的数据，如果用我们学习的输入或赋值的方法，就十分不方便，因为每进行一次操作，不可能在程序运行的过程中通过键盘一一进行输入，也不可能利用初始化事先将大量的数据都写在源程序中。最常用的方法就是预先将这些数据写到一个文件里，再将这个文件存放在磁盘上，需要时再从该文件中读取，这样的文件就称为数据文件。

数据文件可以按文本格式存放，也可以按二进制格式存放。数据文件的特点是：文件中存放的都是数据，不是源程序，这些数据可以长期保留，可以随时存取。

本章将要讨论如何对磁盘上的数据文件进行输入/输出操作。

4) 缓冲文件系统

C 语言提供了两种文件处理方式：缓冲文件系统和非缓冲文件系统。

(1) 缓冲文件系统又称为标准文件系统或高级文件系统，系统自动地在内存区为每一个正在使用的文件开辟一个缓冲区。当从内存向磁盘文件输出数据时，首先将数据送到内存缓冲区中，当缓冲区满之后，再输出到磁盘文件中；当从磁盘文件向内存输入数据时，首先将一批数据输入到内存缓冲区中，然后再从内存缓冲区逐个传递到程序数据区中。如图 7.3 所示，一般缓冲区的大小为 512 个字节(由具体的 C 版本确定)。

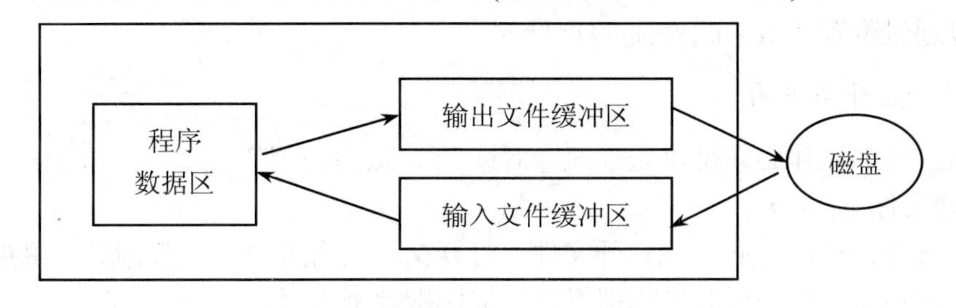


图 7.3　缓冲文件系统的数据传送

(2) 非缓冲文件系统又称为低级文件系统，在输入、输出数据时，它并不自动开辟一个内存缓冲区，而是由用户根据所处理的数据的大小在程序中设置数据缓冲区。

缓冲文件系统功能强、使用方便，但效率稍低，而非缓冲文件系统执行效率高。缓冲文件系统和非缓冲文件系统都通过标准库函数实现文件的操作。在本章中只介绍缓冲文件系统下的文件操作及相应的库函数。

2. 文件指针和文件读/写指针

1) 文件指针

如果要使用一个文件，需要了解以下信息：文件当前的读/写位置、与该文件对应的内存缓冲区的地址、缓冲区中未被处理的字符数、文件操作方式等。缓冲文件系统会为每一个文件开辟一个“文件信息区”，用来存放以上信息。

一个文件指针指向了某个文件，就意味着该指针指向了这个文件的“文件信息区”。

若在某函数中需要对一个文件进行操作，必须在该函数的变量定义部分先定义文件指针，定义的方法是：

```
FILE *文件指针名;
```

文件指针是一个名为 FILE(必须大写)的结构体类型的指针。FILE 结构体类型的各成员和类型已由系统定义，并在头文件 stdio.h 中作了说明，用户不必了解其中的细节，只需在程序的开头加上一行“#include < stdio.h >”后直接使用即可。需要注意的是，若对多个文件进行操作，则要定义相同个数的文件指针，一个文件指针只能指向一个文件。

在文件操作的过程中，除了打开文件时要用文件名外，其余的操作都通过文件指针来标识其所指向的文件。文件指针的重要性就在于几乎所有的文件操作函数(I/O 函数)都是通过它来实现的。

2) 文件读/写指针

文件读/写指针是用来标识文件当前的读/写位置的，该指针随着文件的读/写而不断地改变。当打开一个文件时，读/写指针或者指向文件头，或者指向文件尾，这与打开方式有关。

文件指针和文件读/写指针的区别如下：

(1) 文件指针用来指向文件，即指向该文件的“文件信息区”，对某个被打开的文件来说，该文件的文件指针是不会改变的。

(2) 文件读/写指针用来指向当前读或写的位置，它随着文件读/写操作的进行而不断移动，还可以通过位置函数来改变读/写指针的位置。

3. 文件的打开与关闭

对磁盘文件的操作必须是“先打开，后读/写，最后关闭”。

1) 打开文件

对文件进行操作时，必须先打开文件。打开文件的含义是将文件指针与磁盘上的文件建立联系，此后对文件的所有操作都将通过文件指针来进行。

打开文件的操作是通过调用 fopen()函数实现的，fopen()函数的一般调用格式如下：

```
fopen(文件名,打开方式)
```

说明：

(1) 文件名是一个字符串，表示将要访问的文件，文件名中应指明文件所在的盘符和路径。如果不指明，该文件的位置应该在当前目录下。

(2) 在“打开方式”中，需明确指出用什么方式打开该文件。如果仅为输出信息打开一个文本文件，应选用"w"方式，意为只写。这时，如果指定的位置不存在该文件，系统将建立一个新文件，如果已存在该文件，系统则从文件的起始位置重新写入数据，原有内容将被更新。如果仅为读取信息打开一个文本文件，应选用"r"方式，意为只读。这时，需保证在指定的位置存在该文件，如果不存在，则会出错。注意，"w"和"r"的双引号不能省略。打开文件的方式还有很多，见表 7-1。

表 7-1 文件打开方式

| 使用方式 | | 功能 | 说明 |
|---|---|---|---|
| 文本文件 | 二进制文件 | | |
| "r" | "rb" | 仅为读信息<br>打开已有文件 | 指定文件不存在会出错 |
| "w" | "wb" | 仅为写信息<br>打开文件 | 文件不存在时建立新文件<br>文件已存在时覆盖原文件 |
| "a" | "ab" | 为追加信息<br>打开文件 | 文件不存在时建立新文件<br>文件已存在时，新数据写在原有内容之后 |
| "r+" | "rb+" | 为读/写信息<br>打开一个已有文件 | 更换读/写操作时不必关闭文件；"r+"读/写总是从文件起始位置开始，"rb+"可由位置函数设置读/写起始位置 |
| "w+" | "wb+" | 为读/写信息<br>打开文件 | 先建立文件并进行写操作后，"w+"可以从头开始读，"wb+"可由位置函数设置读/写起始位置 |
| "a+" | "ab+" | 为读/写信息<br>打开文件 | 先在文件尾部添加新数据后，"a+"可以从头开始读，"ab+"可由位置函数设置读/写起始位置 |

(3) 若 fopen()函数调用成功，也就是成功打开文件，这时将返回该文件的“文件信息区”的首地址，并赋予定义的文件指针。如果磁盘有问题，坏了或者满了，不能写文件或者磁盘上没有要“读”的旧文件，打开文件失败，fopen()函数将返回一个空指针 NULL。因此，为了及时了解文件操作的现状，避免使用空指针，打开文件的操作应按下面的程序段的形式书写：

```
fp=fopen("a.txt","r");
if (fp==NULL)
{
  printf("can not open this file\n");
  exit(0);
}
```

其中，exit()函数的功能是终止程序运行。以上程序段的作用是：一旦系统不能正常打开指定的文件，fp 的值为 NULL，if 判断结果为真，系统输出文件打开失败的消息，并立即停止执行程序；反之，若 fp 的值不为 NULL，if 判断结果为假，系统继续执行 if 之后的语句。

可以看出，使用 fopen()函数打开一个文件时，需要通知系统 3 个消息：需要打开的文件名、使用文件的方式和指定文件指针。

2) 关闭文件

当对文件的读/写操作完成之后，必须将文件关闭。关闭文件的操作是通过 fclose()函数来实现的，fclose()函数的一般调用格式如下：

```
fclose(文件指针);
```

fclose()函数也有一个返回值，当顺利地执行了关闭操作的，则返回值为 0；否则返回 EOF(−1)。

关闭文件的含义是使文件指针不再指向该文件，也就是文件指针与磁盘文件脱离联系。文件关闭后，不能再通过文件指针对与其相连的文件进行读/写操作，除非再次打开，并使文件指针重新指向该文件。

**注意：** 文件关闭不是可有可无的操作。调用 fclose()函数将文件指针所指的文件关闭，即释放该文件的文件缓冲区和文件信息区。若 fp 所指文件的打开方式为“写”时，则系统首先将该文件缓冲区中的剩余数据全部输出到文件中，然后再释放文件缓冲区和文件信息区，这样就可以避免文件缓冲区中数据的丢失。

在程序开始运行时，系统自动打开 3 个标准文件：标准输入(键盘)、标准输出(屏幕)和标准出错输出(屏幕)。在程序运行结束时，系统自动关闭这 3 个标准文件。通常这 3 个文件都与终端相联系。系统自动定义了 3 个文件指针 stdin、stdout 和 stderr，分别指向标准输入、标准输出和标准出错输出文件。如果程序中指定要从 stdin 所指的文件输入数据，就是要从终端键盘输入数据。

4. 文件的读/写

当成功打开文件后，便可对文件进行读/写操作了，文件的读/写操作是通过调用标准输入输出函数实现的。

C 语言提供的可对文件进行读/写操作的输入输出函数有以下几种：格式读/写函数(fscanf()和 fprintf())、字符读/写函数(fgetc()和 fputc())、字符串读/写函数(fgets()和 fputs())以及数据块读/写函数(fread()和 fwrite())。

下面分别介绍这些函数的功能、调用格式及应用说明。

1) 格式读/写函数(fscanf()和 fprintf())

(1) fprintf()函数。fprintf()函数与 printf()函数十分相似，只不过 fprintf()函数将内容按格式输出到磁盘文件中，printf()函数则将内容按格式输出到显示屏幕上。如果将数据写入文件的同时还希望观察数据的准确性，可在 fprintf()函数后面用 printf()函数将内容输出到显示屏上。

fprintf()函数的调用格式如下：

```
fprintf(文件指针,格式控制,输出表);
```

说明：

① 上述 fprintf()函数的功能是将“输出表”中相应输出项的数据经过相应的格式转换后输出到由文件指针所指的文件中。其中，格式控制部分的内容与 printf()函数的完全相同。

② 当文件指针为 stdout 时，语句“fprintf(stdout,"%d",x);”等价于“printf("%d",x);”，即将整型变量 x 的值输出到显示屏上。

(2) fscanf()函数。fscanf()函数与 scanf()函数的作用十分相似，只不过 scanf()函数是从键盘得到数据，而 fscanf()函数则从磁盘文件中读取数据。

fscanf()函数的调用格式如下：

```
fscanf(文件指针,格式控制,地址表);
```

说明：

① 上述 fscanf()函数的功能是从文件指针所指的文件中读取数据，经过相应的格式转换后存入地址表的对应地址中。其中，格式控制部分的内容与 scanf()函数的完全相同。

② 当文件指针为 stdin 时，语句“fscanf(stdin,"%d",&x);”等价于“scanf("%d",&x);”，即从标准输入文件(键盘)读取一个整数赋给整型变量 x。

③ 若通过语句“fscanf(fp,"%s",str);”从文本文件中读取字符串时，遇到空格、跳格符、回车符都认为是字符串结束，显然，读取的可能只是一行字符串的前半部分。

例如，输入若干学生的成绩(整型)，用-1 结束，调用 fprintf()函数，按格式将学生的成绩写入文件 C:\YL\file.txt 中。程序源代码如下：

```
#include <stdio.h>
main()
{
```

```
        FILE *fp;                              /*定义一个文件指针 fp*/
        int a;
        fp=fopen("C:\\YL\\file.txt","w"); /*注意路径的表示方式*/
        if(fp==NULL)                           /*打开失败*/
        {
          printf("Can't open file!\n");
          exit(0);
        }
        scanf("%d",&a);
        while(a!=-1 )                     /*只要输入的成绩不等于-1，循环继续*/
          {
            fprintf(fp,"%4d",a);          /*将成绩a按指定格式写到fp所指文件中*/
            scanf("%d",&a);
          }
        fclose(fp);                       /*关闭文件*/
    }
```

程序分析：

① 程序运行时，通过键盘顺序输入以下内容：

```
    49  38  65  97  76  13  27  -1
```

程序运行后，屏幕上无任何显示，但在 C 盘的 YL 目录下生成了 file.txt 文件，且文件中的内容为：

```
      49  38  65  97  76  13  27
```

如果在 C 盘下没有 YL 目录，则文件打开失败，这时屏幕上显示信息："Can't open file !"，然后结束程序的执行。

② 程序运行后，系统建立的磁盘文件是 C:\YL\file.txt，但在 C 程序中应写为 C:\\YL\\file.txt，因为转义字符"\\"表示一个字符"\"。

③ 语句"fprintf(fp,"%4d",a);"的作用是根据输入顺序按指定格式将 a 中的值写到 fp 所指文件中。

④ 当"写"操作结束后，系统自动在文件尾部加上文件结束标志。因此，在对文件进行读取操作时，就可以用这个标志做读取是否完毕的判断依据。

例如，调用 fscanf()函数，按格式读取文件 C:\YL\file.txt 中的学生成绩，并在终端屏幕上输出最高成绩。程序源代码如下：

```
    #include <stdio.h>
    main()
    {
        FILE *fp;                              /*定义一个文件指针 fp*/
```

```
        int a,max;
        fp=fopen("C:\\YL\\file.txt","r"); /*以“读”方式打开文件 file.txt */
        if(fp==NULL)                       /*打开失败*/
        {
          printf("Can't open file!\n");
          exit(0);
        }
        max=0;                             /*将 max 的初值设为最小成绩*/
        while(feof(fp)==0)                 /*如果不是文件尾，继续读取数据*/
          {
             fscanf(fp,"%d",&a);        /*从 fp 所指文件中读取值,存入变量 a 中*/
             printf("%4d",a);
             if(max<a)  max=a;
          }
         printf("\n");
         printf("max=%d\n",max);
         fclose(fp);                       /*关闭文件*/
    }
```

程序分析：

① C:\YL\file.txt 必须是一个已存在的文件。

② 语句“fscanf(fp,"%d",&a);”的作用是读取从 fp 所指文件中读取值，存入变量 a 中。读取从文件的起始位置顺序进行，直到遇到文件结束标志。

③ 函数 feof()用来判断文件是否结束。当数据读取到文件尾部时，feof(fp)的值为 1，否则，feof(fp)的值为 0。

例如，假设学生基本情况包括学号和一门课的成绩，从键盘输入若干学生的学号和成绩，写入文件 C:\YL\stu.txt 中，用-1 结束成绩输入。程序源代码如下：

```
    #include <stdio.h>
    struct st                          /*声明一个结构体类型*/
    {
         char num[10];
         int s;
    };
    main( )
    {
         struct st  stu={0};
         FILE *fp;
         fp=fopen("C:\\YL\\stu.txt","w");
         if(fp==NULL)
```

```
        {
           printf("Can't open file!\n");
           exit(0);
        }
        printf("Input data:\n");
        scanf("%s%d",stu.num,&stu.s);
        while(stu.s!=-1)
        {
           fprintf( fp,"%10s%4d\n",stu.num,stu.s); /*一行存放一个学生信息*/
           scanf("%s%d",stu.num,&stu.s);
        }
        fclose(fp);
}
```

程序分析：

先声明一个结构体类型，其中含学号(字符串)和成绩(整型)两个成员，然后通过该结构体类型的变量向文件输出学生信息。

例如，编写程序从文件 C:\YL\stu.txt 中读取所有学生数据，输出成绩最高的学生信息。程序源代码如下：

```
#include <stdio.h>
#define N 50
struct st                  /*声明一个结构体类型*/
{
    char num[10];
    int s;
};
main(){
    int k,i,n;
    FILE *fp;
    struct st stu[N];
    fp=fopen("C:\\YL\\stu.txt ","r");
    if(fp==NULL){
      printf("Can't open file!\n");
      exit(0);
    }
    while(feof(fp)==0)
     {
       fscanf(fp,"%s%d\n",stu[n].num,&stu[n].s);/*注意格式中的“\n”*/
       printf("%10s%4d\n",stu[n].num,stu[n].s);
```

```
        n++;
    }
    printf("\n");
    for(i=0; i<n; i++)
        if(stu[k].s<stu[i].s)  k=i;
    printf("max:\n%10s%4d\n",stu[k].num,stu[k].s);
    fclose(fp);
}
```

程序分析：

声明一个结构体类型，其中含学号(字符串)和成绩(整型)两个成员，将读取的数据先放在该结构体类型的数组中，然后找出成绩最高的学生的下标，输出该学生的学号和成绩。

2) 字符读/写函数(fgetc()和 fputc())

(1) fputc()函数。fputc()函数与 putchar()函数的作用十分相似，只不过 fputc()函数用于将字符输出到文件中，putchar 函数则将字符显示在屏幕上。

fputc()函数的调用格式如下：

```
fputc(c,fp);
```

说明：

① fputc()函数有两个参数，fp 是指向文件的文件指针，c 可以是一个字符常量，也可以是一个字符变量，存放待写入文件的字符。该函数用来将 c 中的字符写到文件指针 fp 所指的文件中。

② fp 为 stdout 时，语句“fputc(c,stdout);”等价于“putchar(c);”，即将字符 c 输出到显示屏幕上。

③ fputc()函数也有一个返回值，如果输出成功，则返回值就是输出的字符；如果输出失败，则返回一个 EOF(-1)。

(2) fgetc()函数。fgetc()函数和 getchar()函数的作用相似，fgetc()函数用于读取磁盘文件中的一个字符，getchar()函数则从键盘得到一个字符。

fgetc()函数的调用格式如下：

```
c=fgetc(fp);
```

说明：

① fp 是指向文件的文件指针，fgetc(fp)是从 fp 所指的文件中读取一个字符，c 用来存放从文件中读取的字符。

② fp 为 stdin 时，语句“c=fgetc(stdin);”等价于“c=getchar();”，即从键盘得到一个字符。

③ fgetc()函数读取字符时，若读取成功(文件未结束)，则返回所得到的字符；若读取失败(文件已结束)，则返回 EOF。EOF 是文件结束符。在 C 语言中，EOF 的值为-1。

**注意：** EOF 不是可输出字符，不能在显示屏上输出。

④ 使用 fgetc()函数从文件中顺序读取数据时，可以通过下面两种方法来实现：

(a) 由于文本文件中的字符均以 ASCII 代码形式存放，而 ASCII 代码没有-1 值，因此，当读取的字符值等于-1 时，表示读取的已不是有效字符，而是文件结束符。

```
c=fgetc(fp);
while(c!=EOF){…c=fgetc(fp);}
```

注意：这种方法只适用于文本文件。

(b) 在处理二进制文件时，读取某一个字节中的二进制数据的值也可能是-1，而这又恰好是 EOF 的值，这就出现了读取的有用数据却被处理为“文件结束”的情况。为了解决这个问题，可以用 feof()函数来判断文件是否真的结束。如果是文件结束，feof(fp)的值为 1；否则，feof(fp)的值为 0。

```
while(feof(fp)==0){c=fgetc(fp);…}
```

注意：这种方法适用于二进制文件，也适用于文本文件。

例如，新建名为 C:\YL\file1.txt 的文本文件，调用 fputc()函数将输入的学生姓名、电话号码写到文件中，输入以“#”作为结束标志。程序源代码如下：

```
#include <stdio.h>
main(){
    FILE *fp;
    char ch;
    fp=fopen("C:\\YL\\file1.txt","w");
    if(fp==NULL){
      printf("Can't open this file!\n");
      exit(0);
    }
    ch=getchar( );
    while(ch!='#'){
      fputc(ch,fp);                  /*向文件写一个字符*/
      ch=getchar( );
    }
    fclose(fp);
}
```

程序分析：

语句“fputc(ch,fp);”的作用是将 ch 中的字符输出到 fp 所指的文件中。ch 中的字符可以是空格、回车符等有效字符。

例如，调用 fgetc()函数，依次读取文件 C:\YL\file1.txt 中的字符，并将它们显示在屏幕上。程序源代码如下：

```
#include <stdio.h>
main(){
    FILE *fp;
    char ch;
    fp=fopen("C:\\YL\\file1.txt ","r");
    if(fp==NULL){
        printf("Can't open this file!\n");
        exit(0);
    }
    ch=fgetc(fp);
    while(ch!=EOF)          /*只要 ch 不是文件结束标志 EOF，循环继续*/
     {
        putchar(ch);
        ch=fgetc(fp);
     }
    fclose(fp);
}
```

程序分析：

程序中用 ch 是否等于 EOF 作为循环语句的结束条件。EOF 是文件结束符。在 C 语言中，EOF 的值为-1。由于文本文件中的字符均以 ASCII 代码形式存放，而 ASCII 代码没有-1 值，因此，只要不到文件尾，fgetc()函数读取的字符就不是-1。

3) 字符串读/写函数(fgets()和 fputs())

(1) fputs()函数。fputs()函数的功能是将字符串写到磁盘文件中。

fputs()函数的调用格式如下：

```
fputs(str,fp);
```

说明：

① fputs()函数有两个参数：str 用来存放待写入文件的字符串，它可以是字符串常量、指向字符串的指针或存放字符串的字符数组名；fp 是一个文件指针，由它指向待写入字符串的文件。

② fputs()函数是将 str 中的有效字符输出到 fp 所指的文件中。用 fputs()函数输出字符串时，字符串中的结束符'\0'并不输出，也不自动加换行符'\n'，所以输出到文件中的各字符串将首尾相接，没有任何的分割符。为了便于以后从文件中读取数据时能区分各个字符串，必须单独使用一个 fputs()函数输出一个换行符。

③ fputs()函数也有一个返回值，如果输出成功，则返回值为 0；如果输出失败，则返回一个 EOF(-1)。

例如，调用 fputs()函数在已知文件 C:\YL\file1.txt 的尾部添加若干学生的姓名和电话号码，输入以空串作为结束。程序源代码如下：

```
#include <stdio.h>
#include <string.h>
main(){
    FILE *fp;
    char str[80];
    fp=fopen("C:\\YL\\file1.txt","a");  /*以追加方式打开一个文本文件*/
    if(fp==NULL){
      printf("Can't open!\n" );
      exit(0);
     }
    gets(str);
    while(strcmp(str,"")!=0)         /*只要输入的字符串不为空串，继续循环*/
     {
      fputs(str,fp);
      /*将 str 中的有效字符输出到 fp 所指文件中，注意不输出'\n'*/
      fputs("\n",fp);                /*在每次写入的字符串后加入换行符*/
      gets(str);
     }
    fclose(fp);
}
```

程序分析：

语句“fp=fopen("C:\\YL\\file1.txt","a");”是以追加方式打开一个文本文件。如果文件已经存在，则将新输入的字符串添加在文件的尾部，如果文件不存在，则建立一个新文件。

(2) fgets()函数。fgets()函数的功能是从文件中读取一个字符串放到指定的存储单元中。

fgets()函数的调用格式如下：

```
fgets(str,n,fp);
```

说明：

① fgets()函数有 3 个参数：str 用来存放字符串的存储单元的起始地址，可以是字符数组名或指向足够存储空间的字符指针；n 用来指定读取字符的个数，其中包含字符串的结束符在内，所以实际上从文件中读取的有效字符只有 n-1 个；fp 是被读取字符串的文件指针。

② fgets()函数从 fp 所指文件中读取 n-1 个字符，放入以 str 为起始地址的存储单元内。在实际操作中，该函数每次读取的字符不一定是 n-1 个，因为调用该函数从文件中读取字符时，当遇到换行符或文件结束符 EOF 时，将结束本次读取字符串的操作。如果读到的是换行符，它将作为字符串的一部分，然后正常结束字符串的读取，函数返回字符串的起始地址 str；如果读到的是文件结束符 EOF，则函数返回 NULL。

③ fgets()函数有一个返回值，如果读取成功，则返回值就是字符串的起始地址 str；如

果读取失败，则返回 NULL。

例如，调用 fgets()函数，读取 C:\YL\file1.txt 文件的学生姓名和电话号码，并将这些信息输出在显示屏幕上。程序源代码如下：

```
#include <stdio.h>
main(){
    FILE *fp;
    char str[80];
    fp=fopen("C:\\YL\\file1.txt","r");
    if(fp==NULL){
      printf("Can't open!\n");
      exit(0);
     }
    while(feof(fp)==0)
     {
       if(fgets(str,80,fp)!=NULL)              /*成功读取一个字符串*/
          printf("%s",str);
     }
    fclose(fp);
 }
```

程序分析：

程序运行时，在显示屏上按行输出 file1.txt 文件中的所有字符。注意，语句“printf("%s",str);”中没有换行符'\n'，原因是 fgets()函数读入的字符串中已包含换行符'\n'。

4) 数据块读/写函数(fread()和 fwrite())

fread()和 fwrite()函数一般用于二进制文件的输入和输出。

(1) fwrite()函数。fwrite()函数的功能是将指定存储单元中的数据块写到指定的文件中。其中，数据块的大小是由数据项的大小(字节数)和数据项的项数决定的。

fwrite()函数的调用格式如下：

```
fwrite (buffer,size,count,fp);
```

说明：

① fwrite()函数有 4 个参数：buffer 是待写入数据块存储单元的起始地址；size 表示每个数据项的字节数；count 表示数据项的个数，即写入多少个 size 字节的数据项；fp 是一个文件指针，由它指向待写入数据块的文件。

② 如果 fwrite()函数调用成功，则函数返回值为 count，即实际写入文件中的数据项数；如果 fwrite()函数调用失败，则函数返回值为 0。

例如，调用 fwrite()函数，将 5 名学生的姓名和成绩写入二进制文件 C:\YL\stu.dat 中。程序源代码如下：

```
#include <stdio.h>
struct st                                   /*声明一个结构体类型*/
{
    char name[10];
    int s;
};
main(){
    struct st stu[5]={{"Jia",88},{"Yi",77},{"Bin",66},{"Ding",55},
    {"Wu",44}};
    int i;
    FILE *fp;
    fp=fopen("C:\\YL\\stu.dat","wb");  /*以“写”方式打开一个二进制文件*/
    if(fp==NULL){
       printf("Can't open!\n");
       exit(0);
    }
    for(i=0; i<5; i++)                  /*一次写入一个学生的信息*/
        fwrite(&stu[i],sizeof(struct st),1,fp);
    fclose(fp);
}
```

程序分析：

① 由于操作对象是一个二进制文件，所以按语句“fp=fopen("C:\\YL\\stu.dat","wb");”形式打开文件。

② 语句“fwrite(&stu[i],sizeof(struct st),1,fp);”是调用 fwrite()函数将结构体数组的元素 stu[i]输出到二进制文件中。

③ 程序执行后，建立一个二进制文件 C:\YL\stu.dat。

(2) fread()函数。fread()函数的功能是从文件中读取一个数据块存放到指定的存储单元中，其中，数据块的大小是由数据项的大小(字节数)和数据项的项数决定的。

fread()函数的调用格式如下：

```
fread(buffer,size,count,fp);
```

说明：

① fread()函数有 4 个参数：buffer 是用于存放数据块的存储单元的起始地址；size 表示每个数据项的字节数；count 表示数据项的个数，即读取多少个 size 字节的数据项；fp 是一个文件指针，由它指向待读取数据块的文件。

② 如果 fread()函数调用成功，则函数返回值为 count，即实际读取的数据项数；如果 fread()函数调用失败，则函数返回值为 0。

例如，调用 fread()函数，按数据块方式从二进制文件 C:\YL\stu.dat 中读取数据，并将这些信息输出在显示屏上。程序源代码如下：

```
#include <stdio.h>
struct st                                    /*声明一个结构体类型*/
{
    char name[10];
    int s;
};
main(){
    struct st stu[5];
    int i;
    FILE *fp;
    fp=fopen("C:\\YL\\stu.dat","rb");  /*以“读”方式打开一个二进制文件*/
    if(fp==NULL){
      printf("Can't open!\n");
      exit(0);
    }
    for(i=0; i<5; i++)
    {
       fread(&stu[i],sizeof(struct st),1,fp);/*一次读取一个学生的信息*/
       printf("%s\t%d\n", stu[i].name, stu[i].s);
    }
    fclose(fp);
}
```

程序分析：

本程序通过调用 fread()函数，从 fp 所指文件的起始位置将学生信息一一读取并存入结构体数组 stu 中。注意，数组 stu 的类型应该与被读文件中数据块的类型一致。

若二进制文件中学生信息的个数未知，程序应改为：

```
#include <stdio.h>
struct st       /*声明一个结构体类型*/
{
    char name[10];
    int s;
};
main(){
    struct st stu;
    FILE *fp;
```

```
    fp=fopen("C:\\YL\\stu.dat","rb");/*以“读”方式打开一个二进制文件*/
    if(fp==NULL)
    {
      printf("Can't open!\n");
      exit(0);
    }
    while(fread(&stu,sizeof(struct st),1,fp)==1){
        /*一次成功读取一个学生的信息*/
        printf("%s\t%d\n", stu.name, stu.s);
    }
    fclose(fp);
}
```

在C语言中，文件的输入/输出函数比较丰富，在实际应用中可以根据实际情况选用，但建议读者将相同类型的函数配对使用，例如，用fprintf()函数写入的文件用fscanf()函数读出，用fputc()函数写入的文件用fgetc()函数读取等。

5. 带参数的main()函数

main()函数可以不带参数，也可以带参数。带参数的main()函数主要是让操作系统将命令行参数以字符串的形式传递给main()函数。

1) 命令行参数

所谓“命令行”，是指在DOS提示符下输入的命令名(可执行文件名)及其参数，其中的参数称为命令行参数。

带参数的命令行一般具有如下格式：

```
命令名　参数1　参数2　…　参数n
```

命令名和参数以及参数和参数之间都由空格隔开，由不带参数的main()函数所生成的可执行文件在执行时只能输入可执行文件名(即命令名)，而不能输入参数；而在实际应用中，经常希望在执行程序时能够由带参数的命令行向程序提供所需要的信息，这就需要在程序中定义带参数的main()函数。

2) 带参数的main()函数

main()函数的参数表可以由两个参数组成，格式如下：

```
main(int argc,char *argv[])
```

其中，形参argc是一个整型变量，存放的是命令行中命令名与参数的总个数，形参argv是一个指针数组，其元素可以指向带参数的命令行中命令名与参数所代表的字符串。虽然不能将参数类型改成其他类型，但由于数组传递的实质上是指针，所以第二个参数“char *argv[]”也可以表示成“char **argv”。

# 7.2 “银行账户信息的维护”案例

## 7.2.1 案例实现过程

**【案例说明】**

编写程序，维护一个银行的账户信息。程序能够更新、添加和删除账号，并且能够把当前所有账号清单存储在一个用于打印的文本文件中。程序运行结果如图 7.4 所示。

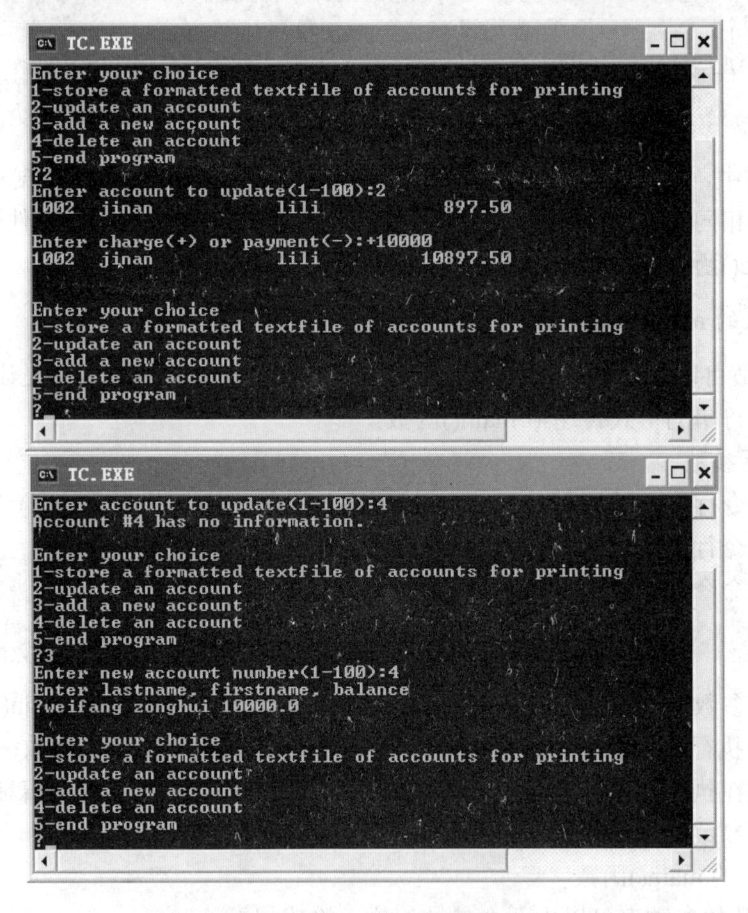


图 7.4 银行账户信息的维护

**【案例目的】**

(1) 掌握随机读/写磁盘文件的方法。

(2) 掌握使用 fwrite()和 fread()函数将信息写到磁盘文件中和从磁盘文件中读取信息的方法。

(3) 了解文件出错的检查方法。

【技术要点】

首先，建立一个能够存储 100 定长记录的借贷文件，每一条记录由账号、姓名和借贷金额组成。然后通过文件的定位实现更新、插入和删除一条记录，并能够以文本形式列出所有的记录。

【代码及分析】

```
#include <stdio.h>
struct clientdata{
   int acctnum;
   char lastname[15];
   char firstname[10];
   float balance;
};
void filecreat();                    /*创建源文件*/
int enterchoice(void);               /*菜单选择*/
void textfile(FILE *);               /*复制文件*/
void updaterecord(FILE *);           /*更新记录*/
void newrecord(FILE *);              /*插入新记录*/
void deleterecord(FILE *);           /*删除记录*/
main(){
   FILE *cfptr;
   int choice;
   filecreat();                      /*创建源文件*/
   if ((cfptr=fopen("c:\\yl\\credit.txt","rb+"))==NULL)
      printf("File could not be opended.\n");
   else{
    while ((choice=enterchoice())!=5){
        switch(choice){
          case 1: textfile(cfptr);break;
          case 2: updaterecord(cfptr);break;
          case 3: newrecord(cfptr);break;
          case 4: deleterecord(cfptr);break;
        }
      }
   }
   fclose(cfptr);
   return 0;
}
```

```
void textfile(FILE *readptr){
   FILE *writeptr;
   struct clientdata client;
   if((writeptr=fopen("c:\\yl\\accounts.txt","wb"))==NULL)
      printf("File could not be opened.\n");
   else
   {
      rewind(readptr);
      fprintf(writeptr,"%-6s%-16s%-11s%-10s\n",
     "Acct","Last Name","First Name","Balance");
      while((fread(&client,sizeof(struct clientdata),1,readptr))==1)
      {
         if(client.acctnum!=0)
            fwrite(&client,sizeof(struct clientdata),1,writeptr);
      }
   }
   fclose(writeptr);
}
void updaterecord(FILE *fptr)
{
   int account;
   float transaction;
   struct clientdata client;
   printf("Enter account to update(1-100):");
   scanf("%d",&account);
   fseek(fptr,(account-1)*sizeof(struct clientdata),SEEK_SET);
   if((fread(&client,sizeof(struct clientdata),1,fptr))==1)
   {/*读取成功*/
      if(client.acctnum==0)
         printf("Account #%d has no information.\n",account);
      else
      {
         printf("%-6d%-16s%-11s%10.2f\n\n",client.acctnum,
              client.lastname,client.firstname,client.balance);
         printf("Enter charge(+) or payment(-):");
         scanf("%f",&transaction);
         client.balance+=transaction;
         printf("%-6d%-16s%-11s%10.2f\n\n",client.acctnum,
              client.lastname,client.firstname,client.balance);
```

```
            fseek(fptr,(account-1)*sizeof(struct clientdata),SEEK_SET);
            fwrite(&client,sizeof(struct clientdata),1,fptr);
        }
    }
    else  printf("Account %d doesn't exist.\n",account);
}
void deleterecord(FILE *fptr)
{
    struct clientdata client,blankclient={0,"","",0};
    int accountnum;
    printf("Enter account number to delete(1-100):");
    scanf("%d",&accountnum);
    fseek(fptr,(accountnum-1)*sizeof(struct clientdata),SEEK_SET);
    if((fread(&client,sizeof(struct clientdata),1,fptr))==1)
    {/*读取成功*/
        if(client.acctnum==0)
            printf("Account %d doesn't exist.\n",accountnum);
        else
        {
            printf("Account %d is deleted.\n",accountnum);
            fseek(fptr,(accountnum-1)*sizeof(struct clientdata),
            SEEK_SET);
            fwrite(&blankclient,sizeof(struct clientdata),1,fptr);
        }
    }
    else    printf("Account %d doesn't exist.\n",accountnum);
}
void newrecord(FILE *fptr)
{
    struct clientdata client;
    int accountnum;
    printf("Enter new account number(1-100):");
    scanf("%d",&accountnum);
    fseek(fptr,(accountnum-1)*sizeof(struct clientdata),SEEK_SET);
    if((fread(&client,sizeof(struct clientdata),1,fptr))==1)
    {/*读取成功*/
        if(client.acctnum!=0)
            printf("Account #%d already contains information.\n",
        client.acctnum);
```

```
    }
    printf("Enter lastname, firstname, balance\n?");
    scanf("%s%s%f",client.lastname,client.firstname,&client.balance);
    client.acctnum=accountnum;
    fseek(fptr,(accountnum-1)*sizeof(struct clientdata),SEEK_SET);
    fwrite(&client,sizeof(struct clientdata),1,fptr);
}
int enterchoice(void)
{
    int menuchoice;
    printf("\nEnter your choice\n");
    printf("1-store a formatted textfile of accounts for printing\n");
    printf("2-update an account\n");
    printf("3-add a new account\n");
    printf("4-delete an account\n");
    printf("5-end program\n?");
    scanf("%d",&menuchoice);
    return menuchoice;
}
void filecreat()
{
    FILE * cfptr;
    int j;
    struct clientdata client[30]={
                {1001,"weifang","liuhong",3498.5},
                {1002,"jinan","lili",897.5},
                {1003,"jinan","zonglin",568.7}};
    if ((cfptr=fopen("c:\\yl\\credit.txt","wb"))==NULL)
        printf("File could not be opended.\n");
    for(j=0;j<3;j++)
        {
        if(client[j].acctnum!=0)
            fwrite(&client[j],sizeof(struct clientdata),1, cfptr);
        }
    fclose(cfptr);
}
```

### 7.2.2 应用扩展

(1) 创建源文件时，可以直接将一个数组中的记录写入文件，也可以从键盘输入记录

后再写入文件。例如：

```
printf("\ninput client data : ");
scanf("%d%s%s%f",&client.acctnum,client.lastname,
client.firstname,&client.balance);
if(client.acctnum!=0)
   fwrite(&client,sizeof(struct clientdata),1, cfptr);
```

(2) 程序除了能够更新、添加和删除账号外，还可以对所有账号按某种条件进行排序。

### 7.2.3　相关知识及注意事项

1. 文件的定位

前面所介绍的文件读/写操作都是从文件的第一个数据开始向文件尾部顺序进行，即顺序读/写。文件中数据的读/写还可以采用定位直接读/写方式，也称随机读/写方式。

一般情况下，文件的读/写操作是从文件的读/写指针开始的，每进行一次读/写操作，文件的读/写指针都自动发生变化。程序设计者也可以通过调用有关的定位函数，使文件的“读/写指针”直接指向读/写位置。

文件定位函数主要有 rewind()函数、fseek()函数和 ftell()函数。

1) rewind()函数

rewind()函数的功能是使文件的读/写指针重新回到文件的开头，此函数没有返回值。

rewind()函数的调用格式如下：

```
rewind(fp);
```

说明：

不管当前文件的读/写指针在什么位置，执行 rewind(fp)后，文件的读/写指针总是指向文件首部。

例如，编写一个程序，先调用 fputs()函数在已知文件 C:\YL\file1.txt 的尾部添加若干学生的姓名和电话号码，输入以空串作为结束。然后调用 fgets()函数，读取该文件中的学生姓名和电话号码，并将这些信息输出在显示屏上。程序源代码如下：

```
#include <stdio.h>
#include <string.h>
main(){
   FILE *fp;
   char str[80];
   fp=fopen("C:\\YL\\file1.txt","a+");
   /*先在文件尾部添加新数据，再从头开始读*/
   if(fp==NULL)
    {
     printf("Can't open!\n" );
```

```
        exit(0);
      }
      gets(str);
      while(strcmp(str,"")!=0)    /*只要输入的字符串不为空串，就继续循环*/
      {
        fputs(str,fp);
        fputs("\n",fp);           /*在每次写入的字符串后加入换行符*/
        gets(str);
      }
      rewind(fp);                 /*使文件的读/写指针重新定位于文件开头*/
      while(feof(fp)==0)
      {
        if(fgets(str,80,fp)!=NULL)  /*成功读取一个字符串*/
          printf("%s",str);
      }
      fclose(fp);
    }
```

程序分析：

(1) 程序需要先在文件尾部添加新数据，然后再从头开始读取数据，所以打开文件的语句应为“fp=fopen("C:\\YL\\file1.txt","a+");”。

(2) 新数据追加在文件尾后，文件的读/写指针已指到文件末尾，此时，若要从文件开头顺序读取文件中所有的数据，需要执行 rewind()函数，使文件的读/写指针重新定位于文件开头。

2) fseek()函数

fseek()函数的功能是将文件的读/写指针移到指定位置，其调用格式如下：

```
    fseek(文件指针,位移量,起始位置);
```

说明：

(1) 起始位置包括文件首、文件当前位置、文件尾。它们分别用符号常量 SEEK_SET、SEEK_CUR、SEEK_END 表示，这些符号常量是在 stdio.h 文件中定义的。

例如：

```
    #define SEEK_SET 0
    #define SEEK_CUR 1
    #define SEEK_END 2
```

(2) 位移量以字节为单位，长整型值，该值可以是正整数，也可以是负整数。

① 如果操作对象为二进制文件，位移量又为正整数，则读/写指针从指定的起始位置向文件尾部方向移动；位移量若为负整数，读/写指针则从指定的起始位置向文件首部方向移动。

例如：fseek(fp,10L,0);

分析：将文件读/写指针移到离文件首部 10 个字节的位置处。

例如：fseek(fp,10L,1);

分析：将文件读/写指针从当前读/写位置开始向文件尾部方向移动 10 个字节。

例如：fseek(fp,-10L,1);

分析：将文件读/写指针从当前读/写位置开始向文件首部方向移动 10 个字节。

例如：fseek(fp,-10L,2);

分析：将文件读/写指针移到离文件尾部 10 个字节的位置处。

② 如果操作对象是文本文件，位移量必须为 0。

例如：fseek(fp,0L, SEEK_SET);

分析：将文件读/写指针移到文件的起始位置。

例如：fseek(fp,0L, SEEK_END);

分析：将文件读/写指针移到文件的尾部。

(3) fseek()函数若调用成功，则返回 0；若调用失败，则返回-1L。

3) ftell()函数

ftell()函数的作用是得到文件的当前读/写位置，用相对于文件开头的位移量(字节数)来表示。由于文件读/写指针经常移动，人们往往不容易知道其当前位置，用 ftell()函数可以得到当前位置。

ftell()函数的调用格式如下：

```
ftell(fp);
```

说明：

(1) fp 是文件指针。

(2) 如果出错(如不存在此文件)，ftell()函数的返回值为-1L。

(3) 利用 fseek()函数和 ftell()函数可以求一个文件的长度。方法是：先利用 fseek()函数将文件读/写指针移到文件末尾，然后再调用 ftell()函数求出总字节数。

```
fseek(fp,0L,2);
n=ftell(fp);
```

若该文件中的数据为结构体类型，还可以计算数据块的个数。

```
count=n/sizeof(struct st);
```

例如，在磁盘文件中存有 5 个学生的数据，要求读取第 1、3、5 个学生的数据，并在屏幕上显示出来，最后统计文件的总字节数。程序源代码如下：

```
#include <stdio.h>
struct student_type                    /*声明一个结构体类型*/
{
```

```
        char name[10];
        int s;
    };
    main(){
        int i;
        long n=0;
        FILE *fp;
        struct student_type stu[10];
        fp=fopen("C:\\YL\\stu.dat","rb");
        if(fp==NULL){
          printf("Can't open!\n");
          exit(0);
        }
        for(i=0;i<5;i+=2){
          fseek(fp,i*sizeof(struct student_type),0);
          fread(&stu[i], sizeof(struct student_type),1,fp);
          printf("%s\t%d\n",stu[i].name,stu[i].s);
        }
        fseek(fp,0L,2);                    /*文件读/写指针指向文件尾部*/
        n=ftell(fp);
        printf("total bytes:%ld\n",n);
        fclose(fp);
    }
```

程序分析：

最后的 fseek()函数的定位从文件尾部开始，而且位移量为 0L。该函数将读/写指针移到文件尾部，n 的值即为文件的总字节数。

2. 文件出错检查

C 语言提供了一些函数用来检查输入/输出函数调用中的错误。

1) ferror()函数

在调用各种输入输出函数时，如果出现错误，除了函数值有所反映外，还可以用函数 ferror()检查。

ferror()函数的一般调用格式为：

```
    ferror(fp);
```

说明：

(1) 如果 ferror()函数的返回值为 0，则表示未出错；如果返回非零值，表示出错。

(2) 在调用 fopen()函数时，ferror()函数的初始值自动置为零。

**注意**：对同一个文件每一次调用输入输出函数，均产生一个新的 ferror()函数值，因此，应当在调用一个输入/输出函数后立即检查 ferror()函数的值，否则信息会丢失。

2) clearerr()函数

clearerr()函数的作用是使文件的错误标志(ferror()函数的返回值)和文件结束标志(feof()函数的返回值)置为 0。假设在调用一个输入/输出函数时出现错误，ferror()函数值为一个非零值。在调用 clearerr(fp)后，ferror(fp)的值变成 0。

例如，分析下列程序的输出结果，注意其中错误处理函数的应用。

```
#include <stdio.h>
main(){
FILE *fp;
fp=fopen("C:\\YL\\stu.dat","r+");
fgetc(fp);
if(ferror(fp)){
  printf("error reading from stu.dat.\n");
  clearerr(fp);
}
fclose(fp);
}
```

程序分析：

文件 stu.dat 不存在时，显示“error reading from stu.dat.”；文件 stu.dat 存在时，正常结束。

## 本 章 小 结

本章主要介绍了文件和文件指针的概念、文件的打开和关闭、文件的读/写、文件的定位、出错处理等内容。通过“文件复制”案例介绍了文件和文件指针的概念、文件的打开和关闭、文件的读/写和带参数的 main()函数；通过“银行账户信息的维护”案例介绍了文件的定位和文件出错检查。本章涉及的内容主要是文件的操作，结合前几章所学的知识，读者应熟练解决与文件相关的应用问题。

## 习 题 7

一、选择题

1. 下列语句(　　)执行后，文件的读/写指针不指向文件首。

A. rewind (fp);　　　　　　　　B. fseek( fp,0L,0);

C. fseek(fp,0L,2);　　　　D. fopen("f1.c","r");

2. 使用 fopen()函数打开一个文件时，读/写指针(　　)。

A. 一定在文件首　　　　B. 一定在文件尾

C. 可以在任意位置　　　　D. 可能在文件首，也可能在文件尾

3. feof()函数(　　)。

A. 适用于二进制文件，也适用于文本文件

B. 只适用于二进制文件

C. 不能适用于二进制文件

D. 只能适用于文本文件

4. 使用 fseek()函数可以将文件的读/写指针移到文件首，应在下划线上填写(　　)。

```
fseek(fp,0L,__________);
```

A. 1　　　　B. 0　　　　C. 2　　　　D. 任意整数

5. 语句“fseek(fp,-100L,1);”的功能是(　　)。

A. 将 fp 所指文件的读/写指针移到距文件首 100 个字节处

B. 将 fp 所指文件的读/写指针移到距文件尾 100 个字节处

C. 将 fp 所指文件的读/写指针从当前位置向文件首方向移动 100 个字节

D. 将 fp 所指文件的读/写指针从当前位置向文件尾方向移动 100 个字节

6. 若 fp 是指向某文件的文件指针，且已读到文件末尾，则 feof(fp)的返回值是(　　)。

A. EOF　　　　B. 非零值　　　　C. -1　　　　D. NULL

7. 在 C 程序中，可以把整型数输出到二进制文件中的函数是(　　)。

A. fprintf()函数　　　　B. fread()函数　　　　C. fwrite()函数　　　　D. fputc()函数

8. main()函数中参数表示形式不合法的是(　　)。

A. main(int a,char *c[])　　　　B. main(int arc,char **arv)

C. main(int argv,char *argc[])　　　　D. main(int argc,char *argv)

## 二、填空题

1. 以下程序的输出结果是______________________。

```
#include<stdio.h>
main(){
   FILE *fp;
int i,a[4]={1,2,3,4},b;
   fp=fopen("data.dat","wb");
   for(i=0;i<4;i++)
      fwrite(&a[i],sizeof(int),1,fp);
   fclose(fp);
   fp=fopen("data.dat","rb");
   fseek(fp, -2L*sizeof(int),SEEK_END);
```

```
    fread(&b,sizeof(int),1,fp);
    fclose(fp);
    printf("%d\n",b);
}
```

2. 以下程序打开文件后，先利用 fseek()函数将文件位置指针定位在文件末尾，然后调用 ftell()函数返回当前文件位置指针的具体位置，从而确定文件长度。请填空。

```
#include <stdio.h>
main(){
    FILE *myf;
    long f1;
    myf=________________("test.dat","rb");
    fseek(myf,0,SEEK_END);
    f1=ftell(myf);
    printf("%d\n",f1);
    fclose(myf);
}
```

3. 以下程序的输出结果是______________________。

```
#include <stdio.h>
main(){
    FILE *fp;
    int i=20,j=30,k,n;
    fp=fopen("d1.dat","w");
    fprintf(fp,"%d\n",i);
    fprintf(fp,"%d\n",j);
    fclose(fp);
    fp=fopen("d1.dat","r");
    fscanf(fp,"%d\n",&k);
    fscanf(fp,"%d\n",&n);
    printf("%d%d\n",k,n);
    fclose(fp);
}
```

4. 下面的程序执行后，文件 test.dat 中的内容是______________________。

```
#include <stdio.h>
void fun(char *fname,char *st){
    FILE *myf;
    int i;
    myf=fopen(fname,"a" );
```

```
    for(i=0;i<strlen(st); i++)
        fputc(st[i],myf);
    fclose(myf);
}
main(){
    fun("test","hello,");
    fun("test","new world");
}
```

5. 以下程序把从终端输入的字符输出到名为 abc.txt 的文件中，直到从终端读入字符“#”时结束输入和输出操作。程序有错，出错的原因是____________________。

```
#include <stdio.h>
main(){
    FILE *fout; char ch;
    fout=fopen('abc.txt','w');
    ch=fgetc(stdin);
    while(ch!='#')
    {
        fputc(ch,fout);
        ch =fgetc(stdin);
    }
    fclose(fout);
}
```

三、判断题

1. 文件指针是用来标识文件在内存中的存放位置的。 (　　)
2. 文件读/写指针是用来标识文件的当前读/写位置的，该指针随着读/写操作的进行而不断移动。 (　　)
3. C 文件是不能随机存取的，只能顺序存取。 (　　)
4. 函数 fclose()有一个参数，该参数是待关闭文件的名字。 (　　)
5. 使用 fopen()函数打开某个文件时，要求被打开的文件一定要存在，否则将返回 NULL。 (　　)
6. 在程序中每打开一个文件就需要一个文件指针，不能多个文件使用同一个文件指针。 (　　)
7. 判断一个文本文件是否结束，可用 EOF，也可用 feof()函数。 (　　)
8. 使用 fseek()函数可以将读/写指针定位于文件的任何一个位置。 (　　)

四、程序设计题

1. 从键盘输入一行字符，把它输出到磁盘文件 file1.txt 中，输入以“#”结束。

2. 从磁盘文件 file1.txt 中读入一行字符，将其中的小写字母改成大写字母，然后输出到磁盘文件 file2.txt 中。

3. 有两个磁盘文件，各自存放已排好序的若干字符(如 a1.txt 中存放“abort”，a2.txt 中存放“boy”)，要求将两个文件合并，合并后仍然保持有序(如“abboorty”)，并存放在 a3.txt 文件中。

4. 从键盘输入 10 名职工的数据，写入磁盘文件 worker1.dat 中，然后从文件中读取这些数据，依次打印出来(用 fread()和 fwrite()函数)。设职工数据包括职工号、职工名、性别、年龄、工资。

5. 在磁盘上的二进制文件中存有若干学生数据，编写一个程序，随机输出磁盘文件中序号为 num 的学生数据，num 的值由键盘输入。

6. 在磁盘上的二进制文件中存有 10 个实型数据，将它们逆序读出，取 3 位小数后存入一个新的文本文件中。

7. 函数 readDat()实现从文件 in.txt 中读取 20 行数据存放到字符串数组 xx 中(每行字符串长度均小于 80)。请编制函数 jsSort()，其功能是：以行为单位将字符串按给定的条件进行排序，排序后的结果仍按行重新存入字符串数组 xx 中，最后调用函数 writeDat()把结果 xx 输出到文件 out.txt 中。

从字符串中间一分为二，右边部分按字符的 ASCII 值降序排序，排序后左边部分与右边部分进行交换。如果原字符串长度为奇数，则最中间的字符不参加排序，字符仍放在原位置上。

例如：

```
原字符串          h g f e a b c d
处理后的字符串    d c b a h g f e
```

# 第8章 综合实训

## 实训1　有序单链表的合并

**【实训说明】**

合并两个有序单链表，合并后的单链表仍然是有序的。程序运行结果如图8.1所示。

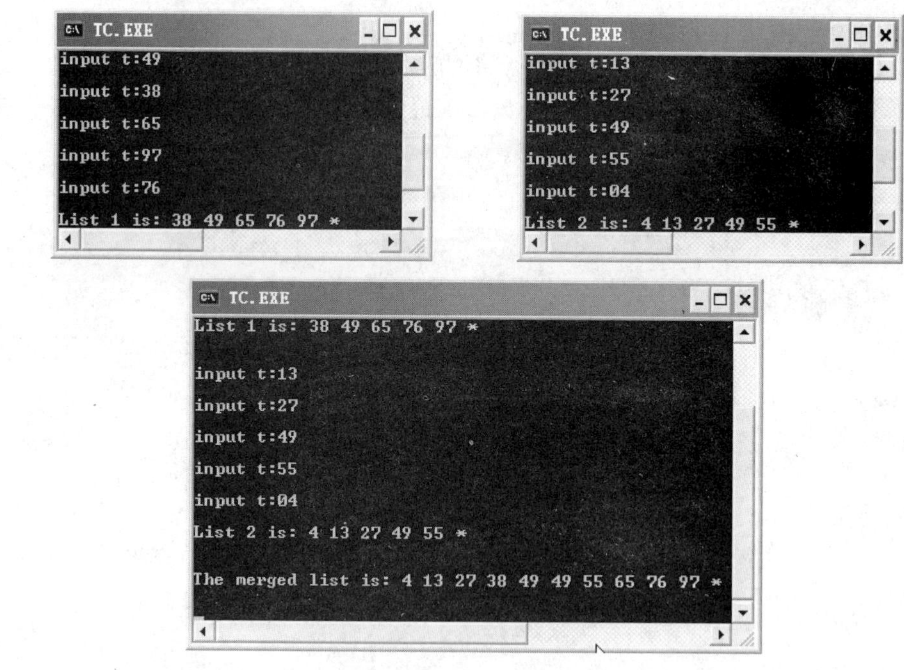


图8.1　有序单链表的合并

**【实训目的】**

(1) 掌握创建有序单链表的方法。
(2) 掌握将两个有序链表合并为一个有序链表的方法。

**【技术要点】**

1. 创建一个有序链表

(1) 在空表的基础上，依次建立各元素结点，并逐个插入链表。

(2) 在有序链表中插入一个结点的基本操作为：首先顺序扫描链表中的结点，找到待插入结点的位置，由指针 pre 指向其前驱结点，然后将 new 所指结点插在 pre 和 p 之间即可。

2. 将两个有序链表合并为一个有序链表

若要合并 a 和 b 得到链表 c，需要设立 3 个指针 p1、p2 和 p3，其中 p1 和 p2 分别指向 a 表和 b 表中当前待比较插入的结点，而 p3 指向 c 表中当前最后一个结点。若 p1->data≤p2->data，则将 p1 所指结点链接到 p3 所指结点之后，否则将 p2 所指结点链接到 p3 所指结点之后。注意，若 c 和 p3 均为空指针，即将 p1 或 p2 所指结点作为 c 的第 1 个结点插入时，需要初始化 c 和 p3，使它们均指向插入的新结点。

链表的长度是随机的，则第一个循环执行的条件是 a 和 b 皆非空，当其中一个为空时，说明有一个表的元素已归并完，则只要将另一个表的剩余段链接在 p3 所指结点之后即可。

注意：两个有序链表的合并只是改变了两个链表中结点的链接关系，并不需要创建新的结点。

**【代码实现】**

```
#include <stdio.h>
#include <stdlib.h>
struct Lnode {
   int data;
   struct Lnode *next;
};
typedef struct Lnode Lnode;
typedef Lnode *List;
List insert(List, int);
void printList(List);
List merge(List, List);
int main()
{
   List list1 = NULL, list2 = NULL, list3;
   int i,t;
   for (i=2;i<=10;i+=2)
   {
     printf("\ninput t:");
     scanf("%d",&t);
```

```
        list1=insert(list1,t);
      }
      printf("List 1 is: ");
      printList(list1);
      for (i=1;i<=9;i+=2)
      {
        printf("\ninput t:");
        scanf("%d",&t);
        list2=insert(list2,t);
      }
      printf("List 2 is: ");
      printList(list2);
      list3=merge(list1,list2);
      printf("The merged list is: ");
      printList(list3);
      return 0;
  }

  List merge(List a,List b)
  {
      List p1, p2, p3, c=NULL;/*c 为合并后链表的头指针*/
      p1=a;                    /*p1 指向 a 链表的当前待比较插入的结点*/
      p2=b;                    /*p2 指向 b 链表的当前待比较插入的结点*/
      p3=NULL;                 /*p3 始终指向 c 链表的尾结点*/
      while(p1!=NULL&&p2!=NULL){
         if(p1->data<=p2->data){
            if(c==NULL&&p3==NULL){c=p1;p3=p1;p1=p1->next;}
            else{
                  p3->next=p1;
                  p3=p1;
                  p1=p1->next;
            }
         }
         else{
            if(c==NULL&&p3==NULL){c=p2;p3=p2;p2=p2->next;}
            else{
                  p3->next=p2;
                  p3=p2;
                  p2=p2->next;
```

```
            }
        }
    }
    if(p1!=NULL)          /*插入剩余段*/
        p3->next=p1;
    else
        p3->next=p2;
    return c;
}
List insert( List head, int value )
{
    List new, pre, p;
    new=(List)malloc(sizeof(Lnode));
    if(new){
        new->data=value;
        new->next=NULL;
        pre=NULL;
        p=head;
        while(p!=NULL&&value>p->data) {
            pre=p;
            p=p->next;
        }
        if (pre==NULL) {
            new->next=head;
            head=new;
        }
        else {
            pre->next=new;
            new->next=p;
        }
    }
    else
        printf( "%c not inserted. No memory available.\n", value );
    return head;
}
void printList(List p)
{
    if(!p)
        printf("List is empty.\n\n");
```

```
        else {
            while(p){
                printf("%d ", p->data);
                p=p->next;
            }
            printf( "*\n\n" );
        }
    }
```

**【实训总结与扩展】**

本实训要求读者重点掌握指向结构体的指针和链表结构，能够灵活利用指针和结构体的拓展知识编写更加实用的应用程序，并进一步提高编程能力。

为了使链表的操作统一化，可以使用带头结点的单链表实现。程序源代码如下：

```
#include <stdio.h>
#include <stdlib.h>
struct Lnode {
    int data;
    struct Lnode *next;
};
typedef struct Lnode Lnode;
typedef Lnode *List;
void insert(List, int);
void printList(List);
List merge(List, List);
int main()
{
    List list1, list2, list3;
    int i,t;
    list1=(List)malloc(sizeof(Lnode));/*注意创建头结点*/
    list1->next=NULL;
    for (i=2;i<=10;i+=2)
    {
      printf("\ninput t:");
      scanf("%d",&t);
      insert(list1,t);                /*插入后的链表头指针不变*/
    }
    printf("List 1 is: ");
    printList(list1);
```

```
    list2=(List)malloc(sizeof(Lnode));/*注意创建头结点*/
    list2->next=NULL;
    for (i=1;i<=9;i+=2)
    {
      printf("\ninput t:");
      scanf("%d",&t);
      insert(list2,t);                    /*插入后的链表头指针不变*/
    }
    printf("List 2 is: ");
    printList(list2);
    list3=merge(list1,list2);
    printf("The merged list is: ");
    printList(list3);
    return 0;
}
List merge(List a,List b)
{
    List p1, p2, p3, c=a;   /*c 为合并后链表的头指针*/
    p1=a->next;             /*p1 指向 a 链表的当前待比较插入的结点*/
    p2=b->next;             /*p2 指向 b 链表的当前待比较插入的结点*/
    p3=a;                   /*p3 始终指向 c 链表的尾结点*/
    while(p1!=NULL&&p2!=NULL){
       if(p1->data<=p2->data){
              p3->next=p1;  /*此处不需要判断链表是否为空*/
              p3=p1;
              p1=p1->next;
       }
       else{
              p3->next=p2;  /*此处不需要判断链表是否为空*/
              p3=p2;
              p2=p2->next;
       }
    }
    if(p1!=NULL)            /*插入剩余段*/
       p3->next=p1;
    else
       p3->next=p2;
    free(b);                /*释放 b 表的头结点*/
    return c;
```

```
}
void insert( List head, int value )
{
   List new, pre, p;
   new=(List)malloc(sizeof(Lnode));
   if(new){
      new->data=value;
      new->next=NULL;
      pre=head;
      p=head->next;
      while(p!=NULL&&value>p->data) {
         pre=p;
         p=p->next;
      }
      pre->next=new;     /*此处不需要判断链表是否为空*/
      new->next=p;
   }
   else
      printf("%c not inserted. No memory available.\n", value );
}
void printList(List head)
{
   List p;
   if(head->next==NULL)
      printf("List is empty.\n\n");
   else{
      p=head->next;
      while(p){
         printf("%d", p->data);
         p=p->next;
      }
      printf( "*\n\n" );
   }
}
```

# 实训 2　电子通讯录

**【实训说明】**

假设通讯录中有 5 个记录，每个记录由学号、姓名、电话号码组成，而且它们都是字符型的。用结构体类型的数据编写实现电子通讯录功能的程序。电子通讯录的主要功能如下：

(1) 创建通讯录。

(2) 显示通讯录。

(3) 查询通讯录记录。

(4) 修改通讯录记录。

(5) 添加通讯录记录。

(6) 删除通讯录记录。

(7) 通讯录排序。

程序运行结果如图 8.2 所示。

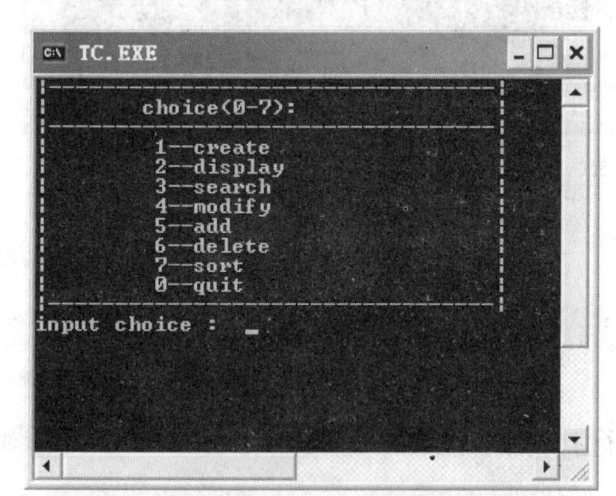


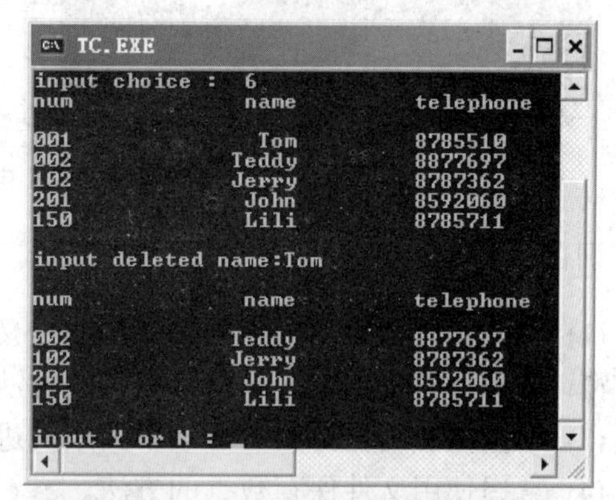


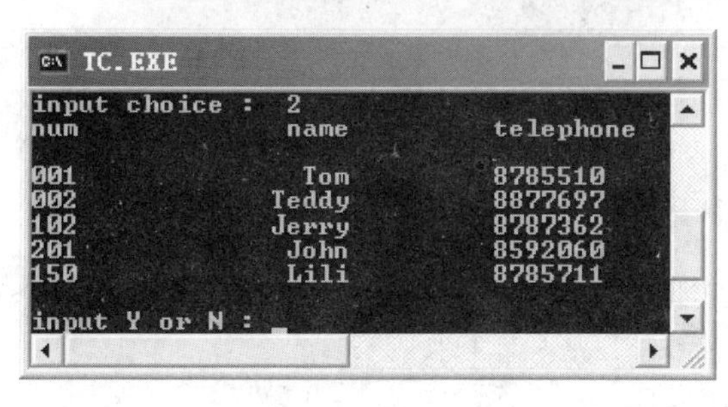


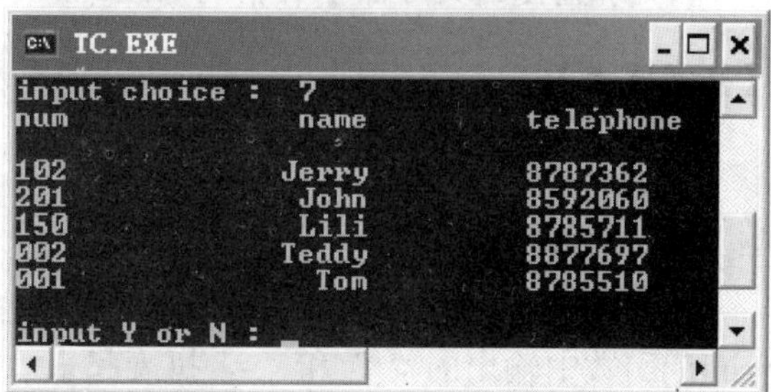

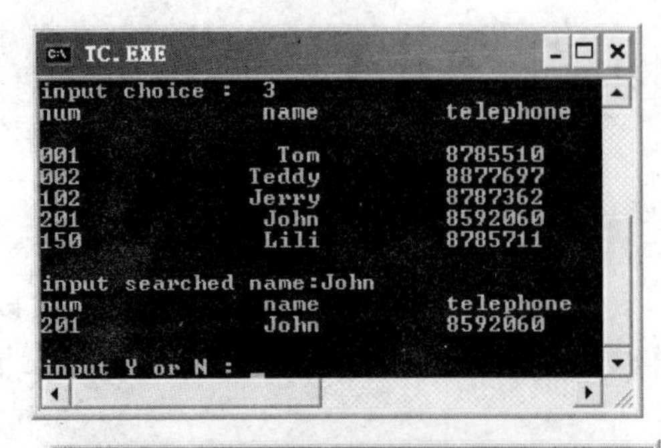


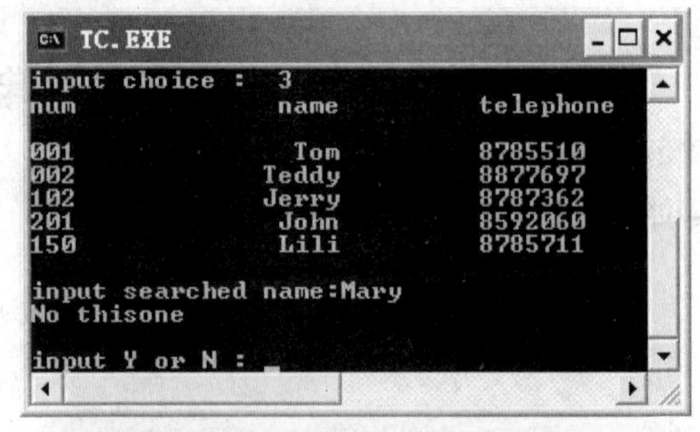


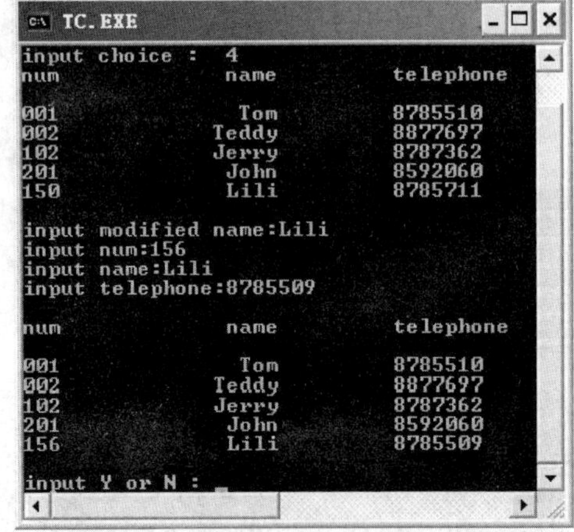


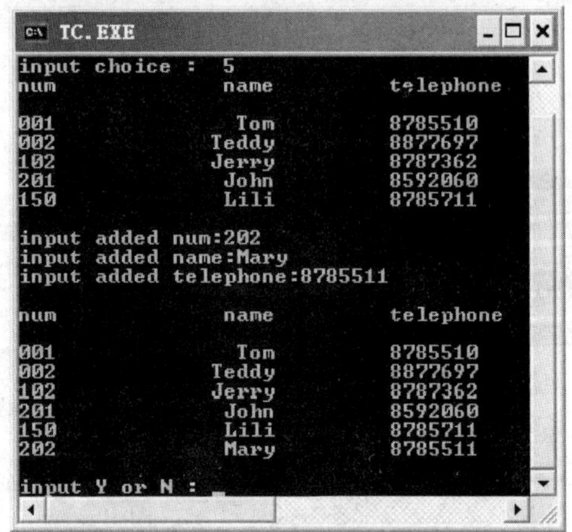


图 8.2　电子通讯录

## 【实训目的】

(1) 熟悉结构体类型的声明和变量的定义。

(2) 掌握给结构体类型的变量赋值的方法。

(3) 掌握按照结构体类型变量中的成员进行排序的方法。

(4) 掌握使用文件保存数据的方法。

## 【技术要点】

1. 主菜单设计

1) 主菜单选择界面的设计

主菜单的选项提示信息用多个 printf()函数实现，主菜单选择界面的边框可以由在多个 printf()函数中输出的“|”和“-”拼凑起来。

2) 主菜单中选择选项的设计

使用 switch 语句构成分支结构，实现选择主菜单中的选项。由于本实训是一个重复选择主菜单中选项的程序，因此，需要使用循环结构。由于主菜单至少要显示一次，而且随后才判断是否继续选择主菜单，所以使用 do-while 循环比较好。do-while 循环是先执行循环体，再判断表达式。

程序运行时，若输入 0，则退出循环，即结束程序执行；若输入 1～7 之间的整数，则完成相应的通讯录处理操作，并询问是否要继续。若输入“Y”或“y”，则重新显示菜单并等待输入选项，否则结束程序执行。

2. 通讯录具体功能函数的实现

(1) 创建通讯录。用一个结构体数组存放通讯录的所有记录，从键盘顺序输入每一个记录的学号、姓名和电话号码。

(2) 显示通讯录。顺序扫描通讯录的所有记录，将扫描到的记录信息分别显示在屏幕上。

(3) 查询通讯录记录。输入一姓名，在通讯录中查找具有该姓名的记录。若找到符合条件的记录，则输出该记录的信息；否则，给出提示“无此人”，结束函数。

(4) 修改通讯录记录。输入一姓名，在通讯录中查找具有该姓名的记录。若找到符合条件的记录，则修改该记录；否则，给出提示“无此人”，结束函数。

假设符合条件的记录由指针 q 指向，修改 q 所指记录的基本操作为：通过键盘分别输入“q->num”、“q->name”和“q->tel”，用新值覆盖原来的值。

为了查看记录是否正确修改，可以分别显示修改前后的通讯录，通过比较即可得出结论。

(5) 追加通讯录记录。在通讯录的末尾添加一个记录。设通讯录有 n 个记录，序号分别为 0～n-1。将新记录插在末尾的基本操作为：首先使指针 q 指向序号为 n 的位置，然后通过键盘分别输入“q->num”、“q->name”和“q->tel”，并使记录个数加 1，最后显示追加记录后的通讯录。

(6) 删除通讯录记录。输入一姓名，在通讯录中查找具有该姓名的记录。若找到符合条件的记录，则删除该记录；否则，给出提示“无此人”，结束函数。

假设符合条件的记录由指针 q 指向，删除 q 所指记录的基本操作如下：从 q 所指记录的下一个记录开始直到最后一个记录，所有的记录均前移一个位置。注意，记录个数减 1。

为了查看记录是否真正被删除，可以分别显示删除前后的通讯录，通过比较即可得出结论。

(7) 通讯录排序。按照记录的姓名，将通讯录的记录按字典顺序排列。本实训选用的排序方法为选择法，由于姓名为字符串，因此，比较两个记录的姓名要通过 strcmp()函数实现。

**【代码实现】**

```
#include <stdio.h>
#include <string.h>
#include <conio.h>
#include <stdlib.h>
#define N 5
struct student{char num[10]; char name[10]; char tel[10];};
void myprint();
```

```
void mycreat(struct student *p,int n);
void mydisplay(struct student *p,int n);
void mysearch(struct student *p,int n);
void mymodify(struct student *p,int n);
int myadd(struct student *p,int n);
int mydelete(struct student *p,int n);
void mysort(struct student *p,int n);
main( )
{
  char choose='\0',yes_no='\0';
  struct student record[2*N];
  int n=N;
  do
    {
      myprint( );
      printf("input choice :  ");          /*输入合适的选项*/
      choose=getche( );
      switch(choose)
        {
          case '1':mycreat(record,n); break;
          case '2':mydisplay(record,n); break;
          case '3':mysearch(record,n); break;
          case '4':mymodify(record,n); break;
          case '5':n=myadd(record,n); break;
          case '6':n=mydelete(record,n); break;
          case '7':mysort(record,n); break;
          case '0':break;
          default:printf("\nchoice %c is illegal !\n",choose);
        }
      if(choose=='0')   break;
        printf("\ninput Y or N : ");    /*是否继续? */
      do{
          yes_no=getch( );
      }while(yes_no!='Y'&&yes_no!='y'&&yes_no!='N'&&yes_no!='n');
    } while(yes_no=='Y' || yes_no=='y');
}
void myprint()
{
  clrscr();
```

```
    printf("|----------------------------------|\n");
    printf("|       choice(0-7):      |\n");
    printf("|----------------------------------|\n");
    printf("|        1--create       |\n");
    printf("|        2--display      |\n");
    printf("|        3--search       |\n");
    printf("|        4--modify       |\n");
    printf("|        5--add          |\n");
    printf("|        6--delete       |\n");
    printf("|        7--sort         |\n");
    printf("|        0--quit         |\n");
    printf("|----------------------------------|\n");
}
void mycreat(struct student *p,int n)     /*创建*/
{
    int i=1;
    clrscr();
    while(i<=n)
    {
        printf("\n");
        printf("input %d record:\n",i);
        printf("num : ");
        do
        {
            gets(p->num);
        }while(strcmp(p->num,"")==0);
        printf("name : ");
        gets(p->name);
        printf("telephone : ");
        gets(p->tel);
        p++;  i++;
    }
}
void mydisplay(struct student *p,int n)   /*显示*/
{
    printf("\nnum            name        telephone\n\n");
    while(n>0)
    {
        printf("%s%17s%16s\n",p->num,p->name,p->tel);
```

```
        p++;  n--;
    }
}
void mysearch(struct student *p,int n)     /*查询*/
{
    int i=0;
    char nam[10]="";
    mydisplay(p,n);
    printf("\ninput searched name:");
    gets(nam);
    for(i=0; i<n; i++,p++)
        if(strcmp(nam,p->name)==0)
        {
            printf("num            name          telephone\n");
            printf("%s%17s%16s\n",p->num,p->name,p->tel);
            break;
        }
    if(i==n)  printf("No thisone\n");
}
void mymodify(struct student *p,int n)     /*修改*/
{
    struct student *q;
    int i=0;
    char nam[10]="";
    mydisplay(p,n);
    printf("\ninput modified name:");
    gets(nam);
    q=p;
    for(i=0; i<n; i++,q++)
        if(strcmp(nam,q->name)==0)  break;
    if(i==n)  printf("No thisone\n");
    else
    {
        printf("input num:");
        do
        {
            gets(q->num);
        } while(strcmp(q->num,"")==0);
        printf("input name:");
```

```
        gets(q->name);
        printf("input telephone:");
        gets(q->tel);
        mydisplay(p,n);                         /*显示修改记录后的通讯录*/
    }
}
int mydelete(struct student *p,int n) /*删除*/
{
    int i=0,j;
    char nam[10]="";
    struct student *q;
    mydisplay(p,n);
    printf("\ninput deleted name:");
    gets(nam);
    q=p;
    for(i=0; i<n; i++,q++)
        if(strcmp(nam,q->name)==0)
        {
            for(j=i+1; j<n; j++,q++)
            *q=*(q+1);
          n--;
          mydisplay(p,n);                       /*显示删除记录后的通讯录*/
          break;
        }
    if(i==n)  printf("No thisone\n");
    return n;
}
int myadd(struct student *p,int n)/*追加*/
{
    struct student *q;
    mydisplay(p,n);
    q=p+n;
    printf("\ninput added num:");
    do
        {
          gets(q->num);
        } while(strcmp(q->num,"")==0);
    printf("input added name:");
    gets(q->name);
```

```
        printf("input added telephone:");
        gets(q->tel);
        n++;
        mydisplay(p,n);        /*显示追加记录后的通讯录*/
        return n;
    }
    void mysort(struct student *p,int n)
    {
        int i,j,k;
        struct student t;
        for(i=0; i<n; i++)
        {
            k=i;
            for(j=i+1; j<n; j++)
                if(strcmp((p+j)->name,(p+k)->name)<0)
                    k=j;
            if(k!=i)
                {t=*(p+k); *(p+k)=*(p+i); *(p+i)=t;}
        }
        mydisplay(p,n);        /*显示排序后的通讯录*/
    }
```

**【实训总结与扩展】**

本实训可以使读者分布学习、逐渐学会整个编程过程，达到理论教学体系与实践教学体系的互相渗透、有机结合，提高综合编程能力和动手能力。

(1) 在查询、修改、删除、排序功能函数中，可以根据记录的姓名来实现，也可以根据记录的学号来实现。

(2) 由于实训程序没能把创建或修改等操作后的记录保存起来，所以在实际应用中还是不能使用它。使用文件编写实现电子通讯录功能的程序。程序源代码如下：

```
#include <stdio.h>
#include <string.h>
#include <conio.h>
#include <stdlib.h>
#define N 5
struct student{ char num[10]; char name[10]; char tel[10]; };
void myprint();
void mycreat(struct student *p,int n);
void mydisplay(struct student *p,int n);
```

```
void mysearch(struct student *p,int n);
void mymodify(struct student *p,int n);
int myadd(struct student *p,int n);
int mydelete(struct student *p,int n);
void mysort(struct student *p,int n);
main()
{
  char choose='\0',yes_no='\0';
  struct student record[2*N]={0};
  int n=N;
  do{
    myprint( );
    printf("input choice :  ");
    choose=getche( );
    switch(choose)
    {
      case '1':mycreat(record,n);  break;
      case '2':mydisplay(record,n);  break;
      case '3':mysearch(record,n);  break;
      case '4':mymodify(record,n);  break;
      case '5':n=myadd(record,n);  break;
      case '6':n=mydelete(record,n);  break;
      case '7':mysort(record,n);  break;
      case '0':break;
      default:printf("\nchoice %c is illegal !\n",choose);
    }
    if(choose=='0')   break;
        printf("\ninput Y or N : ");    /*是否继续*/
    do
    {
      yes_no=getch( );
    }while(yes_no!='Y' && yes_no!='y'&& yes_no!='N' && yes_no!='n');
  }while(yes_no=='Y' || yes_no=='y');
}
void myprint()
{
  clrscr();
  printf("|----------------------------------|\n");
  printf("|      choice(0-7):                |\n");
```

```
    printf("|----------------------------------|\n");
    printf("|       1--create                  |\n");
    printf("|       2--display                 |\n");
    printf("|       3--search                  |\n");
    printf("|       4--modify                  |\n");
    printf("|       5--add                     |\n");
    printf("|       6--delete                  |\n");
    printf("|       7--sort                    |\n");
    printf("|       0--quit                    |\n");
    printf("|----------------------------------|\n");
}
void mycreat(struct student *p,int n)           /*创建*/
{
    int i=0;
    FILE *fp=NULL;
    fp=fopen("C:\\yl\\jilu.txt","w");
    if(fp==NULL) { printf("\n                    Error\n");  return; }
    clrscr();
    while(i<=n)
    {
        printf("\n");
        printf("input %d record:\n",i);
        printf("num:");
        do
         {
           scanf("%s",p->num);
        }while(strcmp(p->num,"")==0);
        printf("name:");
        scanf("%s",p->name);
        printf("telephone:");
        scanf("%s",p->tel);
        fprintf(fp,"%23s%15s%15s\n",p->num,p->name,p->tel);
        p++;  i++;
    }
    fclose(fp);
}
void mydisplay(struct student *p,int n)   /*显示*/
{
    FILE *fp=NULL;
```

```
    fp=fopen("C:\\yl\\jilu.txt","r");
    if(fp==NULL)
      {printf("\n                    Error\n");  return; }
    clrscr();
    printf("num          name       telephone\n");
    while(n>0)
    {
      fscanf(fp,"%23s%15s%15s",p->num,p->name,p->tel);
      printf("%s%17s%16s\n",p->num,p->name,p->tel);
      p++;  n--;
    }
    fclose(fp);
}
void mysearch(struct student *p,int n)    /*查询*/
{
    int i=0;
    char nam[10]="";
    struct student *q;
    mydisplay(p,n);
    printf("\ninput searched name:");
    gets(nam);
    for(i=0; i<n; i++,p++)
      if(strcmp(nam,p->name)==0)
      {
        printf("num          name       telephone\n");
        printf("%s%17s%16s\n",p->num,p->name,p->tel);
        break;
      }
    if(i==n)  printf("No thisone\n");
}
void mymodify(struct student *p,int n)    /*修改*/
{
    int i=0;
    FILE *fp=NULL;
    char nam[10]="";
    struct student *q;
    mydisplay(p,n);
    printf("\ninput modified name:");
    do
```

```
    {
       gets(nam);
    }while(strcmp(nam,"")==0);
    q=p;
    for(i=0; i<n; i++,q++)
        if(strcmp(nam,q->name)==0)  break;
    if(i==n) printf("No thisone !\n");
    else
    {
       printf("input num:");
       do
       {
          gets(q->num);
       }while(strcmp(q->num,"")==0);
       printf("input name:");
       gets(q->name);
       printf("input telephone:");
       gets(q->tel);
    }
    fp=fopen("C:\\yl\\jilu.txt","w");
    if(fp==NULL)
       {printf("\n                              Error\n"); return; }
    for(i=0; i<n; i++,p++)
       fprintf(fp,"%23s%15s%15s\n",p->num,p->name,p->tel);
}
int mydelete(struct student *p,int n)      /*删除*/
{
    int i=0,j;
    char nam[10]="";
    struct student *q;
    FILE *fp=NULL;
    mydisplay(p,n);
    printf("\ninput deleted name:");
    gets(nam);
    q=p;
    for(i=0; i<n; i++,q++)
       if(strcmp(nam,q->name)==0)
       {
           for(j=i+1; j<n; j++,q++)
```

```
            *q=*(q+1);
            n--;
            mydisplay(p,n);                      /*显示删除记录后的通讯录*/
          break;
        }
    if(i==n)  printf("No thisone\n");
    fp=fopen("C:\\yl\\jilu.txt","w");
    if(fp==NULL)
        {printf("\n                     Error\n"); }
    for(i=0; i<n; i++,p++)
        fprintf(fp,"%23s%15s%15s\n",p->num,p->name,p->tel);
    return n;
}
int myadd(struct student *p,int n)          /*追加*/
{
    int i;
    struct student *q;
    FILE *fp=NULL;
    mydisplay(p,n);
    q=p+n;
    printf("\ninput added num:");
    do
        {
            gets(q->num);
        } while(strcmp(q->num,"")==0);
    printf("input added name:");
    gets(q->name);
    printf("input added telephone:");
    gets(q->tel);
    n++;
    mydisplay(p,n);                           /*显示追加记录后的通讯录*/
    fp=fopen("C:\\yl\\jilu.txt","w");
    if(fp==NULL)
        {printf("\n                     Error\n"); }
    for(i=0; i<n; i++,p++)
        fprintf(fp,"%23s%15s%15s\n",p->num,p->name,p->tel);
    return n;
}
void mysort(struct student *p,int n)
```

```
{
   int i,j,k;
   struct student t;
   FILE *fp=NULL;
   for(i=0; i<n; i++)
   {
      k=i;
      for(j=i+1; j<n; j++)
         if(strcmp((p+j)->name,(p+k)->name)<0)
            k=j;
      if(k!=i)
         {t=*(p+k); *(p+k)=*(p+i); *(p+i)=t;}
   }
   mydisplay(p,n);      /*显示排序后的通讯录*/
   fp=fopen("C:\\yl\\jilu.txt","w");
   if(fp==NULL)
      {printf("\n                              Error\n"); }
   for(i=0; i<n; i++,p++)
      fprintf(fp,"%23s%15s%15s\n",p->num,p->name,p->tel);
}
```

# 附录 A　运算符的优先级和结合方向

<table>
<tr><th>优先级</th><th>运算符</th><th>名　　称</th><th>运算符类型</th><th>结合方向</th></tr>
<tr><td>1</td><td>()<br>[]<br>-><br>.</td><td>圆括号<br>下标运算符<br>结构体成员运算符<br>结构体成员运算符</td><td></td><td>自左至右</td></tr>
<tr><td>2</td><td>!<br>～<br>++<br>--<br>+<br>-<br>(类型)<br>*<br>&<br>sizeof</td><td>逻辑非运算符<br>按位取反运算符<br>自增运算符<br>自减运算符<br>正号运算符<br>负号运算符<br>强制类型转换<br>指针运算符<br>取地址运算符<br>长度运算符</td><td>单目运算符</td><td>自右至左</td></tr>
<tr><td>3</td><td>*<br>/<br>%</td><td>乘法运算符<br>除法运算符<br>求余运算符</td><td>算术(双目)运算符</td><td>自左至右</td></tr>
<tr><td>4</td><td>+<br>-</td><td>加法运算符<br>减法运算符</td><td>算术(双目)运算符</td><td>自左至右</td></tr>
<tr><td>5</td><td><<<br>>></td><td>左移运算符<br>右移运算符</td><td>位(双目)运算符</td><td>自左至右</td></tr>
<tr><td>6</td><td><<br><=<br>><br>>=</td><td>小于运算符<br>小于或等于运算符<br>大于运算符<br>大于或等于运算符</td><td>关系(双目)运算符</td><td>自左至右</td></tr>
<tr><td>7</td><td>==<br>!=</td><td>等于运算符<br>不等于运算符</td><td>关系(双目)运算符</td><td>自左至右</td></tr>
<tr><td>8</td><td>&</td><td>按位与运算符</td><td>位(双目)运算符</td><td>自左至右</td></tr>
<tr><td>9</td><td>^</td><td>按位异或运算符</td><td>位(双目)运算符</td><td>自左至右</td></tr>
<tr><td>10</td><td>|</td><td>按位或运算符</td><td>位(双目)运算符</td><td>自左至右</td></tr>
<tr><td>11</td><td>&&</td><td>逻辑与运算符</td><td>逻辑(双目)运算符</td><td>自左至右</td></tr>
<tr><td>12</td><td>||</td><td>逻辑或运算符</td><td>逻辑(双目)运算符</td><td>自左至右</td></tr>
<tr><td>13</td><td>?:</td><td>条件运算符</td><td>条件(三目)运算符</td><td>自右至左</td></tr>
<tr><td>14</td><td>=，+=，-=，*=，/=，%=<br><<=，>>=，&=，^=，|=</td><td>赋值运算符<br>复合赋值运算符</td><td>赋值(双目)运算符</td><td>自右至左</td></tr>
<tr><td>15</td><td>,</td><td>逗号运算符</td><td></td><td>自左至右</td></tr>
</table>

# 附录B 库函数

Turbo C 2.0 提供了 400 多个库函数，本附录仅从教学角度列出一些最基本的函数。若有需要，可查阅有关手册。

## 1. 字符函数

调用字符函数时，要求在源文件中包含以下命令行：

```
#include    "ctype.h"
```

| 函数名 | 格式 | 功能 | 返回值 |
|---|---|---|---|
| isalnum | int isalnum(int ch) | 检查 ch 是否是字母(alpha)或数字(numeric) | 是字母或数字，返回 1；否则，返回 0 |
| isalpha | int isalpha(int ch) | 检查 ch 是否是字母('A'~'Z'或'a'~'z') | 是，返回 1；否则，返回 0 |
| iscntrl | int iscntrl(int ch) | 检查 ch 是否是控制字符(其 ASCII 码在 0~0x1f 之间) | 是，返回 1；否则，返回 0 |
| isdigit | int isdigit(int ch) | 检查 ch 是否是数字('0'~'9') | 是，返回 1；否则，返回 0 |
| isgraph | int isgraph(int ch) | 检查 ch 是否是可打印字符(其 ASCII 码在 0x21~0x7e 之间) | 是，返回 1；否则，返回 0 |
| islower | int islower(int ch) | 检查 ch 是否是小写字母('a'~'z') | 是小写字母，返回 1，否则，返回 0 |
| isprint | int isprint(int ch) | 检查 ch 是否是可打印字符，其 ASCII 码在 0x20~0x7e 之间(含空格) | 是，返回 1；否则，返回 0 |
| ispunct | int ispunct(int ch) | 检查 ch 是否是标点字符(包括空格)，即除字母、数字和空格以外的所有可打印字符 | 是，返回 1；否则，返回 0 |
| isspace | int isspace(int ch) | 检查 ch 是否是空格、跳格符(制表符)或换行符 | 是，返回 1；否则，返回 0 |
| isupper | int isupper(int ch) | 检查 ch 是否是大写字母('A'~'Z') | 是，返回 1；否则，返回 0 |
| isxdigit | int isxdigit(int ch) | 检查 ch 是否是一个十六进制数字(即'0'~'9'，或'A'~'F'，或'a'~'f') | 是，返回 1；否则，返回 0 |
| tolower | int tolower(int ch) | 把 ch 中的字母转换为小写字母 | 返回 ch 所代表的小写字母 |
| toupper | int toupper(int ch) | 把 ch 中的字母转换为大写字母 | 返回 ch 所代表的大写字母 |

## 2. 数学函数

调用数学函数时，要求在源文件中包含以下命令行：

```
#include    "math.h"
```

| 函数名 | 格　式 | 功　能 | 返回值 |
|---|---|---|---|
| acos | double acos (double x) | 计算 arccos(x)的值(-1≤x≤1) | 计算结果 |
| asin | double asin (double x) | 计算 arcsin(x)的值(-1≤x≤1) | 计算结果 |
| atan | double atan(double x) | 计算 arctan(x)的值 | 计算结果 |
| atan2 | double atan2(double x, double y) | 计算 arctan(x/y)的值 | 计算结果 |
| cos | double cos(double x) | 计算 cos(x)的值，x 的单位为弧度 | 计算结果 |
| cosh | double cosh(double x) | 计算 x 双曲余弦 cosh(x) 的值 | 计算结果 |
| exp | double exp(double x) | 求 $e^x$ 的值 | 计算结果 |
| ceil | double ceil(double x) | 求不小于 x 的最小整数 | 该整数的双精度实数 |
| fabs | double fabs(double x) | 求 x 的绝对值 | 计算结果 |
| floor | double floor(double x) | 求出不大于 x 的最大整数 | 该整数的双精度实数 |
| fmod | double fmod(double x, double y) | 求整数 x/y 的余数 | 返回双精度的余数 |
| frexp | double frexp( val,eptr)<br>double val;int * eptr; | 把双精度数 val 分解为尾数 x 和以 2 为底的指数 n，即 val=x*$2^n$，n 存在 eptr 指向的变量中 | 返回尾数 x<br>(0.5≤x≤1) |
| ldexp | double ldexp(double num,int exp) | 计算 num 与 2 的 exp 次方之积 | 返回双精度数<br>num*$2^{exp}$ |
| log | double log(double x) | 求 $\log e^x$，即 lnx | 计算结果 |
| log10 | double log10(double x) | 求 $\log 10^x$ | 计算结果 |
| modf | double modf( val, *ip)<br>double val;<br>int * iptr; | 把双精度数 val 分解为整数部分和小数部分，把整数部分存在 iptr 指向的变量中 | 返回小数部分 |
| pow | double pow(double x, double y) | 计算 $x^y$ 的值 | 计算结果 |
| sin | double sin(double x) | 计算 sin(x)的值<br>x 的单位为弧度 | 计算结果 |
| sinh | double sinh(double x) | 计算 x 的双曲正弦 sinh(x)的值 | 计算结果 |
| sqrt | double sqrt(double x) | x 的平方根 | 计算结果 |
| tan | double tan(double x) | 计算 tan(x)的值<br>x 的单位为弧度 | 计算结果 |
| tanh | double tanh(double x) | 计算 x 的双曲正切 tanh(x)的值 | 计算结果 |

### 3. 输入/输出函数

调用输入/输出函数时，要求在源文件中包含以下命令行：

```
#include "stdio.h"
```

| 函数名 | 格　式 | 功　能 | 返回值 |
|---|---|---|---|
| clearer | void clearer(fp)FILE *fp; | 清除 fp 指向的文件的错误标志，同时清除文件结束指示器 | 无 |

续表

| 函 数 名 | 格 式 | 功 能 | 返 回 值 |
|---|---|---|---|
| close | int close(fd)int fd; | 关闭文件 | 关闭成功，返回 0；否则，返回-1 |
| creat | int creat(filename,mode)char *filename;int mode; | 以 mode 所指的方式建立文件，文件名为 filename | 成功，则返回正数；否则，返回 0 |
| eof | int eof(fd)int fd; | 判断是否处于文件结束 | 遇到文件结束，返回 1；否则，返回非零值 |
| fclose | int fclose(fp)FILE *fp; | 关闭 fp 所指的文件，释放缓冲区 | 如果关闭成功，返回 0，否则，返回非零值 |
| feof | int feof(fp)FILE *fp; | 检查文件是否结束 | 遇文件结束符返回非零值，否则返回 0 |
| ferror | int ferror(fp)FILE *fp; | 测试 fp 所指的文件是否有错 | 没错，返回 0；有错，返回非零值 |
| fflush | int fflush (fp)FILE *fp; | 把 fp 所指文件的所有数据和控制信息存盘 | 若成功，返回 0；否则，返回非零值 |
| fgetc | int fgetc(fp)FILE *fp; | 从 fp 所指的文件中取得下一个字符 | 返回所得到的字符，若读入出错，返回 EOF |
| fgets | char *fgets(buf,n,fp)char *buf; int n ; FILE * fp; | 从 fp 指定的文件读取一个长度为(n-1)的字符串，存入起始地址为 buf 的空间 | 成功，返回地址 buf，若遇到文件结束或出错，返回 NULL |
| fopen | FILE * fopen(fname,mode)charr * fname; char * mode; | 以 mode 指定的方式打开名为 fname 的文件 | 成功，返回文件指针(文件信息区的起始地址)；否则，返回 0 |
| fprintf | int fprintf(fp,fomat,args,…) FILE * fp; char *format; | 把 args 的值以 format 指定的格式输出到 fp 所指的文件中 | 实际输出的字符数 |
| fputc | int fputc(ch, fp)char ch; FILE * fp; | 将字符 ch 输出到 fp 所指的文件中 | 成功，则返回该字符；否则，返回 NULL |
| fputs | int fputc(str, fp)char *str; FILE * fp; | 将 str 指定的字符串输出到 fp 所指的文件中 | 成功，返回 0；否则，返回非零值 |
| fread | int fread(pt,size,n,fp)char *pt; unsigned size,n;FILE *fp; | 从 fp 所指的文件中读取长度为 size 的 n 个数据项，存到 pt 所指的内存区 | 返回所读的数据项个数，如遇到文件结束或出错，返回 0 |
| freopen | FILE * freopen(fname,mode,fp) char * fname ,* mode;FILE *fp; | 用 fname 所指的文件替换 fp 所指的文件，fname 文件的打开方式由 mode 定义 | 成功，返回文件指针 fp；否则，返回 NULL |
| fscanf | int fscanf(fp ,format,args) FILE *fp; char format; | 从 fp 所指的文件中按 format 给定的格式将输入数据送到 args 所指的内存单元中 | 已输入的数据个数 |

续表

| 函数名 | 格式 | 功能 | 返回值 |
|---|---|---|---|
| fseek | int fseek(fp,offset,base)FILE *fp;long offset;int base; | 将 fp 所指的文件读写指针移到以 base 所指出的位置为基准，以 offset 为偏移量的位置 | 返回当前位置；否则，返回-1 |
| ftell | long ftell(fp)FILE * fp; | 返回 fp 所指的文件中的读写位置 | 返回 fp 所指的文件中的读写位置 |
| fwrite | int fwrite (ptr,size,n, fp)char *ptr;unsigned size,n;FILE * fp; | 把 ptr 所指的 n*size 个字节输出到 fp 所指的文件中 | 写到文件中的数据项个数 |
| getc | int getc(fp)FILE * fp; | 从 fp 所指的文件中读入一个字符 | 返回所读字符，若文件结束或出错，返回 EOF |
| getchar | int getchar() | 从标准读入设备读取一个字符 | 所读字符，若文件结束或出错，则返回-1 |
| gets | char *gets(str)char *str; | 从标准读入设备读取字符串，并把它们放入由 str 指向的字符数组中 | 成功，返回 str；否则，返回 NULL |
| getw | int getw(fp)FILE * fp; | 从 fp 所指的文件读取下一个字(整数) | 输入的整数，若文件结束或出错，返回-1 |
| kbhit | int kbhit() | 判断是否有键被按下 | 若键被按下，返回一个非零值；否则，返回 0 |
| lseek | long lseek(fd,offset,base) int fd , base;long offset; | 根据 base 所确定的位置，按 offest 的偏移量调整 fd 所指的文件中的读写位置 | 成功，返回该文件中的当前位置；否则，返回-1 |
| printf | int printf(format,args, …) char * format; | 按 format 给定的格式，将输出列表 args 的值输出到标准输出设备 | 输出字符的个数，若出错，返回负数 |
| putc | int putc (ch,fp)int ch; FILE * fp | 把一个字符 ch 输出到 fp 所指的文件中 | 输出的字符 ch，若出错，返回 EOF |
| putchar | int putchar(ch)int ch; | 把字符 ch 输出到标准输出设备 | 输出的字符 ch，若出错，返回 EOF |
| puts | int puts(str)char * str; | 把 str 指向的字符串输出到标准输出设备，将'\0'转换为回车换行符 | 成功，返回换行符；失败，返回 EOF |
| putw | int putw(i,fp)int i;FILE *fp; | 将一个整数 i (即一个字)写到 fp 指向的文件中 | 返回输出的整数；失败，返回 EOF |
| read | Int read(fd,buf,count)intfd; char * buf;unsigned count; | 从文件号 fd 所指的文件中读 count 个字节到由 buf 所指的缓冲区 | 返回真正读入的字节数。如遇文件结束，返回 0；出错，返回-1 |
| rewind | void rewind(fp)FILE * fp; | 将 fp 所指的文件中的读写指针置于文件的开头位置，并清除文件结束标志和错误标志 | 无 |

续表

| 函 数 名 | 格 式 | 功 能 | 返 回 值 |
| --- | --- | --- | --- |
| scanf | int scanf(format, args,…)<br>char * format; | 从标准输入设备按 format 指定的格式字符串规定的格式，输入数据给 args 所指的单元 | 读入并赋给 args 的数据个数。遇文件结束，返回 EOF；出错，返回 0 |
| tell | long int tell(fd)<br>int fd; | 确定文件号 fd 所对应的文件位置指示器的当前值 | 返回文件位置指示器的当前值；若出错，返回-1 |
| sprintf | int sprintf(buf,format, args,…)<br>char * buf;<br>char *format; | 把按 format 规定格式的 args 数据送到 buf 所指的数组中 | 返回实际放进数组中的字符数 |
| sscanf | Int sscanf(buf,format, args,…)<br>char * buf;char *format; | 按 format 规定的格式，从 buf 指向的数组中读入数据给 args 所指的单元(args 为指针) | 返回实际赋值的个数。若返回 0，则无任何字段被赋值；若返回 EOF，则要从字符串尾读 |
| write | int write(fd,buf,size)<br>int fd;<br>char *buf;<br>unsigned int size; | 把 buf 指向的缓冲区中 size 个字节写到 fd 文件中 | 返回实际写出的字节数；出错，返回-1 |

## 4. 字符串函数

调用以下字符串函数时，要求在源文件中包含以下命令行：

```
#include       "string.h"
```

| 函 数 名 | 格 式 | 功 能 | 返 回 值 |
| --- | --- | --- | --- |
| memchr | void memchr(buf,ch,count)<br>void *buf;<br>int ch;<br>unsigned int count; | 在 buf 的头 count 个字符里搜索 ch 第一次出现的位置 | 返回指向 buf 中 ch 第一次出现位置的指针；如果没有发现 ch，返回 NULL |
| memcmp | int memcmp(buf1,buf2,count)<br>void *buf1;<br>void *buf2;<br>unsigned int count; | 按字典顺序比较由 buf1 和 buf2 指向的数组的头 count 个字符 | buf1 小于 buf2，返回小于 0 的整数；buf1 等于 buf2，返回 0；buf1 大于 buf2，返回大于零的整数 |
| memcpy | void *memcpy(to,from,count)<br>void * to;<br>void * from;<br>unsigned int count; | 把 from 指向的数组中的 count 个字符复制到 to 指向的数组中 | 返回指向 to 的指针 |
| memmove | void *memmove(to,from,count)<br>void * to;<br>void * from;<br>unsigned int count; | 从 from 指向的数组中把 count 个字符复制到 to 指向的数组中 | 返回指向 to 的指针 |
| memset | void*memset(buf,ch,count)<br>void * buf;<br>int ch;<br>unsigned int count; | 从 ch 的低字节复制到 buf 指向的头 count 个字节 | 返回 buf |

续表

| 函数名 | 格　式 | 功　能 | 返回值 |
| --- | --- | --- | --- |
| strcat | char *strcat(str1,str2)<br>char *str1;<br>char *str2; | 把字符串 str2 接到 str1 后面，取消 str1 最后面的'\0' | 返回 str1 |
| strchr | char *strchr(str,ch)<br>char *str;<br>int ch | 找出 str 指向的字符串中的第一次出现字符 ch 的位置 | 返回指向该位置的指针；若找不到，则返回 NULL |
| strcmp | int strcmp(str1,str2)<br>char *str1;<br>char *str2; | 比较两个字符串 str1，str2 | str1>str2，返回正数；<br>str1=str2，返回 0；<br>str1<str2，返回负数 |
| strcpy | char *strcpy(str1,str2)<br>char *str1;<br>char *str2; | 把 str2 指向的字符串复制到 str1 中去 | 返回 str1 |
| strlen | unsigned int strlen(str)<br>char *str; | 统计字符串 str 中字符的个数(不包括'\0') | 返回字符个数 |
| strcspn | int strcspn(str1,str2)<br>char *str1;<br>char *str2; | 确定 str1 中出现的属于 str2 的第一个字符的下标 | 返回 str1 中出现的属于 str2 的第一个字符的下标 |
| strncat | char *strncat(str1,str2,count)<br>char *str1;<br>char *str2;<br>unsigned int count; | 把 str2 指向的字符串中的最多 count 个字符连到 str1 后面，并用'\0'结尾 | 返回 str1 |
| strncmp | int strncmp (str1,str2,count)<br>char *str1, *str2;<br>unsigned int count; | 按字典顺序比较两个以'\0'结尾的字符串中的最多 count 个字符 | str1>str2，返回正数；<br>str1=str2，返回 0；<br>str1<str2，返回负数 |
| strncpy | char *strncpy(str1,str2,count)<br>char *str1, *str2;<br>unsigned int count; | 把 str2 中最多 count 个字符复制到 str1 中去 | 返回 str1 |
| strstr | char *strstr(str1,str2)<br>char *str1;<br>char *str2; | 寻找 str2 指向的字符串在 str1 指向的字符串中首次出现的位置 | 子串首次出现的地址。如果在 str1 指向的字符串中不存在该子串，则返回空指针 NULL |

### 5. 动态存储分配函数

ANSI 标准中规定动态存储分配系统所需的头文件是 stdlib.h。不过，目前很多 C 编译程序都把这些信息放在 alloc.h 头文件中。

Turbo C 2.0 编译环境下调用动态存储分配函数时，要求在源文件中包含以下命令行：

```
#include  "alloc.h"    或    #include  "stdlib.h"
```

| 函 数 名 | 格　　式 | 功　　能 | 返 回 值 |
|---|---|---|---|
| calloc | void*calloc(n,size)<br>unsigned n;<br>unsigned size; | 为数组分配内存空间，内存量为 n*size | 返回一个指向已分配的内存单元的起始地址。如不成功，返回 NULL |
| free | void free(void*p) | 释放 p 所指的内存空间 | 无 |
| malloc | void *malloc(size)<br>unsigned int size; | 分配 size 字节的存储区 | 返回所分配内存区的起始地址。若内存不够，返回 NULL |
| realloc | void*realloc(p,size)<br>void*p;<br>unsigned size; | 将 p 所指的已分配内存区的大小改为 size。size 可以比原来分配的空间大或小 | 返回指向该内存区的指针 |

## 6. 其他函数

调用以下函数时，要求在源文件中包含以下命令行：

#include "stdlib.h"

| 函 数 名 | 格　　式 | 功　　能 | 返 回 值 |
|---|---|---|---|
| abort | void abort () | 立刻结束程序运行，不清理任何文件缓冲区 | 无 |
| abs | int abs(int num) | 计算整数 num 的绝对值 | 返回 num 的绝对值 |
| atof | double atof (char *str) | 把 str 指向的字符串转换成一个 double 值 | 返回双精度结果 |
| atoi | int atoi(char *str) | 将 str 字符串转换为整数 | 返回转换结果 |
| atol | long atol(char *str) | 将 str 指向的 ascii 字符串转换成长整型 | 返回转换结果。若不能转换，返回 0 |
| exit | void exit(int status) | 使程序立刻正常地终止，status 的值传给调用过程 | 无 |
| itoa | char<br>*itoa(num,str,radix)<br>int num;<br>char *str;<br>int radix; | 把整数 num 转换成与其等价的字符串，并把结果放在 str 指向的字符串中，由 radix 决定在转换成输出串时所采用的进制数 | 返回一个指向 str 的指针 |
| labs | long labs(long num) | 返回长整数 num 的绝对值 | 返回长整数 num 的绝对值 |
| ltoa | char<br>*ltoa(num,str,radix)<br>long num;<br>char *str;<br>int radix; | 把长整数 num 转换成与其等价的字符串，并把结果放到 str 指向的字符串中。由 radix 决定在转换成输出串时采用的进制数 | 返回一个指向 str 的指针 |
| rand | int rand() | 产生一系列伪随机数 | 返回 0～RAND_MAX 之间的整数。RAND_MAX 是返回的最大可能值，在头文件中定义 |

# 参 考 文 献


[1] 崔武子，赵重敏，李青．C 程序设计教程[M]．2 版．北京：清华大学出版社，2007．

[2] 甘玲，刘达明，唐雁．解析 C 程序设计[M]．北京：清华大学出版社，2007．

[3] 谭浩强．C 程序设计[M]．3 版．北京：清华大学出版社，2005．

[4] 李春葆．C 程序设计教程[M]．北京：清华大学出版社，2004．

[5] 谭浩强，张基温．C 语言程序设计教程[M]．北京：高等教育出版社，1998．

[6] 孟宪福，李盘林．C 语言简明教程[M]．北京：电子工业出版社，1996．

[7] 李宁．C++语言程序设计[M]．北京：中央广播电视大学出版社，2000．

[8] 田淑清．C 语言程序设计[M]．北京：高等教育出版社，1998．

[9] 郑启华．PASCAL 程序设计[M]．北京：清华大学出版社，1996．

[10] 严蔚敏．数据结构[M]．北京：清华大学出版社，1997．

# 全国高职高专计算机、电子商务系列教材推荐书目

【语言编程与算法类】

| 序号 | 书号 | 书名 | 作者 | 定价 | 出版日期 | 配套情况 |
|---|---|---|---|---|---|---|
| 1 | 978-7-301-13632-4 | 单片机 C 语言程序设计教程与实训 | 张秀国 | 25 | 2012 | 课件 |
| 2 | 978-7-301-15476-2 | C 语言程序设计(第 2 版)(2010 年度高职高专计算机类专业优秀教材) | 刘迎春 | 32 | 2011 | 课件、代码 |
| 3 | 978-7-301-14463-3 | C 语言程序设计案例教程 | 徐翠霞 | 28 | 2008 | 课件、代码、答案 |
| 4 | 978-7-301-16878-3 | C 语言程序设计上机指导与同步训练(第 2 版) | 刘迎春 | 30 | 2010 | 课件、代码 |
| 5 | 978-7-301-17337-4 | C 语言程序设计经典案例教程 | 韦良芬 | 28 | 2010 | 课件、代码、答案 |
| 6 | 978-7-301-09598-0 | Java 程序设计教程与实训 | 许文宪 | 23 | 2010 | 课件、答案 |
| 7 | 978-7-301-13570-9 | Java 程序设计案例教程 | 徐翠霞 | 33 | 2008 | 课件、代码、习题答案 |
| 8 | 978-7-301-13997-4 | Java 程序设计与应用开发案例教程 | 汪志达 | 28 | 2008 | 课件、代码、答案 |
| 9 | 978-7-301-10440-8 | Visual Basic 程序设计教程与实训 | 康丽军 | 28 | 2010 | 课件、代码、答案 |
| 10 | 978-7-301-15618-6 | Visual Basic 2005 程序设计案例教程 | 靳广斌 | 33 | 2009 | 课件、代码、答案 |
| 11 | 978-7-301-17437-1 | Visual Basic 程序设计案例教程 | 严学道 | 27 | 2010 | 课件、代码、答案 |
| 12 | 978-7-301-09698-7 | Visual C++ 6.0 程序设计教程与实训(第 2 版) | 王　丰 | 23 | 2009 | 课件、代码、答案 |
| 13 | 978-7-301-15669-8 | Visual C++程序设计技能教程与实训——OOP、GUI 与 Web 开发 | 聂　明 | 36 | 2009 | 课件 |
| 14 | 978-7-301-13319-4 | C#程序设计基础教程与实训 | 陈　广 | 36 | 2012 年第 7 次印刷 | 课件、代码、视频、答案 |
| 15 | 978-7-301-14672-9 | C#面向对象程序设计案例教程 | 陈向东 | 28 | 2012 年第 3 次印刷 | 课件、代码、答案 |
| 16 | 978-7-301-16935-3 | C#程序设计项目教程 | 宋桂岭 | 26 | 2010 | 课件 |
| 17 | 978-7-301-15519-6 | 软件工程与项目管理案例教程 | 刘新航 | 28 | 2011 | 课件、答案 |
| 18 | 978-7-301-12409-3 | 数据结构(C 语言版) | 夏　燕 | 28 | 2011 | 课件、代码、答案 |
| 19 | 978-7-301-14475-6 | 数据结构(C#语言描述) | 陈　广 | 28 | 2012 年第 3 次印刷 | 课件、代码、答案 |
| 20 | 978-7-301-14463-3 | 数据结构案例教程(C 语言版) | 徐翠霞 | 28 | 2009 | 课件、代码、答案 |
| 21 | 978-7-301-18800-2 | Java 面向对象项目化教程 | 张雪松 | 33 | 2011 | 课件、代码、答案 |
| 22 | 978-7-301-18947-4 | JSP 应用开发项目化教程 | 王志勃 | 26 | 2011 | 课件、代码、答案 |
| 23 | 978-7-301-19821-6 | 运用 JSP 开发 Web 系统 | 涂　刚 | 34 | 2012 | 课件、代码、答案 |
| 24 | 978-7-301-19890-2 | 嵌入式 C 程序设计 | 冯　刚 | 29 | 2012 | 课件、代码、答案 |
| 25 | 978-7-301-19801-8 | 数据结构及应用 | 朱　珍 | 28 | 2012 | 课件、代码、答案 |
| 26 | 978-7-301-19940-4 | C#项目开发教程 | 徐　超 | 34 | 2012 | 课件 |
| 27 | 978-7-301-15232-4 | Java 基础案例教程 | 陈文兰 | 26 | 2009 | 课件、代码、答案 |
| 28 | 978-7-301-20542-6 | 基于项目开发的 C#程序设计 | 李　娟 | 32 | 2012 | 课件、代码、答案 |

【网络技术与硬件及操作系统类】

| 序号 | 书号 | 书名 | 作者 | 定价 | 出版日期 | 配套情况 |
|---|---|---|---|---|---|---|
| 1 | 978-7-301-14084-0 | 计算机网络安全案例教程 | 陈　昶 | 30 | 2008 | 课件 |
| 2 | 978-7-301-16877-6 | 网络安全基础教程与实训(第 2 版) | 尹少平 | 30 | 2012 年第 4 次印刷 | 课件、素材、答案 |
| 3 | 978-7-301-13641-6 | 计算机网络技术案例教程 | 赵艳玲 | 28 | 2008 | 课件 |
| 4 | 978-7-301-18564-3 | 计算机网络技术案例教程 | 宁芳露 | 35 | 2011 | 课件、习题答案 |
| 5 | 978-7-301-10226-8 | 计算机网络技术基础 | 杨瑞良 | 28 | 2011 | 课件 |
| 6 | 978-7-301-10290-9 | 计算机网络技术基础教程与实训 | 桂海进 | 28 | 2010 | 课件、答案 |
| 7 | 978-7-301-10887-1 | 计算机网络安全技术 | 王其良 | 28 | 2011 | 课件、答案 |
| 8 | 978-7-301-12325-6 | 网络维护与安全技术教程与实训 | 韩最蛟 | 32 | 2010 | 课件、习题答案 |
| 9 | 978-7-301-09635-2 | 网络互联及路由器技术教程与实训(第 2 版) | 宁芳露 | 27 | 2010 | 课件、答案 |
| 10 | 978-7-301-15466-3 | 综合布线技术教程与实训(第 2 版) | 刘省贤 | 36 | 2011 | 课件、习题答案 |
| 11 | 978-7-301-15432-8 | 计算机组装与维护(第 2 版) | 肖玉朝 | 26 | 2009 | 课件、习题答案 |
| 12 | 978-7-301-14673-6 | 计算机组装与维护案例教程 | 谭　宁 | 33 | 2010 | 课件、习题答案 |
| 13 | 978-7-301-13320-0 | 计算机硬件组装和评测及数码产品评测教程 | 周　奇 | 36 | 2008 | 课件 |
| 14 | 978-7-301-12345-4 | 微型计算机组成原理教程与实训 | 刘辉珞 | 22 | 2010 | 课件、习题答案 |
| 15 | 978-7-301-16736-6 | Linux 系统管理与维护(江苏省省级精品课程) | 王秀平 | 29 | 2010 | 课件、习题答案 |
| 16 | 978-7-301-10175-9 | 计算机操作系统原理教程与实训 | 周　峰 | 22 | 2010 | 课件、答案 |
| 17 | 978-7-301-16047-3 | Windows 服务器维护与管理教程与实训(第 2 版) | 鞠光明 | 33 | 2010 | 课件、答案 |
| 18 | 978-7-301-14476-3 | Windows2003 维护与管理技能教程 | 王　伟 | 29 | 2009 | 课件、习题答案 |
| 19 | 978-7-301-18472-1 | Windows Server 2003 服务器配置与管理情境教程 | 顾红燕 | 24 | 2011 | 课件、习题答案 |

【网页设计与网站建设类】

| 序号 | 书号 | 书名 | 作者 | 定价 | 出版日期 | 配套情况 |
|---|---|---|---|---|---|---|
| 1 | 978-7-301-15725-1 | 网页设计与制作案例教程 | 杨森香 | 34 | 2011 | 课件、素材、答案 |
| 2 | 978-7-301-15086-3 | 网页设计与制作教程与实训(第 2 版) | 于巧娥 | 30 | 2011 | 课件、素材、答案 |

| 序号 | 书号 | 书名 | 作者 | 定价 | 出版日期 | 配套情况 |
|---|---|---|---|---|---|---|
| 3 | 978-7-301-13472-0 | 网页设计案例教程 | 张兴科 | 30 | 2009 | 课件 |
| 4 | 978-7-301-17091-5 | 网页设计与制作综合实例教程 | 姜春莲 | 38 | 2010 | 课件、素材、答案 |
| 5 | 978-7-301-16854-7 | Dreamweaver 网页设计与制作案例教程(2010 年度高职高专计算机类专业优秀教材) | 吴　鹏 | 41 | 2012 | 课件、素材、答案 |
| 6 | 978-7-301-11522-0 | ASP .NET 程序设计教程与实训(C#版) | 方明清 | 29 | 2009 | 课件、素材、答案 |
| 7 | 978-7-301-13679-9 | ASP .NET 动态网页设计案例教程(C#版) | 冯　涛 | 30 | 2010 | 课件、素材、答案 |
| 8 | 978-7-301-10226-8 | ASP 程序设计教程与实训 | 吴　鹏 | 27 | 2011 | 课件、素材、答案 |
| 9 | 978-7-301-13571-6 | 网站色彩与构图案例教程 | 唐一鹏 | 40 | 2008 | 课件、素材、答案 |
| 10 | 978-7-301-16706-9 | 网站规划建设与管理维护教程与实训(第 2 版) | 王春红 | 32 | 2011 | 课件、答案 |
| 11 | 978-7-301-17175-2 | 网站建设与管理案例教程(山东省精品课程) | 徐洪祥 | 28 | 2010 | 课件、素材、答案 |
| 12 | 978-7-301-17736-5 | .NET 桌面应用程序开发教程 | 黄　河 | 30 | 2010 | 课件、素材、答案 |
| 13 | 978-7-301-19846-9 | ASP .NET Web 应用案例教程 | 于　洋 | 26 | 2012 | 课件、素材 |
| 14 | 978-7-301-20565-5 | ASP.NET 动态网站开发 | 崔　宁 | 30 | 2012 | 课件、素材、答案 |
| 15 | 978-7-301-20634-8 | 网页设计与制作基础 | 徐文平 | 28 | 2012 | 课件、素材、答案 |
| 16 | 978-7-301-20659-1 | 人机界面设计 | 张　丽 | 25 | 2012 | 课件、素材、答案 |

**【图形图像与多媒体类】**

| 序号 | 书号 | 书名 | 作者 | 定价 | 出版日期 | 配套情况 |
|---|---|---|---|---|---|---|
| 1 | 978-7-301-09592-8 | 图像处理技术教程与实训(Photoshop 版) | 夏　燕 | 28 | 2010 | 课件、素材、答案 |
| 2 | 978-7-301-14670-5 | Photoshop CS3 图形图像处理案例教程 | 洪　光 | 32 | 2010 | 课件、素材、答案 |
| 3 | 978-7-301-12589-2 | Flash 8.0 动画设计案例教程 | 伍福军 | 29 | 2009 | 课件 |
| 4 | 978-7-301-13119-0 | Flash CS 3 平面动画案例教程与实训 | 田启明 | 36 | 2008 | 课件 |
| 5 | 978-7-301-13568-6 | Flash CS3 动画制作案例教程 | 俞　欣 | 25 | 2011 | 课件、素材、答案 |
| 6 | 978-7-301-15368-0 | 3ds max 三维动画设计技能教程 | 王艳芳 | 28 | 2009 | 课件 |
| 7 | 978-7-301-18946-7 | 多媒体技术与应用教程与实训(第 2 版) | 钱　民 | 33 | 2012 | 课件、素材、答案 |
| 8 | 978-7-301-17136-3 | Photoshop 案例教程 | 沈道云 | 25 | 2011 | 课件、素材、视频 |
| 9 | 978-7-301-19304-4 | 多媒体技术与应用案例教程 | 刘辉珞 | 34 | 2011 | 课件、素材、答案 |
| 10 | 978-7-301-20685-0 | Photoshop CS5 项目教程 | 高晓黎 | 36 | 2012 | 课件、素材 |

**【数据库类】**

| 序号 | 书号 | 书名 | 作者 | 定价 | 出版日期 | 配套情况 |
|---|---|---|---|---|---|---|
| 1 | 978-7-301-10289-3 | 数据库原理与应用教程(Visual FoxPro 版) | 罗　毅 | 30 | 2010 | 课件 |
| 2 | 978-7-301-13321-7 | 数据库原理及应用 SQL Server 版 | 武洪萍 | 30 | 2010 | 课件、素材、答案 |
| 3 | 978-7-301-13663-8 | 数据库原理及应用案例教程(SQL Server 版) | 胡锦丽 | 40 | 2010 | 课件、素材、答案 |
| 4 | 978-7-301-16900-1 | 数据库原理及应用(SQL Server 2008 版) | 马桂婷 | 31 | 2011 | 课件、素材、答案 |
| 5 | 978-7-301-15533-2 | SQL Server 数据库管理与开发教程与实训(第 2 版) | 杜兆将 | 32 | 2010 | 课件、素材、答案 |
| 6 | 978-7-301-13315-6 | SQL Server 2005 数据库基础及应用技术教程与实训 | 周　奇 | 34 | 2011 | 课件 |
| 7 | 978-7-301-15588-2 | SQL Server 2005 数据库原理与应用案例教程 | 李　军 | 27 | 2009 | 课件 |
| 8 | 978-7-301-16901-8 | SQL Server 2005 数据库系统应用开发技能教程 | 王　伟 | 28 | 2010 | 课件 |
| 9 | 978-7-301-17174-5 | SQL Server 数据库实例教程 | 汤承林 | 38 | 2010 | 课件、习题答案 |
| 10 | 978-7-301-17196-7 | SQL Server 数据库基础与应用 | 贾艳宇 | 39 | 2010 | 课件、习题答案 |
| 11 | 978-7-301-17605-4 | SQL Server 2005 应用教程 | 梁庆枫 | 25 | 2010 | 课件、习题答案 |

**【电子商务类】**

| 序号 | 书号 | 书名 | 作者 | 定价 | 出版日期 | 配套情况 |
|---|---|---|---|---|---|---|
| 1 | 978-7-301-10880-2 | 电子商务网站设计与管理 | 沈凤池 | 32 | 2011 | 课件 |
| 2 | 978-7-301-12344-7 | 电子商务物流基础与实务 | 邓之宏 | 38 | 2010 | 课件、习题答案 |
| 3 | 978-7-301-12474-1 | 电子商务原理 | 王　震 | 34 | 2008 | 课件 |
| 4 | 978-7-301-12346-1 | 电子商务案例教程 | 龚　民 | 24 | 2010 | 课件、习题答案 |
| 5 | 978-7-301-12320-1 | 网络营销基础与应用 | 张冠凤 | 28 | 2008 | 课件、习题答案 |
| 6 | 978-7-301-18604-6 | 电子商务概论（第 2 版） | 于巧娥 | 33 | 2012 | 课件、习题答案 |

**【专业基础课与应用技术类】**

| 序号 | 书号 | 书名 | 作者 | 定价 | 出版日期 | 配套情况 |
|---|---|---|---|---|---|---|
| 1 | 978-7-301-13569-3 | 新编计算机应用基础案例教程 | 郭丽春 | 30 | 2009 | 课件、习题答案 |
| 2 | 978-7-301-18511-7 | 计算机应用基础案例教程(第 2 版) | 孙文力 | 32 | 2012 第 2 次印刷 | 课件、习题答案 |
| 3 | 978-7-301-16046-6 | 计算机专业英语教程(第 2 版) | 李　莉 | 26 | 2010 | 课件、答案 |
| 4 | 978-7-301-19803-2 | 计算机专业英语 | 徐　娜 | 30 | 2012 | 课件、素材、答案 |

电子书(PDF 版)、电子课件和相关教学资源下载地址：http://www.pup6.cn，欢迎下载。

联系方式：010-62750667，liyanhong1999@126.com.，linzhangbo@126.com，欢迎来电来信。